CHRISTIAN WÖLFEL

DESIGNWISSEN

Spezifik und Unterstützung der Akquise durch reflexive und narrative Methoden

Mario Linke, Günter Kranke, Christian Wölfel & Jens Krzywinski (Hrsg.)

TUD*press* | TECHNISCHES DESIGN | 7

Mario Linke, Günter Kranke, Christian Wölfel & Jens Krzywinski (Hrsg.)

TUD*press* | TECHNISCHES DESIGN

In der Reihe *Technisches Design* sind bisher erschienen:

JOHANNES UHLMANN: Die Vorgehensplanung Designprozess (Nr. 1)
NORBERT HENTSCH *et al.* (Hrsg.):
Industriedesign und Ingenieurwissenschaften (Nr. 2)
NORBERT HENTSCH *et al.* (Hrsg.): Innovation durch Design (Nr. 3)
MARIO LINKE *et al.* (Hrsg.): Design – Kosten und Nutzen (Nr. 4)
JENS KRZYWINSKI: Das Designkonzept im Transportation Design (Nr. 5)
JAN-HENNING RAFF: Lernende als Designer (Nr. 6)
CHRISTIAN WÖLFEL: Designwissen (Nr. 7)

Weitere Informationen finden Sie unter
reihe.technischesdesign.org und *tudpress.de.*

DESIGNWISSEN

Spezifik und Unterstützung der Akquise durch reflexive und narrative Methoden

Dissertation zur Erlangung des akademischen Grades Doktoringenieur (Dr.-Ing.)
der Fakultät Maschinenwesen der Technischen Universität Dresden
vorgelegt von Dipl.-Ing. Christian Wölfel geboren in Leipzig

1. Gutachter: Prof. Dr. phil. habil. Johannes Uhlmann (TU Dresden)
2. Gutachter: Prof. Dr.-Ing. habil. Wolfgang Jonas (HBK Braunschweig)

Eingereicht am 25. Juni 2011, verteidigt am 24. November 2011

Christian Wölfel:
Designwissen.
Spezifik und Unterstützung der Akquise durch reflexive und narrative Methoden.

Reihe *Technisches Design* Nr. 7
Hrsg: Mario Linke, Günter Kranke, Christian Wölfel, Jens Krzywinski
http://reihe.technischesdesign.org

Bibliographische Informationen der Deutschen Nationalbibliothek
Die Deutsche Nationalbibliothek verzeichnet diese Publikation in der Deutschen Nationalbibliographie; detaillierte bibliographische Daten sind im Internet über http://dnb-d-nb.de abrufbar.

Bibliographic information published by the Deutsche Nationalbibliothek
The Deutsche Nationalbibliothek lists this publication in the Deutsche Nationalbibliographie; detailed bibliographic information is available in the internet at http://dnb.d-nb.de.

ISBN 978-3-942710-57-2

Bergstr. 70, 01069 Dresden
Telefon +49 (0) 351 47 96 97 20
Fax +49 (0) 351 47 96 08 19
http://www.tudpress.de

Layout und Umschlaggestaltung: Autor.
Printed in Germany.

INHALT

0 VORWORT

0.1 DANKSAGUNG

Zuallererst gilt mein Dank dem Doktorvater dieser Arbeit, Professor Johannes Uhlmann. Er hat mein Interesse für wissenschaftliches Arbeiten bereits im Rahmen des Diplomstudiums geweckt und mir anschließend die Möglichkeit gegeben, als wissenschaftlicher Mitarbeiter an der Technischen Universität Dresden ein Promotionsvorhaben in Angriff zu nehmen. Er lieferte als Doktorvater und in der ersten Zeit als Chef, später auch im Ruhestand in Diskussionen und durch reges Schreiben stets neuen Input und war gern bereit, die Arbeit weiter zu betreuen und zu begutachten.

Professor Wolfgang Jonas danke ich für die die Übernahme der Zweitbegutachtung, für die Betreuung, Unterstützung und Ermunterung zum Designforschen im Rahmen der Promotion und darüber hinaus. Die persönlichen Gespräche mit ihm waren anregend und ich weiß die Zeit, die er mir in seinem gut gefüllten Terminkalender eingeräumt hat, sehr zu schätzen.

Durch die institutionelle Integration des Technischen Designs in die Professur für Konstruktionstechnik/CAD an der Technischen Universität Dresden unter der Leitung von Professor Ralph Stelzer im Jahr 2007 ergab sich die Möglichkeit, die persönlichen Forschungsinteressen des Autors auch im Rahmen des dort 2008 gestarteten Forschungsprojekts »Innovation des Innovationsprozesses« weiterzuentwickeln. Dieses von der Volkswagen-Stiftung geförderte Projekt wurde in Kooperation mit der Arbeitsgruppe Wissen-Denken-Handeln der Fachrichtung Psychologie der Technischen Universität Dresden unter der Leitung von Professor Winfried Hacker durchgeführt. Ein Teil der in dieser Arbeit dargestellten Untersuchungen ist im Rahmen bzw. in Verbindung mit dem genannten Forschungsprojekt entstanden, wofür ich den Verantwortlichen und Beteiligten dankbar bin. Namentlich möchte ich neben den verantwortlichen Projektleitern hier Dr. Uwe Debitz, Dr. Marlen Melzer, Professor Constance Winkelmann und Dr. Wolfgang Steger nennen, die mich bei der

Planung und Durchführung der Untersuchungen unterstützt bzw. eingebunden haben. Ich danke Professor Ralph Stelzer weiterhin für das Einräumen der Möglichkeit Untersuchungen in seiner Lehrveranstaltung durchzuführen und nicht zuletzt als Chef für die Unterstützung und das Vertrauen in das Promotionsvorhaben.

Persönlicher Dank gilt meinen Kollegen, insb. Dr. Jens Krzywinski nicht nur für das Aufspüren eventuell vorhandener Fallstricke im Promotionsverfahren, Frank Drechsel und Dr. Günter Kranke für hilfreiche Gespräche und Ihr Verständnis. Außerdem danke ich Claudia Prescher und Dr. Jan-Henning Raff für angenehme Zusammenarbeit und fachliches Feedback im Rahmen des Dresdener Design-Doktoranden-Stammtisches.

Meiner Frau danke ich nicht nur dafür dass sie in der »heißen Phase« des Promotionsvorhabens unsere Kinder oft allein ins Bett brachte, sondern auch für die hilfreiche Kritik meiner Arbeit und fachliche Diskussionen an der erstaunlich großen Schnittmenge unserer beiden Wissenschaftsgebiete. Ohne Dich wäre diese Arbeit nicht entstanden (und auch sonst wäre vieles sehr viel schlechter).

Ich bitte meine Eltern um Entschuldigung, wenn sie mein Entschluss (und der nicht immer nur geradlinige Weg) zur Promotion Nerven gekostet haben sollte.

Dresden im Juli 2011

0.2 ANMERKUNGEN ZU FORM UND SPRACHE

Die vorliegende Arbeit wurde nach den Regeln der aktuell geltenden neuen deutschen Rechtschreibung verfasst. Davon abgewichen wurde insbesondere bei der Zusammenschreibung von Verben und Adjektiven, wenn es der Lesbarkeit des Textes zuträglich ist. Aus demselben Grund ist auf die gleichzeitige Verwendung männlicher und weiblicher Sprachformen verzichtet worden. Wo es möglich war, wurden geschlechtsneutrale Bezeichnungen verwendet. An allen anderen Stellen wurde, wenn nicht sinnentstellend, die männliche Sprachform verwendet – als *generischer Maskulin* schließt die Bezeichnung weibliche Angehörige der jeweils bezeichneten Gruppe auch in der vorliegenden Arbeit ausdrücklich mit ein.

Der Zitationsstil folgt aus Gründen der Nachvollziehbarkeit und Lesbarkeit im Wesentlichen den Empfehlungen der *Harvard-Methode* mit der Nennung von Autoren bzw. Herausgebern und dem Veröffentlichungsjahr im Fließtext. Die Rechtschreibung in Zitaten wurde jeweils übernommen, offensichtliche Fehler durch *sic* (»wirklich so«) gekennzeichnet. Abbildungstexte und Zitate aus englischen Quellen werden aus Gründen der Lesbarkeit in den meisten Fällen übersetzt wiedergegeben. Wenn eine genaue Übersetzung nicht möglich oder sinnvoll ist, wird der Inhalt grob deutsch umrissen, um inhaltliche Verzerrungen bei der Übersetzung auszuschließen.

Auf die Verwendung von Abkürzungen wurde insbesondere im Text weitgehend verzichtet. Die in Tabellen, Klammerkommentaren und Literaturangaben verwendeten Abkürzungen und Symbole sind in einem entsprechenden Verzeichnis am Ende dieser Arbeit erläutert. Davon ausgenommen sind allgemein übliche Abkürzungen und Maßeinheiten.

0.3 EINORDNUNG DER ARBEIT IN DEN DESIGNFORSCHUNGSKONTEXT

Das Promotionsverfahren, in dessen Rahmen die vorliegende Dissertationsschrift entstand, wurde an der Professur Technisches Design der Fakultät Maschinenwesen an der Technischen Universität Dresden begonnen und am daraus hervorgegangenen Zentrum für Technisches Design in der Professur für Konstruktionstechnik/CAD abgeschlossen. Diese für Deutschland in zweifacher Hinsicht nach wie vor relativ ungewöhnliche Konstellation einer Designforschungseinrichtung an einer ingenieurwissenschaftlichen Fakultät und an einer wissenschaftlichen Hochschule führt ebenso wie das heterogene und in Entwicklung befindliche Gebiet der Designwissenschaft(en) und -forschung zu der Notwendigkeit, die Einordnung der vorliegenden Arbeit zu erläutern.

Dazu muss zunächst das sowohl in Deutschland als auch international noch sehr heterogene Feld der Designwissenschaften und Designforschung kurz dargestellt werden. *Designwissenschaft*, *Designtheorie* und *Designforschung* sind Begriffe, die aktuell ähnlich wie *Design* selbst als unscharf abgegrenzte Sammelbezeichnung verwendet werden. Entsprechend ist es angemessen, von *den Designwissenschaften* zu sprechen.

Design ist zunächst einmal Entwerfen (Weitere Ausführungen dazu sind in Abschnitt 2.1 dieser Arbeit zu finden). Uhlmann (Uhlmann 2006b) stellt fest, dass Design zwar keine Wissenschaft sondern eine praktische Entwurfstätigkeit ist, man sich dieser aber wissenschaftlich zuwenden kann. Er führt an, dass kein für die Disziplin spezifisches *wissenschaftliches* Sach- und Methodenwissen zur Verfügung steht, es muss aus anderen Bereichen »beschafft werden« (*ibd.*, S. 189). Er bezieht sich dabei auf das *kumulative Wissenschaftsprinzip* der Naturwissenschaften, welches in anderen Bereichen durchaus kontrovers diskutiert wurde (z. B. Krüger 1978, siehe aber auch Chalmers 2008). Ziel ist ein »länger- oder langzeitstabile[s]« Wissenschaftswissen für den Bereich des Designs auf der Grundlage empirischer Forschung im Sinne »beobachtbarer

Tatsachen« (UHLMANN 2008: 14). Designwissenschaften umfassen sämtliche wissenschaftlichen Theorien, Methoden, Aktivitäten und Erkenntnisse, die einen direkten Bezug zu Design haben. Dabei kann Design beispielsweise das Forschungsobjekt, die Forschungsmethode oder der »geplante« Erkenntnisverwerter sein. Designwissenschaften umfassen dabei neben anderen auch Teile der Kultur-, Sozial-, und Ingenieurwissenschaften, der Informatik und der Psychologie. Die vorliegende Arbeit nimmt wissenschaftliches Sach- und Methodenwissen unter anderem aus den Bereichen der Psychologie, der Wirtschafts-, Sozial- und Ingenieurwissenschaften in Anspruch. Nicht als designwissenschaftlich gilt Forschung, einerseits wenn sie nicht den gängigen Kriterien wissenschaftlicher Arbeit – für empirische Forschung sind das Objektivität, Reliabilität und Validität – entspricht und anderseits wenn sie für das Design nicht oder nur sekundär relevant ist (WÖLFEL & KRZYWINSKI 2010A).

Designwissenschaften haben ihren Ursprung – ähnlich wie die Konstruktionswissenschaften – in den 1950er und 1960er Jahren, als man insbesondere darum bemüht war, die Entwurfsprozesse verstehen, systematisieren und verbessern zu können (z. B. ARCHER 1965). Ab den 1970er Jahren entfernen sich die Disziplinen zunächst auf methodischer Ebene voneinander (ROOZENBURG & CROSS 1991), spätestens in den 1980er und 1990er Jahren verlieren sich die Parallelen, als Design sich hin zur Dienstleistung entwickelt sowie Designtheorie und -wissenschaften sich zugunsten deskriptiver und normativer Arbeiten von akademischer Empirie entfernen (siehe dazu auch BÜRDEK 2010).

Dass der Begriff Designwissenschaften auch heute sehr flexibel zur Anwendung kommt, wird unter anderem dadurch deutlich, dass an vielen Orten beispielsweise Designgeschichte dazu gezählt (oder gar allein darunter verstanden) wird – die vollständig von außen von Nicht-Designern und ohne designspezifische Methoden betrieben werden kann und oftmals weder von Designern wahrgenommen wird noch der Disziplin praktisch relevante Erkenntnisse liefert. Im Vergleich dazu ist es beispielsweise schlecht denkbar, dass Ingenieursgeschichte zu den Ingenieurswissenschaften gezählt würde.

Die aktuelle Entwicklung bringt Designwissenschaften und Ingenieurwissenschaften wieder näher zusammen und zeigt insbesondere mit der angewandten und projektbasierten Forschung ein Format, in dem Design im Rahmen wissenschaftlicher Forschung aktiv werden kann. Gleichzeitig führen vor allem neue technologische und wirtschaftliche, aber auch politische, soziale und gesellschaftliche Rahmenbedingungen zu starken Veränderungen sowohl der Entwurfsprozesse und -praxis als auch der entworfenen Objekte selbst. Diese Veränderungen bieten reichlich Betätigungsfeld für Grundlagen- und Methodenforschung auf wissenschaftlichem Niveau mit gleichzeitig praktischer Relevanz für die Entwurfsdisziplinen.

Nach dem von Bürdek (2010) beschriebenen allgemeinen Rückgang von Designforschungsaktivitäten in den 1980er Jahren markiert die designmethodische Veröffentlichung von Uhlmann im Jahr 2005 für die Technische Universität Dresden einen Neustart designwissenschaftlichen Forschens und Publizierens, an den Kranke (2008) und Krzywinski (2011) mit der Verteidigung der ersten Habilitation bzw. Dissertation in diesem neuen Zeitraum anknüpfen. Die vorliegende Arbeit möchte die Reihe fortsetzen.

Die aktuelle Vielfalt von Designwissenschaften bringt auch eine gewisse Anzahl teils unterschiedlicher, teils weitgehend übereinstimmender Konzepte von Designforschung mit sich, die hier kurz aufgegriffen werden sollen. In dem Zusammenhang soll die vorliegende Arbeit jeweils eingeordnet werden.

Designforschung (*design research*) wird von Frayling (1993/94) in *Forschung in, durch* und *für Design* eingeteilt (*research into art and design, research through art and design, research for art and design*). Diese Klassifizierung wurde u.a. von Findeli (1998) und Jonas (zusammengefasst in Jonas 2007) aufgegriffen und weiterentwickelt, wonach *Forschung über Design (research about design)* die Betrachtung des Design möglichst ohne Interventionen ist, *Forschung für Design (research for design)* das Unterstützen des Designs von außen und *Forschung durch Design (research through design)* das Anwenden »designeigene[r]« (Jonas 2004: 5) Vorgehensweisen auf Forschungsprobleme, welche bösartige oder komplexe Probleme jeder Art sein können (→ 2.2). Um als Designforschung bezeichnet werden zu können, ist jedoch immer einerseits wissenschaftliche Qualität und andererseits Relevanz für die Disziplin Design notwendig (z. B. Findeli 2009).

An unterschiedlichen Stellen werden leicht variierende Bezeichnungen verwendet, so z. B. *research by design* als weitgehend deckungsgleich mit *research through design* (→ Jonas 2007). Eine fortgeführte Diskussion entwickelt den Begriff *project-grounded research* auf der Grundlage von *research through design* (Findeli *et al.* 2008).

Der Schwerpunkt der vorliegenden Arbeit liegt in der *Forschung über* und *für Design*, da zunächst Designprozesse ohne Intervention analysiert, anschließend unterstützende Arbeitsmethoden für das Entwerfen entwickelt und evaluiert werden. Dies entspricht im Wesentlichen Blessing & Chakrabartis Auffassung von Designforschung. Sie stellen mit ihrer *Design Research Methodology* (2009) einen Rahmen für die Methodenforschung insbesondere für das Entwerfen in den Ingenieursdisziplinen zur Verfügung, der sowohl für die vorliegende Arbeit im Ganzen als auch für die einzelnen empirischen Untersuchungen als passfähig angesehen werden kann. Für Blessing & Chakrabarti verfolgt Designforschung zwei Ziele:

— Die Formulierung und Validierung von Modellen und Theorien zum Entwerfen mit all seinen Facetten (u. a. auch Wissen, Methoden und Werkzeuge)
— die Entwicklung und Validierung von Mitteln, die auf diesen Modellen und Theorien basieren und die Entwurfspraxis, einschließlich -ausbildung, und Entwurfsergebnisse verbessern

Eine Unterstützung des Entwerfens von außen kann durch unterschiedliche Disziplinen geliefert werden. So werden als Beispiele für Forschung für Design unter anderem Marktforschung, Nutzerforschung und Produktsemantik angeführt (Jonas 2004), die jeweils Inhalte bzw. Methoden anderer Wissenschaftsdisziplinen verwenden und deren Resultate im Design zur Anwendung kommen. So werden beispielsweise menschliche und gesellschaftliche Aspekte hauptsächlich von der Psychologie, der Soziologie oder den Kulturwissenschaften, organisatorische und ökonomische vorrangig durch Wirtschaftswissenschaften erforscht, die Erkenntnisse werden durch das Design genutzt.

Cross (1993) unterscheidet *design science* und *science of design*. Dabei ist *design science* in Bezug auf Hubka & Eder (1987) ein umfassend organisierter, rationaler und systematischer Ansatz zum Entwerfen (in der Konstruktion), während *science of design* empirische und deskriptive Forschung über Entwerfen zunächst mit dem Ziel, dieses besser verstehen zu können, ist.

Die vorliegende Arbeit wird den unterschiedlichen Ansichten von Designforschung bzw. Designwissenschaften gerecht, indem sie mit (nicht designspezifischen) wissenschaftlichen Methoden ein Problem der Designausbildung und -praxis theoretisch erörtert und darauf aufbauend empirische Untersuchungen durchführt, um das Problem zu lösen oder zumindest besser zu verstehen. Die Untersuchungen bedienen sich unter anderem sozialwissenschaftlicher und psychologischer Forschungsmethoden und müssen sich selbstverständlich mit den Gütekriterien wissenschaftlicher Arbeit dieser Disziplinen messen lassen. Für die genannten empirischen Wissenschaften sind das insbesondere Objektivität, Validität und Reliabilität (z. B. in Bortz & Döring 2006, Mertens 2005). Hinzu kommt das Kriterium der Relevanz, welches von jeder Disziplin mit anderem Fokus definiert wird und im Fall der vorliegenden Arbeit mit Aspekten der Ausbildung und Praxis im Design verbunden ist (siehe hierzu auch Findeli 2009, 2010). Die Ergebnisse der Untersuchungen verbessern das theoretische Verständnis der wissenschaftlichen Problemlage und bestätigen dieses teilweise auf einer empirischen Grundlage. Sie können dazu genutzt werden, das Entwerfen in unterschiedlichen Disziplinen durch spezifische methodische Unterstützung zu verbessern.

1 EINFÜHRUNG

1.1 WISSENSCHAFTLICHE PROBLEMLAGE

Technologie ist einer der wichtigsten Treiber von Innovationen und Wirtschaftswachstum in den entwickelten Ländern. Deshalb wird in den Unternehmen, aber auch von staatlichen Organisationen, besonders in die Entwicklung von Technologien investiert. In einer Innovationsstudie über die 1000 weltweit größten Unternehmen gelangen JARUSELSKI & DEHOFF (2006) jedoch zu der Erkenntnis, dass es keinem der untersuchten Unternehmen gelungen ist, neu entwickelte Technologien entsprechend der Investitionen am Markt zu etablieren – sprich: zu verkaufen. Ohne die Berücksichtigung emotionaler, sozialer und kultureller Faktoren können Innovationsprozesse nur unvollständig abgebildet werden (WENGENROTH 2001). In einer Studie der GESELLSCHAFT FÜR KONSUMFORSCHUNG wurde auch für Deutschland gezeigt, dass der Misserfolg vieler Innovationen unter anderem auf eine zu starke Orientierung am Wettbewerb zu Ungunsten der Beachtung von Nutzerbedürfnissen zurückzuführen ist (WIEKING 2006).

Das Industriedesign ist die Disziplin, die darauf spezialisiert ist Nutzerbedürfnisse in den Entwicklungsprozess einzubinden. Sie verfolgt das Ziel, Produkte in ihrem Wesen durch den Menschen positiv erlebbar zu machen (→ UHLMANN 1986, 1995, 2005, PRESS & COOPER 2003 u.a.) und hält die dafür geeigneten Methoden bereit (KRIPPENDORFF 2006, COOPER, REIMANN & CRONIN 2007, CHOW & JONAS 2008 u.a.). Die Bedeutung des Erlebens als Ziel der Produktentwicklung hebt WENGENROTH folgendermaßen hervor: »Technik muss sich [...] überwiegend in Verwendungszusammenhängen bewähren, die ihrerseits keine genuin technischen Ziele kennen. [...] die Qualität des Erlebens und der empfundene Grad der Geborgenheit [stehen] im Vordergrund« (WENGENROTH 2001: 25). Es ist Kern der Disziplin Industriedesign, genau dieses Erleben in den unsicheren frühen Phasen der Produktentwicklung vorwegzunehmen und zu steuern

(Uhlmann 2005, Schifferstein & Hekkert 2008 u.a.), um so den Erfolg von Produkten besser abschätzen und erhöhen zu können.

Die Beteiligung von Designern bereits in frühen Phasen des Innovationsprozesses als wichtiger Schlüssel für den Erfolg (technologischer) Entwicklungen auch im Bereich von Investitionsgütern ist von Herrmann & Möller (2009) dargestellt worden, denn dann kann Wissen über potenzielle Nutzer optimal zur Umsetzung deren Bedürfnisse verbunden werden (Reichwald & Piller 2006).

Eine Untersuchung von 503 britischen Unternehmen (Design Council 2007) zeigte, dass sich der strategische, frühzeitige Einsatz von Design positiv auf die Entwicklung der Unternehmenswerte auswirkt. Ein weiteres Argument für das möglichst frühe Klären aller Akzeptanz- und davon abhängigen Erfolgsfaktoren technologischer Neuerungen ist das viel zitierte Verhältnis von *Änderungskosten* zu *Änderungsmöglichkeiten* über den Entwicklungszeitraum (z.B. Ehrlenspiel 2007). Um Unsicherheiten in den frühen Phasen der Produktentwicklung reduzieren zu können, wird neben Informationen über technologische Möglichkeiten und Potenziale auch Wissen über die Bedürfnisse potenzieller Nutzer (Präferenzen, Wünsche, Zufriedenheitsfaktoren und Kaufmotive), abgeleitet aus einem »intensiven Verständnis der Nutzung- und Anwendungsumgebung der Abnehmer« (Reichwald & Piller 2005) benötigt.

Es ist also anzustreben, Designer ebenso wie Ingenieure und andere Beteiligte in frühe Phasen von Innovationsprozessen gemeinsam einzubinden. Dem gegenüber stehen trotz gemeinsamer Wurzeln mittlerweile sehr unterschiedliche Ausbildungsformen, Begriffe, Methoden, ja im Grunde gegensätzliche Fachkulturen von Designern und den traditionell in Technologieentwicklung involvierten Ingenieuren und Naturwissenschaftlern (→ Wölfel & Krzywinski 2010b). Dieses Problem ist weder neu noch unerkannt (z.B. Reese 2005), Es gibt auch zahlreiche (erfolgreiche) Bestrebungen, die Barrieren zwischen den Fachdisziplinen zu überwinden. Ein Ansatz ist die Integration von Design und Ingenieurwissenschaften (sowie Wirtschaftswissenschaften) an weltweit zahlreichen Hochschulen (Kranke 2008, de Vere, Melles & Kapoor 2010). Auch in

Deutschland besteht der Trend, immer mehr Ingenieure an technischen Hochschulen und Universitäten auch im Design auszubilden (SEEGER 2005), wie die unterschiedlichen neu etablierten Lehrangebote der TECHNISCHEN UNIVERSITÄT MÜNCHEN, der RWTH AACHEN und anderer Hochschulen verdeutlichen (WÖLFEL 2011).

Gleichzeitig sind aufgrund einer zunehmenden Dynamisierung und kürzer werdender Produktlebenszyklen vor allem Produkt- und Prozessinnovationen entscheidend für die Wettbewerbsfähigkeit und damit den Erfolg eines Unternehmens. Die ohnehin schon hohen Anforderungen an Produktentwickler werden deshalb in Zukunft noch weiter steigen. So erhöht sich die Komplexität der Aufgaben und Projekte. Hinzu kommen die immer kürzer werdende Verweildauer von Mitarbeitern in den jeweiligen Unternehmen und die Tendenz, im eigenen Unternehmen nur noch im Rahmen der Kernkompetenzen zu entwickeln und ansonsten externe Dienstleister zu beauftragen (*Outsourcing*). Deshalb wachsen die Anzahl der Schnittstellen und damit die Anforderungen an Kommunikation und Kooperation. Auch für diese Aufgaben werden interdisziplinär ausgebildete Absolventen gefragt sein.

Die informative Ausbildung von Studierenden und Ingenieuren auf dem Gebiet des Design entwickelt sich bereits seit den 1960er Jahren und erreichte in den vergangenen Jahren einen rasanten Anstieg (CROSS 2006, SEEGER 2005, KRANKE 2008). Dennoch absolvieren die Studierenden des *Technischen Designs* an der TECHNISCHEN UNIVERSITÄT DRESDEN eine für Deutschland noch immer ungewöhnliche, im internationalen Vergleich aber durchaus verbreitete Ausbildung von Ingenieuren auf dem Gebiet des Industriedesigns, die nicht nur auf eine informative, sondern eine befähigende Designausbildung in Verbindung mit der Vermittlung ingenieurwissenschaftlicher Sach- und Methodenkenntnisse setzt (z. B. KRANKE 2008).

Die traditionelle, praxisorientierte Designausbildung (an Kunst- und Fachhochschulen) ist nach der Ansicht von ARCHER, BAYNES & LANGON relativ zeitaufwändig, ineffektiv und für die Studierenden eine »*torture*« (1979, zit. nach CROSS 2006: 4). Als einer der Gründe dafür wird die frühe Prägung von Schülern und Studierenden in klassische (z. B. natur-) wissenschaftliche, künstlerische und humanistische Denkweisen und Kulturen angesehen, die dem Entwerfen jeweils nicht entsprechen (→ CROSS 1982). Ausbildung im Design kann nicht durch Bereitstellung oder Vermittlung von Faktenwissen erfolgen, sondern muss durch Erfahrung, Fähigkeiten und Fertigkeiten sowie Verständnis für das Planen, Konzipieren und praktische Machen erfolgen (→ ARCHER, BAYNES & LANGON 1979 in CROSS 1982). In den 1970er Jahren wurde erkannt, dass das »Impfen mit deklarativem Wissen und allgemeinen Vorgehensstrategien« (DORST 1997: 65, übersetzt) für die Designausbildung wenig geeignet ist. Basierend auf dem pädagogischen Ansatz, Studierende müssten wissen was und warum sie lernen, schlug CROSS (1982) vor, ein entsprechendes theoretisches Fundament für das Entwerfen zu erarbeiten. Für die Information von Nicht-Designern über Design, aber auch für die Befähigung von Universitätsstudenten auf dem Gebiet des Entwerfens muss die Ausbildung systematisch, theorie- und methodengeleitet sein sowie die verschiedenen Barrieren zwischen den Entwurfsdisziplinen beseitigen oder zumindest handhabbar machen. Im deutschsprachigen Raum hat UHLMANN 1986 ein umfassendes theoretisches Konzept für die Designausbildung im Ingenieurskontext vorgelegt (siehe auch UHLMANN 2011), auf deren Grundlage die Ausbildung von Designern an der TECHNISCHEN UNIVERSITÄT DRESDEN entwickelt wurde.

Die auf diese Weise ausgebildeten Designingenieure können dann insbesondere solche Projekte bearbeiten, in denen es darum geht, technisch innovative Produkte zu entwickeln, die spezifische, möglicherweise auch latente Kundenbedürfnisse befriedigen und deshalb eine hohe Akzeptanz auf dem Markt finden. Voraussetzung dafür ist die Berücksichtigung und Entwicklung ingenieurwissenschaftlicher und designspezifischer Wissensbestände bereits in frühen Phasen der Produktentwicklung. Die wesentliche Quelle designspezifischen Wissens ist der Designer selbst (JONES 1963, GOEL 1995 u. v. a.). Experten greifen auf ihr individuelles Wissensrepertoire routiniert zu, ohne dafür bestimmte Methoden bewusst anzuwenden. Begabte Studierende an Kunst- und Designhochschulen scheinen damit ebenfalls kaum Probleme zu haben (STRICKFADEN 2006). Erfahrungen in der Ausbildung ingenieurwissenschaftlich vorgebildeter Studierender zu Designern an der TECHNISCHEN UNIVERSITÄT DRESDEN zeigen allerdings, dass die Erschließung dieses Wissens ohne besondere methodische Unterstützung problematisch ist (SCHULZ 2005, → WÖLFEL 2007, 2008). Dies bestätigt auch die Auffassung von Lawson (2004), welcher zufolge es für Novizen schwierig einzuschätzen ist, welches Wissen für Entwurf und Entwurfsprozess wichtig ist. Generelle Hilfestellungen dafür sind nicht einfach zu geben, da das Wissen, welches am Beginn eines bestimmten Projekts von enormer Bedeutung sein mag, für ein anderes Projekt völlig irrelevant sein kann.

Aus der in diesem Abschnitt beschriebenen Problemlage ergibt sich die zentrale Fragestellung der vorliegenden Arbeit:

— **Wie können insbesondere Novizen bei der Akquise individuell verfügbaren Entwurfswissens am Beginn von Designprozessen methodisch unterstützt werden?**

Da die befähigende Ausbildung von Ingenieuren bzw. ingenieurtechnisch vorgebildeten Studierenden noch immer relativ selten ist, sind theoretische oder gar empirische Arbeiten dazu kaum zu finden. Auf Grundlage der allgemeinen umfassenden Publikationen zum Design (z. B. HEUFLER 2004, BÜRDEK 2005, KRIPPENDORFF 2006) und zu Integrierter Produktentwicklung (z. B. CROSS 2001, CAGAN & VOGEL 2002, ULRICH & EPPINGER 2003, UHLMANN 1986, 2005) kann die Fragestellung nicht direkt beantwortet werden. Zwar können entsprechende Arbeiten (insb. UHLMANN 2011) als theoretische Grundlage herangezogen werden. Auch stehen verschiedene Erklärungsmodelle zur Verfügung, die das Problem theoretisch bestätigen (z. B. LAWSON & DORST 2009), aber darüber hinaus keinen konkreten Lösungsansatz bieten. Um die Auswahl und Anpassung geeigneter Methoden für die Akquise des für das Entwerfen relevanten Wissens zu ermöglichen, müssen Erkenntnisse anderer Bereiche, insbesondere der Kognitionswissenschaften, herangezogen und nutzbar gemacht werden. Gerade relevante empirische Belege sind nur ohne direkten Zusammenhang in den Medien der jeweiligen Fachdisziplinen publiziert worden und müssen für die Beantwortung der Fragestellung einzeln bewertet und in den Kontext der

Problemlage eingeordnet werden. Das methodische Vorgehen, welches zur Bearbeitung und Beantwortung der Fragestellung gewählt wurde, wird im folgenden Abschnitt erläutert.

1.2 METHODISCHES VORGEHEN

Um die auf Seite 5 formulierte zentrale Fragestellung beantworten zu können, sind mehrere Schritte notwendig. Als Voraussetzung für die Auswahl oder Entwicklung geeigneter Methoden für die Unterstützung der Akquise von Designwissen müssen zunächst *Entwerfen* sowie typische Entwurfsaufgaben und Entwurfsprozesse mit besonderem Fokus auf die Wissensakquise charakterisiert und die Eigenschaften des individuell verfügbaren Designwissens im Kontext des durch UHLMANN (insb. 2011) vorgegebenen theoretischen Rahmens ermittelt werden. Verschiedene Auffassungen und empirische Belege werden systematisiert und für die Bearbeitung der zentralen Fragestellung relevante Erkenntnisse herausgestellt. Dabei ist es nicht das Anliegen der vorliegenden Arbeit abweichende und teilweise widersprüchliche Ansätze und Theorien zu korrigieren.

In Bezug zur zentralen Fragestellung ist es notwendig, die spezifischen Eigenschaften von Entwurfswissen im Design mit denen in der Konstruktion zu vergleichen. Darauf aufbauend können ausgewählte Methoden hinsichtlich ihrer potenziellen Eignung zur Unterstützung der Wissensakquise analysiert werden. Die genannten Schritte erfolgen im theoretischen Teil der vorliegenden Arbeit (Abschnitt 2). Die anhand der Eigenschaften individuellen Designwissens sowie allgemeiner Anforderungen an Methoden als potenziell geeignet bewerteten Unterstützungsmöglichkeiten für die Wissensakquise können in empirischen Untersuchungen auf ihre tatsächliche Eignung überprüft werden. Den drei aufeinander aufbauenden quasi-experimentellen und *ex-post-facto*-Untersuchungen im Ausbildungskontext (3.2–3.4) wird eine explorative Untersuchung zum aktuellen Stand des Einsatzes von Methoden in frühen Entwurfsphasen in der beruflichen Praxis von Designern und Konstrukteuren vorangestellt (3.1). Die daraus gewonnenen Erkenntnisse können das im theoretischen Teil Erarbeitete ergänzen und erlauben, die weiteren empirischen Untersuchungen zur Eignung ausgewählten Methoden zur Unterstützung der Wissensakquise in einen breiteren Kontext zu stellen.

2 THEORETISCHE GRUNDLAGEN

2.1 ENTWERFEN

2.1.1 Neues Schaffen

Entwerfen ist das schöpferische Entwickeln von Neuem. Das Entwerfen wird als die anspruchsvollste Denktätigkeit, welche der Mensch verrichten kann, eingestuft (Hacker 2005). Bezogen auf die Produktentwicklung ist Entwerfen »[...] sich etwas auszudenken, was es noch nicht gibt oder so noch nicht gibt und es [...] so darzustellen, dass es weitergeführt oder hergestellt werden kann« (Uhlmann 2006b: 27).

Allerdings ist der Begriff des Entwerfens nicht auf berufliche Entwurfsdisziplinen beschränkt, sondern kann ganz allgemein für viele schöpferische Handlungen in vielen Lebensbereichen herangezogen werden. »Wenn eine Gruppe von Agrarwissenschaftlern eine neue Süßigkeit auf der Grundlage von Johannesbrot entwickelt, die wichtige Vitamine für Schulkinder enthält, haben wir ein klares Beispiel für einen Entwurfsakt« (Bonsiepe 2010: 39). Bei dem durch Entwerfen Geschaffenem kann es sich beispielsweise um Maschinen, Programme, Verfahren, Substanzen, aber auch um Texte, Musik, Malerei oder Skulpturen handeln (→ Dörner 2002).

Eine allgemeine Definition von Entwerfen, welche auf die Relevanz des vorhandenen Wissens eingeht, liefern Hatchuel & Weil: »Entwerfen ist ein Prozess, durch den etwas Unbekanntes absichtsvoll aus Bekanntem entstehen kann« (Hatchuel & Weil 2003: 2, übersetzt).

Archer (1965) betont als Schlüsselelement von Entwerfen die Formulierung oder Beschreibung eines Modells des Entwurfes bereits vor seiner (körperlichen) Ausführung. Das Schaffen von Neuem ohne die Zwischenstufe eines Modells oder einer Vorschrift nennt er Kreieren (*create*). Diese Unterscheidung zwischen Entwerfen und Kreieren wird von anderen Autoren kaum aufgegriffen, wohl auch weil eine klare Einordnung schöpferischer Handlungen selten eindeutig möglich ist; bei Berücksichtigung intuitiver und unbewusster Teilprozesse kann im Grunde bei jedem Kreieren auch der Zwischenschritt des Planens unterstellt werden (→ *Absichtsregulation* z. B. bei Dörner *et al.* 1989).

2.1.2 Entwurfsdisziplinen

Das Entwerfen – in seinen unterschiedlichen Ausprägungen – ist Jahrtausende alt. Vom Faustkeil bis zur Dampfmaschine war der Mensch meistens Konstrukteur und Designer in einer Person. Immer komplizierter werdende Produkte stellten immer höhere Anforderungen an die Entwerfenden, so dass es zur Ausprägung von Spezialisten – Architekten und Bauingenieuren, Konstrukteuren und Designern – kam. Später erfolgt auch eine Herausbildung von Spezialisten innerhalb des Maschinenbaus. Die Rationalisierung lässt den »Entwurf auf eine Plansprache schrumpfen [...], die in ihrer Abstraktheit nur Maschinenbau-Spezialisten verständlich ist, und bis Formspezialisten beginnen, die technischen Funktionen hinter Hüllen und Dekorationen verschwinden zu lassen, die sie extra zeichnen müssen« (Selle 1997: 39).

Aus der in Abschnitt 1.1 dargestellten Problemlage geht hervor, dass Studierende mit ingenieurwissenschaftlicher Vorbildung bei der Akquise von individuell verfügbarem Designwissen offenbar nicht erfolgreich sind. Da die Designnovizen bereits Erfahrung in anderen Entwurfsdisziplinen haben, ist davon auszugehen dass die Spezifik der Entwurfsprozesse in den einzelnen Disziplinen die Wissensakquise auch am Beginn des Entwerfens beeinflusst. In diesem Abschnitt wird zunächst auf die Besonderheiten der an der Produktentwicklung beteiligten Entwurfsdisziplinen auf definitorischer Ebene eingegangen, während insbesondere im Abschnitt 2.3.4 die Vorgehensmodelle der einzelnen Disziplinen gegenübergestellt werden.

Entsprechend der relativ allgemeinen Definition von Entwerfen lassen sich zahlreiche professionelle Entwurfsdisziplinen auflisten. Eine Möglichkeit der systematischen Unterscheidung ist die nach den entworfenen Artefakten. Entsprechend können beispielsweise Komponisten, Schriftsteller und andere, die sich selbst möglicherweise gar nicht als Entwerfende oder Designer sehen, im

Rahmen der vorliegenden Arbeit von den Betrachtungen ausgeklammert werden. Für eine überblicksweise Einordnung verschiedener Entwurfsdisziplinen bietet sich das Kontinuum der Entwurfstätigkeit von ENGLISCH, SACHSE & UHLMANN (2008) an, welches sich von rein künstlerischen bis hin zu rein technischen schöpferischen Entwurfstätigkeiten erstreckt. Die einzelnen Disziplinen werden dort entsprechend ihrer Ziel- und Abbruchskriterien eingeordnet. Auch im Kontext der Produktentwicklung lassen sich die einzelnen Entwurfsdisziplinen nach den jeweiligen Zielstellungen besser unterscheiden als beispielsweise anhand der Prozesse (→ 2.3.4) oder Methoden. Dies wird auch durch die herangezogenen Definitionen der einzelnen Disziplinen bestätigt, die im Folgenden für ausgewählte im Rahmen der vorliegenden Arbeit relevante Entwurfsdisziplinen und damit verbundene Begriffe und Zielstellungen dargestellt werden.

Design kann als allgemeiner Begriff u.a. auf das italienische *disegno* zurück geführt werden und bedeutet im Wesentlichen *Entwerfen* als »sich etwas auszudenken was es noch nicht […] gibt […]« (UHLMANN 2006B, siehe auch KRANKE & UHLMANN 2009). Entsprechend wird *design* im Allgemeinen in der englischsprachigen Literatur im Sinne von *Entwerfen* verwendet, was im Rahmen dieser Arbeit insbesondere als Bestandteil englischer Fachbegriffe und Zitate übernommen wird. Die weniger umfassende, aber ebenso unscharfe Bedeutung des Begriffs im Deutschen wird durch die Verwendung des Begriffs *Entwerfen* oder spezifischer Bezeichnungen vermieden. *Design* als Bezeichnung einer professionellen Disziplin ist durch inflationären und heute nahezu beliebigen (UHLMANN 2006B) Gebrauch entwertet oder zumindest missverständlich geworden. Der ursprünglich wohl beabsichtigte Hinweis auf die Hochwertigkeit von sogenannten Designerprodukten hat sich mittlerweile teilweise umgekehrt, wie die Abbildungen aus FRENZL (2009) illustrieren (Abbildung 1). Auch im Kontext der vorliegenden Arbeit sind also spezifischere Begriffe heranzuziehen.

Produktdesign (*product design*) als einer der naheliegenden spezifischeren Begriffe umfasst insbesondere im internationalen Sprachgebrauch wiederum mehrere Disziplinen, insbesondere das Industriedesign und auch die Konstruktion. Aus diesem Grund soll der Begriff im Rahmen dieser Arbeit vermieden werden.

Produktentwicklung (*product development*) bezeichnet den gesamten Prozess der Produktentstehung auf einer übergeordneten, eher organisatorischen Ebene. In den Prozess der Produktentwicklung sind in der Regel mehrere verschiedene Disziplinen eingebunden, zu denen je nach Branche und Produkt auch die Konstruktion und das Industriedesign zählen.

Howe (in Cross 2008: 19) unterscheidet *engineering design* von *engineering*. Cross beschreibt mit *engineering design* entsprechend auch insbesondere die frühen Phasen konstruktiver Entwicklungsprozesse und nennt es in einem Atemzug mit *industrial design*. Eine gebräuchliche Übersetzung von *engineering design* ist *Konstruktion*, wobei dieser Begriff den gesamten konstruktiven Entwicklungsprozess umschreibt, der neben den schöpferischen frühen Phasen auch die Detaillierung, Ausarbeitung und beispielsweise Auslegung einzelner

Abbildung 1: Verwendung des Begriffs *Design* im Alltag (Quelle: Frenzl 2009)

Maschinenelemente umfasst, was in der Terminologie von Howe dem *engineering* entspricht. *Konstruktion* als umfassender Prozess ist »schöpferisches und lückenloses Vorausdenken eines technischen Gebildes, das den Anforderungen des historisch bedingten Standes der technischen Entwicklung entspricht, und Schaffen aller zweckmäßigen Unterlagen für eine stoffliche Verwirklichung.« (Bock 1955 in Römer 2002). Will man also insbesondere die frühen schöpferischen Phasen konstruktiver Entwicklungen benennen, ist es zweckmäßig von *konstruktivem Entwerfen* oder *Entwerfen in der Konstruktion* zu sprechen. Eine klare Abgrenzung der Konstruktion zu anderen an der Produktentwicklung beteiligten Disziplinen wird durch die formulierte Zielstellung ermöglicht, »für technische Probleme Lösungen zu finden« (Pahl *et al.* 2005: 1). Die klassische Konstruktionslehre »basiert auf der Theorie technischer Systeme, die sich mit dem Aufbau, den Relationen und Wirkungen des Energie-, Stoff- und Informationsumsatzes in Anlagen, Maschinen und Baugruppen befaßt« (Pahl & Fricke 1993: 179, *sic*). Entsprechend ist das Ergebnis ein »technischer Entwurf«, der zwar »in der Mitte einander überschneidender Einflüsse unseres kulturellen und technischen Lebens« ist (Pahl *et al.* 2005: 1), aber in der Regel vorrangig auf der Grundlage natur- und ingenieurwissenschaftlicher Erkenntnisse entsteht. Er »berücksichtigt [...] menschbezogene Einschränkungen« (*ibd.*), verfolgt aber weder das Ziel, das menschliche Erleben der Produkte und der Produktnutzung zu gestalten, noch hält es geeignete Methoden dafür bereit (Ullman 2003, Pahl *et al.* 2005, Lindemann 2007, Ehrlenspiel 2007 u.a.). Dies ist die Domäne des Industriedesigns. Aus dessen Sicht ist das Vorgehen in der klassischen Konstruktionslehre »atomistisch«, indem das (gegenständliche) Entwurfsergebnis durch »Finden und Zusammenstellen elementarer technischer Funktionen [...] additiv aus immer komplexer werdenden Elementen« entsteht (Uhlmann 2008: 87). Wenn die Gestalt des Produkts als Ganzes wichtig ist (beispielsweise weil es durch Nutzer erlebt wird), muss diese aber »vor oder im Zusammenhang mit der Form der Teile festgelegt werden (die durch die gewählten Wirkprinzipien ›diktiert‹ werden)« (Roozenburg & Cross 1991: 217, übersetzt.). Hierzu muss angemerkt werden, dass jüngere Ansätze flexibler sind (z.B. Lindemann 2007, → 2.3.4) und somit auch die berufliche

Praxis besser abbilden, die mit den in der klassischen Konstruktionsmethodik empfohlenen Vorgehensweisen und auch Zielstellungen nicht immer übereinstimmen.

Industriedesign (*industrial design*) ist eine Entwurfsdisziplin, welche mit ganzheitlicher Sicht auf die zu entwerfenden Objekte durch die anforderungsgerechte Gestaltung der »psychischen Wirkdimensionen« der Produkt-Mensch-Beziehung die Bedürfnisse der Nutzer berücksichtigt (Uhlmann 1986, 1995. Zum Industriedesign siehe auch z. B. Bürdek 2005 und Krippendorff 2006). Die *ganzheitliche Sicht* wird in dem Zusammenhang durch das Antizipieren und Erarbeiten des Ziels (auf abnehmenden Abstraktionsniveaus) als Ganzes, welches nicht durch seine Elemente erklärt werden kann, bestimmt (Uhlmann 2008).

Frühe Definitionen von Industriedesign konzentrierten sich auf die visuelle Erscheinung der entworfenen Artefakte (z. B. Archer 1965). Dass die Ziele und Prozesse des Industriedesigns vielfältiger und komplexer sind, wurde allerdings auch damals bereits anerkannt. Bereits (1986) verwendet Uhlmann den Begriff *Erleben*, um die wesentlichen Aufgaben und Ziele des Industriedesigns zu beschreiben. Entsprechend ist *Erleben* der Zentralbegriff für das Industriedesign (Uhlmann 2006b). Nachdem der nicht deckungsgleiche aber doch verwandte englische Begriff *experience* im Bereich *Human Computer Interaction* in den 1990er Jahren aufgegriffen wurde, wird er in jüngerer Zeit verstärkt auch im Industriedesign verbreitet verwendet (z. B. Jordan 2000, Press & Cooper 2003, Budd *et al.* 2003, Desmet & Hekkert 2007, Schifferstein & Hekkert 2008).

Erleben und *experience* bzw. *experiencing* sind komplexe Begriffe, die für die Beschreibung ebenfalls komplexer mentaler Vorgänge beim Rezipieren und Verwenden von Entworfenem, aber auch im Zusammenhang mit der Entwicklung und Begründung bestimmter damit verbundener Herangehensweisen beim Entwerfen verwendet werden.

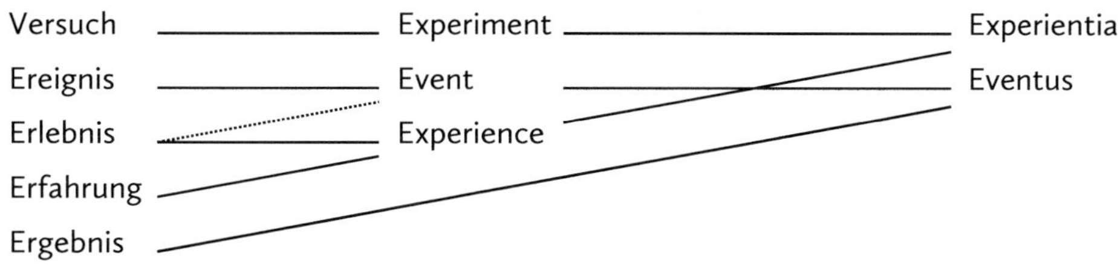

Abbildung 2: Zusammenhang der Begriffe *Erleben* und *experience* (ROSENSTEIN 2010: 216)

Wie Abbildung 2 illustriert, ist die Deutung der Begriffe *Erleben* und *experience* vielfältig und nicht zwangsläufig deckungsgleich. Auch ist die umgangssprachliche Interpretation unter Umständen von fachdisziplinärer Definition abweichend. UHLMANN (2011) verwendet den Begriff *Erleben* als Einheit von *Konation*, *Kognition* und *Emotion* in ihrer Bezogenheit auf das *Ich* als Zentrum der Person. Die Komponenten können folgendermaßen untersetzt werden:

— *Konation* umfasst Wille, Antrieb und Motivation (als Ausbildung von Verhaltenstendenzen auf der Grundlage kognitiver [und emotionaler] Komponenten, vgl. DÖRNER 1988).

— *Kognition* umfasst mit Wahrnehmen, Denken, Vorstellen, Verstehen und Urteilen Erkenntnis- und Wissensvorgänge (zusammengefasst in UHLMANN 2011).

— *Emotionen* wirken als Regulatoren kognitiver und konativer Vorgänge. Sie sind Reaktionen auf (Änderungen im) Verhältnis des Individuums zu einem Objekt oder Phänomen (DESMET 2008) und entsprechender kognitiver Vorgänge. Sie unterscheiden sich insbesondere in ihrer Kurzlebigkeit von Gefühlen, die im zeitlichen Verlauf entstehen, oftmals diffus sind (zusammengefasst in SPERING, WAGENER & FUNKE 2005) und auch ohne Relation zu einem Objekt oder Phänomen auftreten. Gefühle beeinflussen Emotionen und somit auch das Erleben von Produkten (DESMET 2008).

— *Ich* ist die individuelle Konstante des Bewusstseins und unter anderem durch spezifische Vitalität, Aktivität und Identität gekennzeichnet (in UHLMANN 2011).

Damit ist *Erleben* auch auf theoretischer Ebene als kognitiver Vorgang eng verwandt mit *Wissen* und *Handeln*, die ebenfalls mit den Komponenten *Motivation*, *Kognition*, *Emotion* und *Individuum* oder *Persönlichkeit* erklärt werden können (z. B. in der Handlungsregulation bei DÖRNER *et al.* 1989). Dies ist durch die auf individueller Ebene immer stattfindende Beeinflussung kognitiver Prozesse durch motivationale und emotionale Aspekten begründet (*cognitive-motivational-emotive configuration* bei CRAIG & LAZARUS 1990).

UHLMANN distanziert seine Auffassung von der Verwendung des Begriffs *Erleben* für betont positive Gefühle und im Zusammenhang mit Lust und Spaß am Konsum, wie SCHULZE (2005) sie für die *Erlebnisgesellschaft* beschreibt. Bei UHLMANNS Konzept bezieht sich *Erleben* ausdrücklich nicht ausschließlich auf ein Erlebnis, welches sich durch Außergewöhnlichkeit im Gedächtnis verankert – dies wäre seiner Ansicht nach für das *emotional design* angemessen, nicht aber für das Technische Design bzw. Industriedesign. Die drei Dispositionen *Konation, Kognition*, *Emotion* beeinflussen sich gegenseitig und wirken

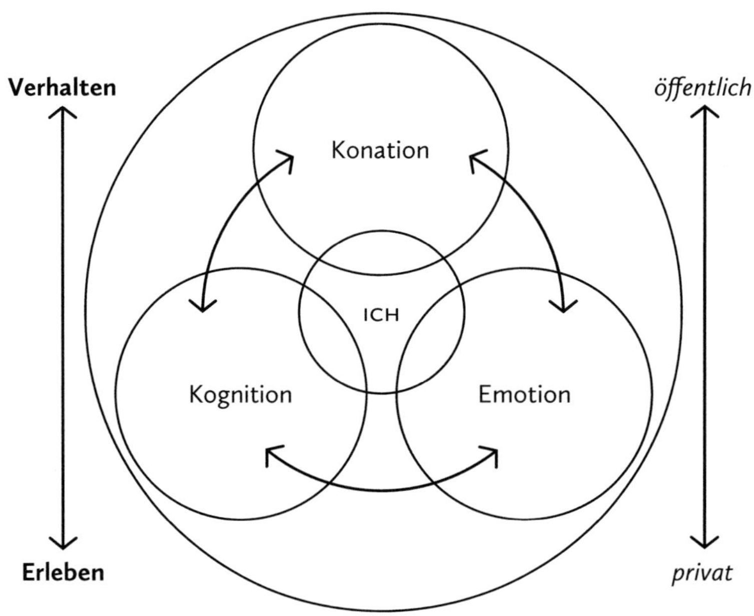

Abbildung 3: Kompassmodell Erleben nach UHLMANN 2011

als Einheit beim Umgang mit Produkten »im Inneren des Kopfes eines Nutzers« (Uhlmann 2011: 15, Abbildung 3). Dabei ist es gleichgültig, von wem das Produkt mit welchem Ziel entworfen und gestaltet wurde – es wirken prinzipiell alle drei Dispositionen in Bezug zum *Ich*. Erleben findet als »Grundprozess unseres Bewusstseins« (*ibd.*) immer statt. Es ist in großen Teilen unbewusst, in dieser Form von außen nicht direkt beobachtbar und nur dem erlebenden selbst – retrospektiv – zugänglich. Auf das Erleben anderer, im Kontext des Entwerfens beispielsweise das potenzieller Nutzer, kann nur aus dem eigenen Erleben geschlossen werden. *Erleben* als Ziel und Zentralbegriff für das Industriedesign anzunehmen bedeutet, Konation, Kognition und Emotion beim Umgang mit Produkten im Entwurfsprozess zu antizipieren und gezielt zu beeinflussen.

Wie ein Produkt erlebt wird, wird einerseits durch das Produkt selbst und seine Eigenschaften bestimmt. Jääskö & Keinonen (2006) nennen hier Erscheinung (*appearance characteristics*), haptische und andere sensorische (z. B. akustische, olfaktorische) sowie interaktive Charakteristika. Diese Faktoren wirken in der Erlebensebene aufbauend auf grundsätzlicher und zuverlässiger technischer Funktion, aber auch Sicherheit und Gebrauchstüchtigkeit, die ebenfalls (objektive) Voraussetzung für positives Erleben sind. Dies wird anschaulich im *FSGD-System* dargestellt (Uhlmann 1995: 12, → Abbildung 4). Ein weitgehend übereinstimmendes Konzept ist die Erlebens-Pyramide von Anderson (2006), welche strukturell auf der Bedürfnispyramide von Maslow (1943) aufbaut und die Erlebensebene weiter in *Komfort, Genuss* und *Bedeutung* differenziert (siehe dazu auch die Adaption der Erlebenspyramide für das Industriedesign bei Wölfel, Krzywinski & Drechsel [*in Druck*], dargestellt in Abbildung 5).

Bei Anderson (2006) ist *Bedeutung* die höchste Ebene von Erleben, welche zugleich am stärksten subjektiv bestimmt ist (Wölfel, Krzywinski & Drechsel *in Druck*). In dieser Auslegung entspricht *Erleben* als Zentralbegriff des Industriedesigns den Auffassungen Bürdeks (2005) und Krippendorffs (1989), Kern des Designs sei es, Produkten Bedeutung bzw. Sinn zu geben.

Abbildung 4: Das *FSGD-System* nach Uhlmann 1995: 12,
eigene vereinfachte Darstellung, eigene Hervorhebung

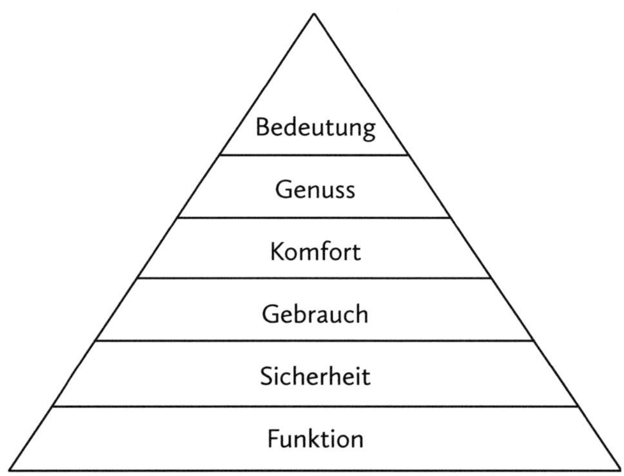

Abbildung 5: *Erlebnispyramide*. Dafür wurde Maslows *Bedürfnispyramide* (Maslow 1943) auf das Erleben von Mensch-Maschine-Interaktionen (Anderson 2006) und das Industriedesign adaptiert (Wölfel, Krzywinski & Drechsel *in Druck*), übersetzt in Anlehnung an Uhlmann (1995).

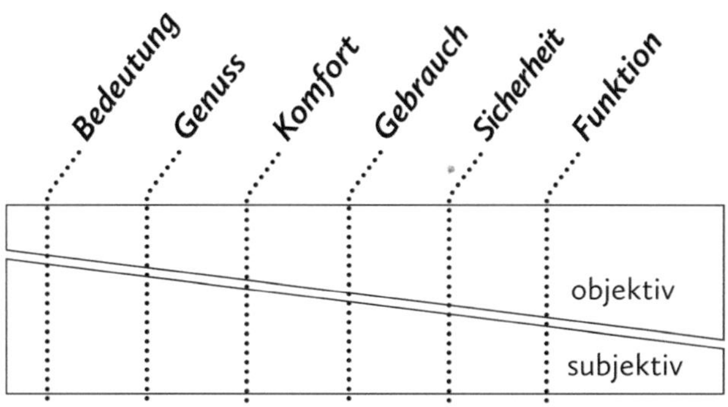

Abbildung 6: Erlebenskontinuum für das Industriedesign zwischen *objektiv* und *subjektiv*, in Anlehnung an die Begriffe in der Pyramidenhierarchie bei ANDERSON (2006) (RAFF & WÖLFEL 2010, vereinfacht und übersetzt)

Eine streng hierarchischer Aufbau der Ebenen, wie er im *FSGD-System* angedeutet oder in der Erlebenspyramide dargestellt ist, ist durchaus umstritten (RAFF & WÖLFEL 2010). Wie es für viele verallgemeinerte Modelle zutreffend ist, können speziellere Fälle damit oft nur unzureichend beschrieben werden. Die hierarchische Darstellung steht noch in einer funktionalistischen Tradition, die bereits seit langem kritisch hinterfragt wird. Lapidar formuliert wird ein Produkt auch dann erlebt, wenn es seine (technische) Funktion nicht erfüllt. Auch suggeriert die Darstellung eine nicht intendierte Wertigkeit der Ebenen, wobei das Erleben quasi als Gipfel auftritt. Allerdings behält die Staffelung dennoch eine Berechtigung, da die jeweils unteren Ebenen die darüber liegenden stark beeinflussen, während der Zusammenhang in umgekehrter Richtung weniger stark ausgeprägt ist. Abbildung 6 zeigt einen entsprechenden Vorschlag von RAFF & WÖLFEL (2010), der die Modelle von UHLMANN (UHLMANN 1986, 1995) und ANDERSON (2006) berücksichtigt, die einzelnen Ebenen aber vertikal als Kontinuum zwischen überwiegend subjektiv bewertbaren erlebensrelevanten und überwiegend objektiv bewertbaren technisch-funktionalen Produkteigenschaften darstellt.

Über die durch den Entwurf bestimmten Faktoren hinaus wird Produkterleben aber auch durch solche beeinflusst, die durch den Entwerfenden nur mittelbar beeinflusst werden, aber berücksichtigt werden müssen (JÄÄSKÖ & KEINONEN 2006):

— die Persönlichkeit, Erfahrung und Lebensstil, Werte und Einstellung des Nutzers im soziokulturellen Kontext,
— der Nutzungskontext einschließlich mit dem Produkt zu bewältigender Aufgaben oder Vorgänge,
— Benutzung und Besitz in gegenständlicher Umgebung und damit verbundener Wirkung, insbesondere im öffentlichen Bereich,
— Neuartigkeit und Spezifik des Produkts im Vergleich zum Markt aus individueller Perspektive,
— Entstehung der Bedeutung des Produkts während der Benutzung unter Umgebungseinflüssen.

Setzt man voraus, dass Kognition und Emotion durch die aufgeführten Faktoren erfasst sind, muss entsprechend UHLMANNS (2011) Modell von Erleben die Konation als ein weiterer (beispielsweise in der Investitionsgüterbranche relevanter) nicht vollständig beeinflussbarer Faktor ergänzt werden:

— Motivation, Wille des Nutzers beim Umgang mit dem Produkt.

An *Erleben* als Zentralbegriff des Designs orientiert sich die theoretische Fundierung und praktische Umsetzung des Entwurfsprozesses (zusammenfassend dargestellt in Abschnitt 2.3), die Spezifik von Designwissen (→ 2.4) sowie die Auswahl und der Einsatz von Methoden (→ 2.5).

Wie in diesem Abschnitt dargestellt wurde, sind an der Produktentwicklung mehrere Disziplinen beteiligt. Für die Beantwortung der Fragestellung dieser Arbeit sind die Entwurfsdisziplinen Industriedesign und Konstruktion von besonderem Interesse. Eine klare Trennung dieser Disziplinen lässt sich insbesondere von der jeweiligen Zielstellung ableiten. Während die Konstruktion die technische Funktion verfolgt, ist für das Design das Erleben potenzieller Nutzer zentral. Eine schematische Darstellung an der Produktentwicklung beteiligter Disziplinen und ihrer zentralen Ziele ist in Abbildung 7 dargestellt.

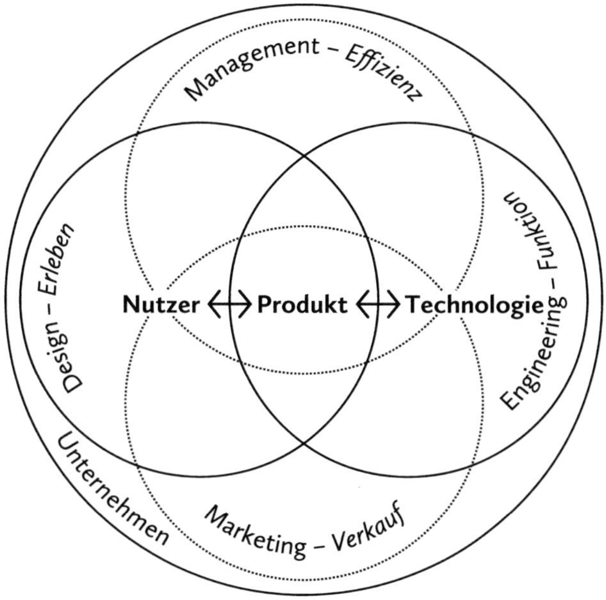

Abbildung 7: Zusammenspiel der an der Produktentwicklung beteiligten Disziplinen und deren primäre Zielstellungen (Darstellung nach Wölfel, Krzywinski & Drechsel *in Druck*, übersetzt)

2.1.3 Innovation

Der Begriff *Innovation* wird heute vielfältig zur Bezeichnung von Erneuerung oder dem Schaffen von Neuem in unterschiedlichen technischen und gesellschaftlichen Bereichen verwendet (z.B. Warnecke 2003). Damit steht der Begriff sehr nah an dem des Entwerfens. Innovation kann auf *novus* (*neu*) und *innovatio* (*etwas neu Geschaffenes*) zurückgeführt werden, was der Bedeutung von *Entwerfen* als etwas neues Schaffen (→ 2.1.1) im Wesentlichen entspricht (→ Kranke & Uhlmann 2009). In seiner heutigen Form geht der Begriff Innovation unter anderem auf Schumpeter (1939) zurück, der den Schwerpunkt auf dem Erzielen eines (wirtschaftlichen) Gewinns durch etwas neu Geschaffenes legte. *Innovation* bedeutet demzufolge eine ausreichend hohe Marktakzeptanz von Entworfenem. Abbildung 8 zeigt ein allgemeines Modell des Innovationsprozesses mit Entwerfen als Kern. Entsprechend der Vielfalt dessen, was mittels *Entwerfen* neu geschaffen werden kann und welche Kriterien für Erfolg heran-

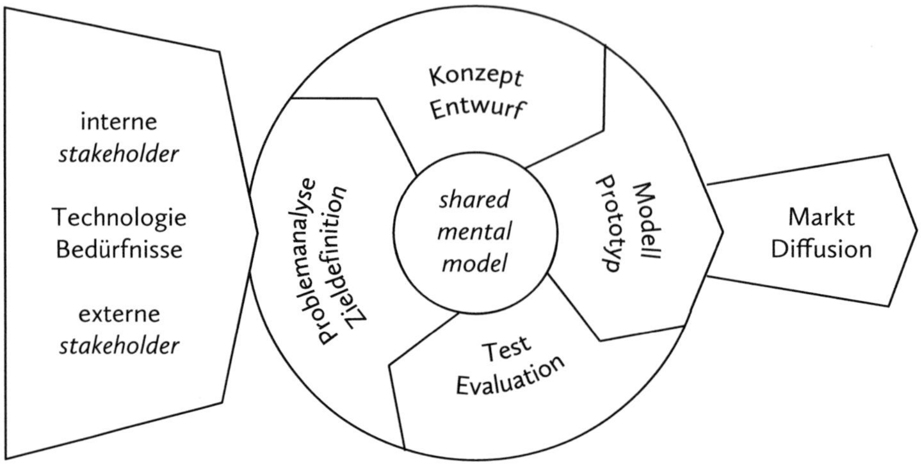

Abbildung 8: Allgemeines Modell des Innovationsprozesses mit dem Entwurfsprozess als Kern

gezogen werden können, existieren zahlreiche durchaus variierende Auslegungen des Begriffs *Innovation*. Gängige Definitionen von *Innovation* insbesondere in den Wirtschaftswissenschaften gehen davon aus, dass als *Innovation* gelten kann, was innerhalb eines umfassenden Systems, beispielsweise innerhalb eines Marktes oder einer Branche, neuartig ist und erfolgreich implementiert werden bzw. sich durchsetzen kann. Dabei wird von einigen Autoren betont, dass etwas nur dann eine Innovation ist, wenn es nicht nur verwertbar ist, sondern auch erfolgreich verwertet wurde. (→ SCHUMPETER 1939, WEST & FARR 1996, BERGMANN 2001, LOOKS, MELZER & HACKER 2006 u.a.).

> **»Innovationen (im betriebswirtschaftlichen Sinne) sind alle mutativen Veränderungen (Neuerungen), die in einem bestimmten Unternehmen erstmals zur Anwendung gelangen und damit konkreten wirtschaftlichen und/oder sozialen Nutzen hervorrufen [...]«**

—SABISCH & ZANGER 1991: 9

Einige Autoren gehen davon aus dass erst dann von Innovation gesprochen werden kann, wenn es sich um eine Weltneuheit handelt (z.B. HAUSCHILDT 1997). Dem gegenüber steht die Auffassung von WEST & FARR (1990, 1996),

(North, Friedrich & Brahtz 2005), Looks, Melzer & Hacker (2006) und anderen, dass eine Entwicklung als Innovation gelten kann, wenn es in einem bestimmten Kontext – beispielsweise in einer Branche oder in einem Markt – neu ist.

Stellt man den Entwerfenden in den Mittelpunkt der Betrachtungen, so liegt es auch nahe, all das als *Innovation* zu bewerten, was für den Entwerfenden bzw. sein Umfeld neuartig ist. Immerhin beeinflusst es die Entwerfenden beim Schaffen von ihrem Wissen nach Neuartigem nicht, wenn dieses an anderem Ort bereits existierte und demnach dort nicht als Innovation angesehen werden kann. Für die Beschreibung individueller Vorgänge wäre eine nur subjektive Neuartigkeit mit einer objektiven als gleich anzusehen. Dies sollte allerdings selten der Fall sein, da man davon ausgehen kann, dass ein Entwerfender bzw. ein Unternehmen Überblick über relevante Märkte bzw. Branchen hat oder erlangen kann.

> **»Innovation ist die Einführung und Anwendung von Prozessen, Produkten oder Verfahrensweisen in einer Gruppe, Organisation oder größeren Gesellschaft. Prozesse, Produkte oder Verfahrensweisen sind neu für die betreffende Einheit, und mit ihnen ist beabsichtigt, dem Wohl der Gruppe, Organisation oder größeren Gesellschaft zu dienen«**
>
> —West & Farr 1990, übers. von Auhagen 2002

Das Wohl hat dabei entsprechend normativer Definitionen von Innovation in der Regel einen zunächst ökonomischen Schwerpunkt: »Innovation ist Umsetzung von Wissen in Geld.« (Warnecke 2003: 6), der Wohlstand und Beschäftigung nach sich zieht. Immer kürzere Produktlebenszyklen bei oftmals erhöhtem Entwicklungsaufwand lassen den Innovationsdruck insbesondere auf technologieorientierte Hersteller wachsen (Steinmeier 1998). Durch eine zunehmende technologische Gleichstellung von Wettbewerbern und die Sättigung von Märkten gewinnen »weiche« Eigenschaften an Bedeutung. Damit ein Produkt auf dem Markt erfolgreich sein kann, muss es subjektive und emotionale Bedürfnisse des Menschen ebenso wie technisch-funktionale Anforderungen erfüllen (z. B. Wengenroth 2001). Das Industriedesign kann Möglichkeiten bieten, diese Konstellation zu entschärfen, indem es zu überschaubaren Kosten in kurzer Zeit neuartige Produkte schafft (zusammengefasst in STEINMEIER 1998, siehe auch HENTSCH *et al.* 2009).

Dabei können prinzipiell sowohl stetig verbesserte Produkte als auch radikale Neuerungen (EVERSHEIM, BAESSLER & BREUER 2003) als Produktinnovationen gelten. Folgt man der entsprechenden Kategorisierung in *inkrementelle* und *radikale Innovationen*, wird es schwierig, bestimmten Entwurfsergebnissen (vorbehaltlich des wirtschaftlichen Erfolgs) die Bezeichnung als *Innovationen* abzusprechen. Dies ist auch einer der Gründe für den aktuellen inflationellen Gebrauch und die damit verbundene Entwertung des Begriffs. Um dem vorzubeugen, ist es sinnvoller, in *Verbesserungen* und *Innovationen* zu unterscheiden, wie es beispielsweise von EVERSHEIM (2003) vorgeschlagen wird.

Auf der Grundlage spezifischer Innovationsfelder (und spezifischer Entwurfsprozesse, die Teil des Innovationsprozesses sind) werden bestimmte Innovationsformen unterschieden, von denen hier insbesondere die *Prozess-* und *Produktinnovationen* von Bedeutung sind (UTTERBACK 1975). BREZING (BREZING 2009: 36) unterteilt die Produktinnovationen in technologische und Designinnovationen. Bei erstgenannten entstehen neue Produkte in der Regel durch Ersetzen sogenannter Grundtechnologien oder durch Hinzufügen von Features, eine Steigerung der Leistungsfähigkeit oder die Senkung der Kosten von Produkten wird ermöglicht. Designinnovationen sind laut BREZING hingegen diejenigen »Designbearbeitungen von Produkten« (BREZING 2009: 36), die bestimmte produktsprachliche Funktionen betreffen. Auf das seiner Kategorisierung zugrunde liegende – durchaus kontrovers diskutierte – *Offenbacher Modell der Produktsprache* (→ STEFFEN *et al.* 2000, BÜRDEK 2005) soll an dieser Stelle nicht detailliert eingegangen werden. Wichtig ist jedoch, dass es sich bei Designinnovationen entsprechend um Neuerungen der Bedeutung von Produkten (für den Menschen) handelt. In der Praxis wird eine solche Trennung selten klar beobachtet werden können, hängt doch auch die Akzeptanz und somit der wirtschaftliche Erfolg technologischer Innovationen in der Regel davon ab, ob sie für die Menschen auch eine Bedeutung erlangen können (1.1). Hier sei darauf hingewiesen, dass Bedeutung als eine Ebene des menschlichen Erlebens aufgefasst werden kann, welches sich – wenn auch mit interindividuellen Gemeinsamkeiten – privat vollzieht. Entsprechend sind technologische Innovationen auf die technische Funktion als primäre Zielstellung der Konstruktionslehre und Designinnovationen auf das menschliche Erleben als Zielstellung und Zentralbegriff des Designs zu beziehen.

Verganti (2009) baut sein Konzept der *designgetriebenen Innovationen* (*design-driven innovation*) ebenfalls auf der Änderung von Bedeutung (von Produkten) auf. Mit Blick auf die Unterscheidung von inkrementeller und radikaler Änderung von Technologie (bzw. Funktionen in Utterback *et al.* 2007) differenziert er die Bedeutungsänderung ebenfalls in inkrementelle und radikale, wobei letztere für ihn die designgetriebenen Innovationen sind. Das ist entsprechend der bereits zitierten Unterscheidung in Verbesserungen (inkrementelle Änderungen) und Innovationen (radikale Änderungen) von Eversheim (2003) sinn-

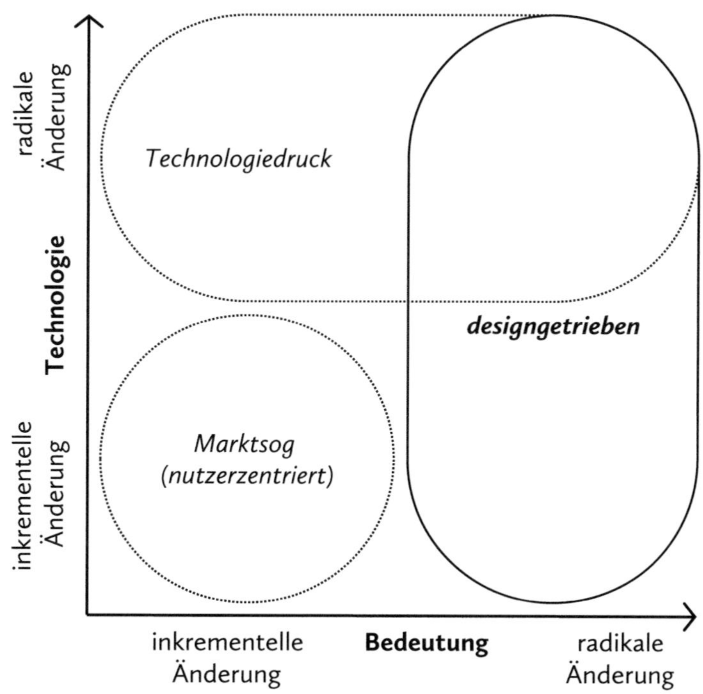

Abbildung 9: Designgetriebene Innovationen als radikale Bedeutungsänderungen (Verganti 2009: 5)

voll, inkrementelle Bedeutungsänderungen stellen demnach keine designgetriebene Innovation dar. Entsprechend ist das in Abbildung 9 dargestellte Schema des Veränderungsgrads in Technologie und Bedeutung so zu deuten, dass der Marktsog lediglich Verbesserungen provoziert, Innovationen im Sinn radikaler Veränderungen aber nur durch Technologiedruck, designgetrieben oder eine Kombination von beidem entstehen können.

Die beiden Kategorien *Marktsog* bzw. *Bedürfnissog* (*pull*) und *Technologiedruck* bzw. *Verwertungsdruck* (*push*) lassen sich nicht scharf trennen. Der Bedürfnissog wird durch gesellschaftliche und Nutzerbedürfnisse generiert, er führt zu *Bedürfnisinduzierten Innovationen*, welche sich »in der Regel mit relativ hoher Sicherheit [...] mit Erfolg in den Markt einführen« lassen (SABISCH & ZANGER 1991: 13), aber überwiegend inkrementell sind. Der Verwertungsdruck entsteht durch anhaltenden technologischen Fortschritt, bringt ständig neue Möglichkeiten zur Lösung von Problemen und damit (radikal) innovativer Produkte. Deren »Erfolgsaussichten sind umso höher, je mehr [die] unmittelbaren Bedürfnisse der Kunden am Markt« getroffen werden (SABISCH & ZANGER 1991: 14). Technologieinduzierte Innovationen sind riskanter, jedoch oftmals die Grundlage für radikale Neuerungen mit entsprechendem wirtschaftlichem Erfolg. Dies lässt sich ebenso für designgetriebene Innovationen annehmen, die durch radikale Neuerungen von Bedeutung und Erleben von Produkten riskanter als Bedürfnisinduzierte Innovationen sind, aber auch mehr Potenzial für wirtschaftlichen Erfolg bieten als die bloße »Anpassung an die Entwicklung soziokultureller Modelle« (UTTERBACK *et al.* 2007: 163, übersetzt).

Im Kontext des Industriedesigns muss der *Open Innovation*-Ansatz (CHESBROUGH 2003, siehe auch REICHWALD & PILLER 2006) erwähnt werden, der es ermöglicht potenzielle Kunden, Nutzer und andere *stakeholder* und somit Wissen und Innovationspotenziale über die Unternehmensgrenzen hinweg in die Entwicklungsprozesse einzubinden. Im Rahmen der vorliegenden Arbeit wird dieser Ansatz nicht verfolgt; vielmehr liegt entsprechend der in Abschnitt 1.1 beschriebenen Problemlage der Fokus auf der Erschließung individuell vorhandenen Wissens am Beginn von Entwurfsprozessen. Dies schließt eine spätere zielgerichtete Beschaffung externen Wissens – auch im Rahmen des *Open*

Innovation-Paradigmas – ausdrücklich nicht aus (siehe auch *Fragenschema Aufgabe Klären* nach Uhlmann (2005) in Abbildung 24 auf Seite 65).

Auch in der betriebswirtschaftlichen Literatur werden Innovationsprozesse als Problemlöseprozesse aufgefasst und entsprechende Prozessmodelle und Methoden angewendet (→ Sabisch & Zanger 1991). »Innovationsprozesse sind ganz entscheidend von Personen geprägt« (Warnecke & Bullinger 2003: v). Dies gilt sowohl für Entscheidungsträger als auch für die kreativ Tätigen. Darüber hinaus sind Innovationsprozesse immer auch im Kontext der jeweiligen Teams, Unternehmen, Märkte und Kulturen zu sehen (West & Farr 1996 u. a.).

Aus den Erläuterungen in diesem Abschnitt lässt sich zusammenfassen, dass der Begriff Innovation eng mit Entwerfen verknüpft ist und auch hier das individuell verfügbare Wissen einen deutlichen Einfluss auf den Prozess und das Ergebnis hat. Designinnovationen oder designgetrieben Innovationen schaffen Änderungen der Bedeutung und damit des menschlichen Erlebens von Produkten und Prozessen. Innovationen beschreiben eine umfassenderen Kontext des Schaffens von Neuem (in der Regel mit Fokus auf organisatorische und ökonomische Aspekte), wobei Entwerfen essenzieller Teil davon ist. Damit lässt sich eine Relevanz der Unterstützung der Wissensakquise im Design für (Design-) Innovationen vorwegnehmen. Im Rahmen der vorliegenden Arbeit liefern die Konzepte von Innovation aber keine Erkenntnisse, die für die Beschreibung der Spezifik oder die Unterstützung der Akquise individuell verfügbaren Designwissens von Wert sind.

2.1.4 Kreativität

Der Begriff *Kreativität* lässt sich auf die lateinischen Begriffe *creare* und *crescere* zurückführen. Die Bedeutung von *creare* ist mit *etwas neu schöpfen* dicht an den allgemeinen Definitionen von *Entwerfen*, *Design*, und *Innovation*, wie sie im Abschnitt 2.1 dargelegt sind (Siehe auch: »Innovationen sind unternehmerische Aktivitäten von hoher **Kreativität** [...]« [Sabisch & Zanger 1991: 11, Hervorhebung im Original]). *Crescere* fügt mit der Bedeutung von *geschehen und* *wachsen* den Aspekt des Prozesses hinzu. Im Gegensatz zu *Entwerfen* als Tätigkeit und *Innovation* als Prozess legt der Großteil der Definitionen von *Kreativität* den Schwerpunkt auf persönliche Voraussetzungen. So wird sie beispielsweise von Holm-Hadulla als »**Fähigkeit**, etwas Neues zu schaffen, sei es eine Problemlösung, eine Entdeckung oder ein Produkt« definiert (Holm-Hadulla 2010: 11, eigene Hervorhebung). Entgegen der umgangssprachlichen Konnotation des Begriffs mit Künstlerischem sind allgemeine Definitionen von Kreativität insbesondere aus kognitionswissenschaftlicher Perspektive diesbezüglich in der Regel neutral. Wenige Ausnahmen bringen Kreativität in direkte Verbindung mit Inhalten, die spezifisch für das Design sind. So nennt Scheitlin (1993) als Voraussetzungen für Kreativität neben Wissen, Erfahrung, Instinkt und Unbewusstem auch Formgefühl und ästhetischen Instinkt.

Rhodes (1961) evaluierte 40 der frühen Definitionen von Kreativität und baute darauf sein *4P model* auf, welches nach wie vor eines der zentralen Modelle der

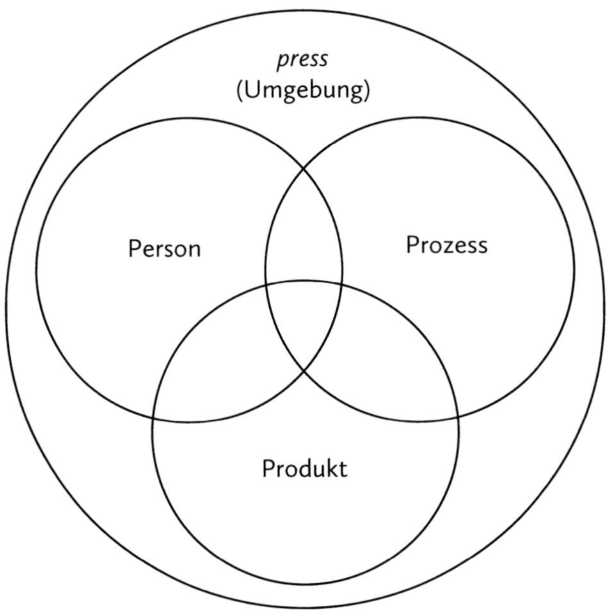

Abbildung 10: 4P-Modell von Rhodes (1961), übersetzt.

Kreativitätsforschung ist (→ z. B. Rickards 1999). Die Kernaussage dieses Modells ist, dass die vier Stränge *person, product, process* und *press* (Umgebung, auch Umweltbedingungen [Brunner 2009: 15], Klima, Umfeld, kollektive Kraft, Bedingungen [Urban 2004]) als Einheit wirken müssen, um Kreativität zu ermöglichen. In Anlehnung daran entwickelte Urban (2004) sein 4PU-Modell, in dem *Person, Produkt, Prozess* um *Problem* erweiterte und diese in einen (aus Rhodes' *press* abgeleiteten) als *Mikro-Makro-Umwelt* bezeichneten gesellschaftlichen und kulturellen Kontext einbettete.

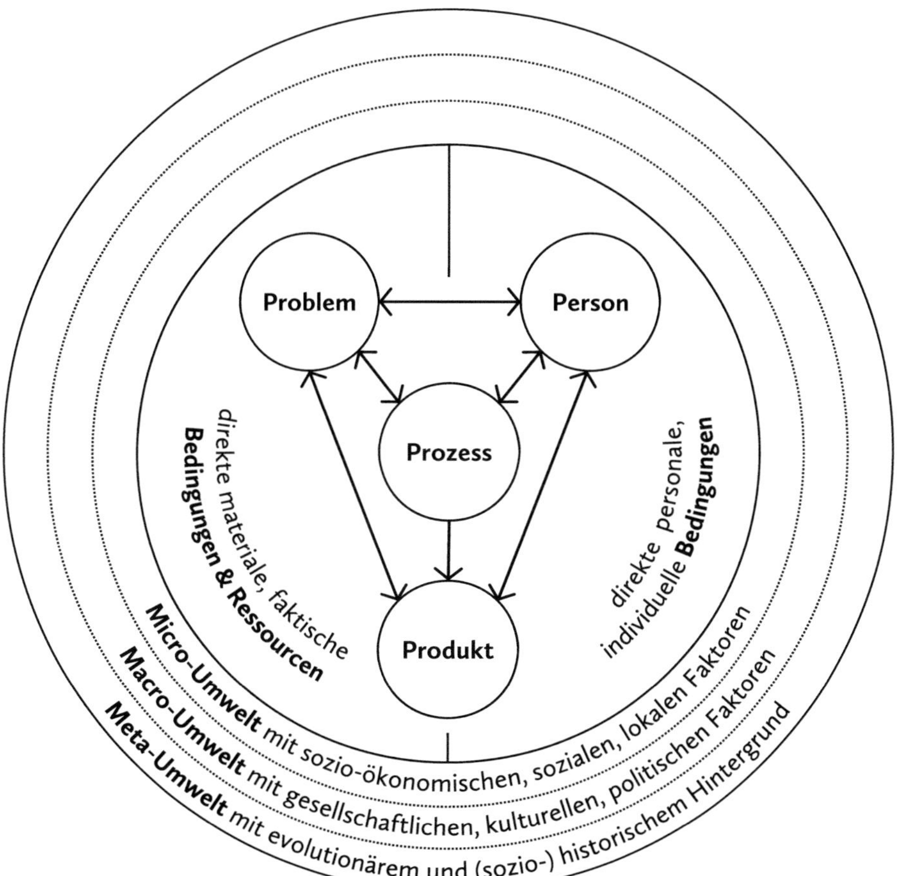

Abbildung 11: 4P-U-Modell kreativen Denkens und Handelns (eigene, stark vereinfachte Darstellung nach Urban 2004: 33)

Die begriffliche Nähe von *Kreativität* und *Entwerfen* zeigt sich auch darin, dass es in der Literatur keine eindeutige Trennung zwischen *Kreativität* und *Innovation* zu geben scheint (Looks, Melzer & Hacker 2006). Neben synonymem Gebrauch existieren auch Auffassungen von *Kreativität* als Ideen generierender Teil des Innovationsprozesses (z. B. West & Farr 1990), der, wie in Abschnitt 2.1.3 dargelegt, in der Mehrzahl der Definitionen auch die erfolgreiche Implementierung der generierten Ideen umfasst.

Umgangssprachlich wird *Kreativität* als Persönlichkeitsmerkmal mit schöpferischer Begabung gleichgesetzt (die sich in gewissen Grenzen auch messen lässt, ein Überblick dazu ist beispielsweise bei Urban 2004 zu finden).

Seit Guilford (1950) die Debatte um Kreativität in der Psychologie anfachte, wurde Kreativität immer mit bestimmten Formen von *Querdenken* erklärt (*konvergentes Denken* (Guilford 1950) bzw. *laterales Denken* (DeBono 1990, z. B. in Brunner 2009). Der Kerngedanke dabei ist die Annahme, dass Neues dann entstehen kann, wenn bekannte Denkpfade verlassen und ungewohnte neue gegangen werden. Kreative Menschen zeichnen sich über ihre Fähigkeit zum Querdenken hinaus laut Guilford (1950) durch folgende Eigenschaften aus:

— *Problemsensitivität*
— *Ideenflüssigkeit*
— *Flexibilität*
— *Originalität*

Torrance & Goff (1989) fügten später die Fähigkeiten zur Elaboration und Redefinition an, die beim Entwerfen eine Rolle spielen. Ein aktuelles umfassendes Modell von Voraussetzungen für Kreativität bietet Urban (2004). Sein Mehrkomponentenmodell umfasst sowohl kognitive als auch personale Komponenten, die sich auf individueller, interindividueller und globaler Ebene anwenden lassen. Im Kontext der vorliegenden Arbeit ist dabei insbesondere auf die persönlich, im Team und global verfügbare

— *(bereichs-)spezifische Wissensbasis* und die
— *Allgemeine Wissens- und Denkfähigkeits-Basis*

hinzuweisen, die allerdings nur im Zusammenspiel mit den übrigen Komponenten im kognitiven und personellen Bereich wirken kann. Die spezifische Wissensbasis liefert die »für eine gegebene Aufgabe notwendigen, nutzbaren und nützlichen Wissensrepräsentationen«, die »vorhanden, verfügbar und integrierbar« sein müssen (URBAN 2004: 49), um kreative Prozesse zu ermöglichen. Die übrigen Komponenten sind

- *Divergentes Denken und Handeln,*
- *Offenheit und Ambiguitätstoleranz,*
- *Motive und Motivation* sowie
- *Fokussierung und Anstrengungsbereitschaft.*

Kreativität spielt im gesamten Leben eine Rolle, Designer wie Ingenieure müssen wie viele andere allerdings professionell kreativ sein. Diese Feststellung geht von einem Ansatz aus, demzufolge Kreativität »die Lösung von Fixationen, Mut, sich vom Bekannten, vom Stand der Technik zu lösen [ist], es verlangt ein flexibles, spielerisch-ausschweifendes Denken, einen Wechsel von Betrachtungsweisen, eine Durchforstung neuer Erfahrungsfelder. Es kann hypothetische und spekulative Elemente enthalten und wird immer durch Versuch und Irrtum gekennzeichnet« (SCHLICKSUPP 1993: 65). Als das Lösen komplexer wissensreicher Probleme (auf unbekannten Pfaden) ist das Entwerfen jeder Disziplin kreativ. Design wird oftmals als kreativer wahrgenommen als beispielsweise das Konstruieren, wobei diese Differenzierung insbesondere für das Entwerfen grundsätzlich **neuer** Lösungen in Frage zu stellen ist. Ein Beispiel für die unterschiedliche Einschätzung ist das Zuordnen des Industriedesign zur sogenannten *Kreativwirtschaft* – ein in Mode gekommener, unscharf abgegrenzter Begriff, der alle nicht technologiezentrierten innovativen und gestaltenden Branchen zu umfassen scheint. Mit seinem Fokus auf »überwiegend erwerbswirtschaftlich orientiert[e …] und […] mit der Schaffung, Produktion, Verteilung und/oder medialen Verbreitung von kulturellen/kreativen Gütern und Dienstleistungen befass[te]« Unternehmen (SÖNDERMANN, BACKES & ARNDT 2009: 3) ist die offizielle Definition der deutschen Wirtschaftspolitik zwar mit internationalen Modellen (z. B. der *creative industries*) konform, widerspricht aber der in diesem Abschnitt erläuterten Konzeption von Kreativität, die zwar für das Industriedesign zutreffend ist, aber beispielsweise das konstruktive Entwerfen gleichermaßen betrifft und somit für eine begriffliche Unterscheidung vermieden werden sollte.

In Bezug auf die Problematik der Akquise von Designwissen (1.1) ist aus den dargestellten Modellen von Kreativität die Relevanz individuell vorhandenen Wissens für Entwerfen (als kreativen Prozess) hervorzuheben. Neben weiteren persönlichen Voraussetzungen für Kreativität, die für die vorliegende Arbeit nicht von zentralem Interesse sind, wurden auch materielle und faktische Bedingungen und Ressourcen für kreatives Handeln identifiziert. Diese wirken in interschiedlichen Dimensionen der Umwelt, die sich in den unterschiedlichen Entwurfsdisziplinen nicht gleichen. Dieser Aspekt wird bei der Spezifizierung von Designwissen nach (unter anderem) soziokulturellem Ursprung aufgegriffen (2.4.5).

2.2 ENTWURFSAUFGABEN ALS PROBLEME

Am Beginn von Entwurfsprozessen steht in der Regel ein Auftrag oder eine Aufgabe. Der Umgang damit und das weitere Vorgehen (einschließlich der Wissensakquise) sind wesentlich vom *Entwurfsproblem* abhängig. Dass wesentliche Teile des Entwerfens bzw. der frühen Phasen des Entwerfens auf kognitiver Ebene als *Problemlösen* betrachtet werden können, ist weithin unumstritten (FRICKE 1993, VISSER 2004, HACKER 2005, UHLMANN 2005, BADKE-SCHAUB *et al.* 2007, LAWSON & DORST 2009 u. v. a.). *Probleme* werden dabei als »subjektiv empfundene Differenz zwischen einem aktuellen [...] Zustand und einem wünschenswerten Zielzustand« dargestellt (BENDER 2004: 50). Der Lösung von Problemen stehen Barrieren im Weg, andernfalls wären es keine Probleme, sondern Aufgaben. Dabei bestehen Wissensdefizite bezüglich Ausgangszustand, Zielzustand und Lösungsweg (DÖRNER 2002). Neben dem Konzept des Problemlösens wird Entwerfen unter anderem auch durch handlungsregulatorische (HACKER 2005, UHLMANN 2005), lerntheoretische (z. B. LAWSON & DORST 2009), wahrnehmungsspezifische, emotionale und soziale (VISSER 2004) sowie wirtschaftliche und organisatorische Aspekte bestimmt. Um Entwerfen im gesellschaftlichen (oder auch nur industriellen) Kontext umfassend erklären zu können, sind die Modelle des Problemlösens nicht ausreichend (JONAS 1993). Allerdings spielen diese Aspekte im Kontext der vorliegenden Arbeit eine untergeordnete Rolle, da der Fokus hier auf individuelle Voraussetzungen und kognitive Vorgänge am Beginn des Entwurfsprozesses gerichtet ist.

Zur Kategorisierung von Problemen stehen verschiedene Modelle zur Verfügung. JONASSEN (2000) fasst *problem variations* nach der *Schwäche der Strukturierung* (*ill-structuredness*), *Komplexität* (*complexity*) und *Situiertheit* (*domain-specifity, abstractness /situatedness*) zusammen, die durch spezifische (soziale, kulturelle usw.) Repräsentation und individuelle Unterschiede zu bestimmten Problemlösefähigkeiten führen. Im Folgenden werden etablierte Konzepte zur Kategorisierung von Problemtypen dargestellt und in Bezug zur Problemlage dieser Arbeit gebracht.

2.2.1 Entwurfsaufgaben als schwach strukturierte Probleme

Entwurfsaufgaben zeichnen sich insbesondere dadurch aus, dass das Ziel (die Lösung) zunächst nur vage bekannt ist und der Entwurfsprozess nicht linear nach Regeln abgearbeitet werden kann. Mehrere theoretische Konzepte unterscheiden Problemarten auf dieser Basis mit unterschiedlichen Begriffen und weitgehend übereinstimmenden Definitionen. NEWELL & SIMON (SIMON & NEWELL 1958, NEWELL & SIMON 1972) unterscheiden *schwach strukturierte Probleme* (*ill-structured problems*) von *wohlstrukturierten Problemen* (*well-structured problems*), REITMANN (1964) *schwach definierte* (*ill-defined*) von *wohldefinierten* (*well-defined*), sowie DÖRNER (1976, 2002) *offene Probleme* von *geschlossenen Problemen*. Aus der Definiertheit von Problemen, Zielen und Prozessen lassen sich bestimmte Barrieretypen (DÖRNER 1976) und notwendige Denkweisen (WAKEFIELD 1992) ableiten. Entsprechend sind Entwurfsprobleme durch Synthese- und dialektische Barrieren (Abbildung 12) und Entwurfsprozesse durch kreatives Denken (Abbildung 13) gekennzeichnet.

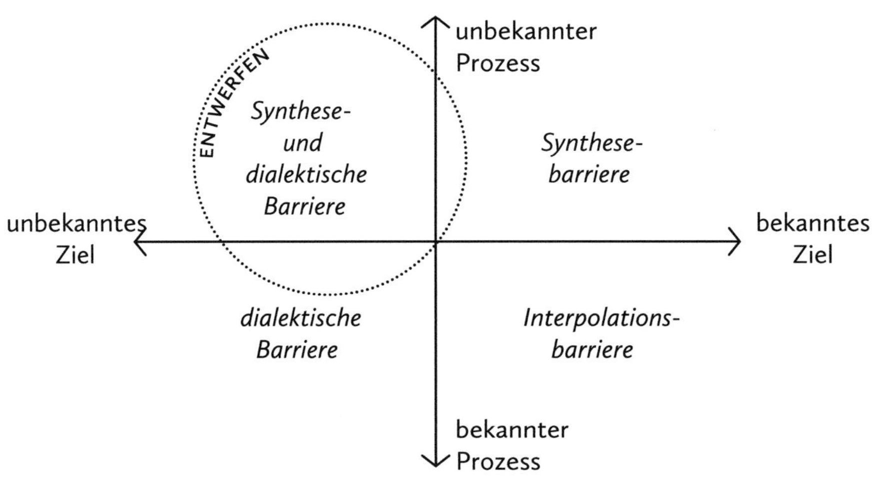

Abbildung 12: Barrieretypen nach DÖRNER (1976) dargestellt als zweidimensionales Kontinuum und Einordnung von Entwurfsproblemen bzw. Entwerfen

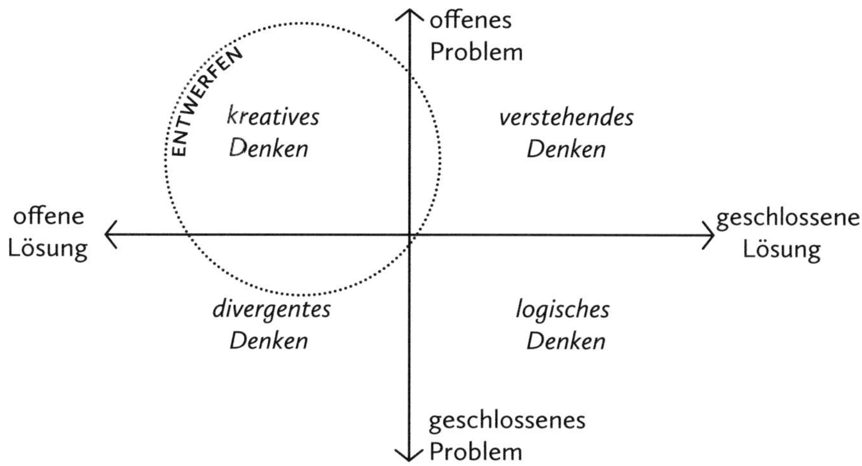

Abbildung 13: Entwerfen im Kontext der Problemklassen nach WAKEFIELD (1992, übersetzt und ergänzt)

Schwach strukturierte Probleme verfügen demnach nicht über eine einzelne offensichtliche Lösung und es gibt keinen definierten Lösungsweg. Es gibt außerdem keine klare Grenze zwischen *schwach* und *wohlstrukturierten Problemen*, vielmehr ist von graduellen oder tendenziellen Problemstrukturen zu sprechen. Beim Lösen von Problemen, die auch im Alltag eher schwach strukturiert sind, transformiert der Problemlöser die Probleme nach und nach in wohldefinierte Strukturen, deren Lösung dann entsprechend erarbeitet werden kann. Designaufgaben implizieren in der Regel keine und niemals nur eine Lösung, sind deshalb immer schwach strukturiert (bzw. schwach definiert bzw. offen). Da die Definitionen dieser Begriffe aber ebenso auf fast alle alltäglichen Probleme anwendbar sind, geben diese für den Umgang mit Designproblemen wenig Hilfestellung (BADKE-SCHAUB 2007).

CROSS (2008) verwendet die Begriffe *ill-defined* bzw. *ill-structured* zur Beschreibung von Entwurfsproblemen in den frühen Phasen konstruktiven und Designentwerfens, geht dabei jedoch über die eigentliche fachunspezifische Definition schwach strukturierter Probleme (unvollständige Problemdefinition, mehrere Lösungsmöglichkeiten, Lösungsweg und Bewertungskriterien sind unbekannt) hinaus. Seine Verwendung des Begriffes soll dargestellt werden, insbesondere weil ein klarer Bezug zu Entwurfsproblemen, wie sie beispielsweise in Konstruktion und Industriedesign typisch sind, von ihm beabsichtigt ist.

- *Es gibt keine eindeutige Problemformulierung.* Es existieren nur vage Zielvorstellungen, das Problemumfeld kann nicht vollständig erfasst werden. Möglicherweise kann zu bestimmten Punkten im Entwurfsprozess das Problem konkret beschrieben werden, allerdings sind diese Beschreibungen selten endgültig, da im Entwurfsprozess gewonnene Erkenntnisse Korrekturen notwendig machen können.
- *Jede Problemformulierung kann inkonsistent sein.* Entwurfsprobleme sind selten in sich konsistent. Die Auflösung von Widersprüchen kann in der Regel nur mit der Lösung des Problems erfolgen.
- *Problemformulierungen sind lösungsabhängig.* Die Formulierung oder Definition eines Entwurfsproblems hängt davon ab, wie es gelöst werden soll. Jede Problemformulierung impliziert die Vorstellung von Lösungen und ist davon abhängig.
- *Das Generieren von Lösungen ist ein Mittel, um das Problem zu verstehen.* Einige Annahmen und Unsicherheiten können nur durch Lösungsansätze offengelegt werden. Viele Randbedingungen und Zielkriterien werden bei der Analyse von Lösungsansätzen erkannt.
- *Es gibt keine eindeutige Lösung für das Problem.* Für Entwurfsprobleme sind immer mehrere Lösungen möglich, die zwar unterschiedlich gut, aber auch gleichwertig sein können. Laut Cross (2008) stehen keine objektiven Bewertungskriterien zur Einteilung in richtig oder falsch zur Verfügung. (Anmerkung: Das gilt nicht in jedem Fall, denn die Erfüllung beispielsweise bestimmter technischer Funktionen oder wirtschaftlicher Aspekte kann zumindest zum Teil sehr wohl objektiv nachgeprüft werden).

Bei dieser entwurfsspezifischen Charakterisierung schwach definierter Probleme geht Cross über die kognitionswissenschaftlichen Definitionen hinaus und greift unter anderem Aspekte anderer Problemklassifizierungen auf, wie sie im Folgenden dargestellt sind.

2.2.2 Entwurfsaufgaben als bösartige Probleme

Die Unterscheidung von Rittel (1972) bzw. Rittel & Webber (1973) in *bösartige* (*wicked*) und *zahme* bzw. *gutartige* (*tame*) *Probleme* greift die Aspekte des unbekannten Ziels und Lösungswegs auf, geht aber darüber hinaus und benennt insgesamt zehn Kriterien, anhand derer *bösartige Probleme* identifiziert werden können.

Einfache (*zahme*) *Probleme* sind nach Rittels Konzept definierte Probleme, die einfach zu lösen sind, da der Problemdefinition die Lösungsdefinition inhärent ist. Zahme Probleme entsprechen damit im Wesentlichen dem Konzept der *wohlstrukturierten Probleme* bzw. dem Konzept von *Aufgaben*, wie in Abschnitt 2.2.1 erläutert wurde. Die Lösung solch einfacher Probleme kann Rittel zufolge lediglich zu Verbesserungen führen, nicht aber zu Innovationen (→ *Innovation* in 2.1.3). Die Eigenschaften *bösartiger Probleme* (im Sinne von *boshaft*, *vertrackt*, *mutwillig* oder *aggressiv*, Rittel & Webber 1992: 21) hingegen beschreibt er in zehn Punkten, die an dieser Stelle inhaltlich zusammengefasst sind:

- Es gibt keine definitive Formulierung für ein bösartiges Problem
- Es gibt weder einen definierten Endzustand (Ziel) noch eine zählbare/beschreibbare Menge potenzieller Lösungen, die Lösungen sind nicht richtig oder falsch (sondern gut oder schlecht), sie können nicht unmittelbar und endgültig überprüft werden. Diese Eigenschaften entsprechend weitgehend denen der zuvor beschriebenen schwach strukturierten Probleme.
- Jedes bösartige Problem ist einzigartig, es gibt keine gut umrissene Menge erlaubter Maßnahmen, jeder Lösungsweg ist eine »one-shot-operation«. Die Beschreibung und Erklärung des Problems bestimmt die Lösung mit.
- Jedes bösartige Problem kann als Symptom eines anderen Problems angesehen werden (Vernetztheit)

Das Konzept der bösartigen Probleme bezog sich zunächst hauptsächlich auf Stadt- und Raumplanungsprobleme, wurde allerdings schnell und oft zur Erklärung von Entwurfsproblemen aller Art herangezogen (Rith & Dubberly 2007). Rittel war Mitbegründer der Design Methods Group, die in den 1960er Jahren großen Einfluss hatte. In den 1970er Jahren entwickelte er die Ideen weiter und legte mit seiner Charakterisierung von Entwurfsproblemen als *bösartige Probleme* eine Grundlage für viele weitere Arbeiten auf dem Gebiet (→ Rith & Dubberly 2007). Das Konzept wurde nicht nur im Bereich des Industriedesigns, sondern unter anderem auch in der Konstruktion aufgegriffen (z.B. Bender 2004), fand aber insbesondere im kognitionswissenschaftlichen Kontext oftmals nur Erwähnung am Rande (z.B. Visser 2004, Badke-Schaub 2007). Ein scheinbarer Widerspruch zu anderen Problemlösekonzepten ist Rittels Ansicht, dass (menschbezogene) Planungsprobleme im Gegensatz beispielsweise zu naturwissenschaftlichen Problemen nie gelöst (*solve*) sondern eher geklärt oder aufgelöst (*re-solve*) werden können (Rittel & Webber 1973). Das Modell der bösartigen Probleme besitzt als »argumentatives« (deskriptives) Modell zur Erklärung von Entwurfsproblemen und -prozessen nach wie vor hohe Relevanz, die von Rittel selbst vorgeschlagene aber nicht erfolgte Implementation in praktische Prozesse als »instrumentelles« (präskriptives) Modell (Interview mit Grant & Protzen 1984, zuerst veröffentlicht 1972) würde es als Basis für die Unterstützung von Entwurfs- und Planungsprozessen handhabbar machen. In der deskriptiven Form ist das Konzept der bösartigen Probleme für die Beschreibung von Designaufgaben geeignet, allerdings liefern Rittel & Webber – abgesehen von der Aussage, dass der klassische Ansatz klar abgetrennter Entwurfsphasen nicht funktioniere und dem Vorschlag, die Probleme zu diskutieren – kaum Ansätze, wie mit dieser Form von Problemen umgegangen werden kann (Badke-Schaub 2007).

2.2.3 Entwurfsaufgaben als komplexe Probleme

Komplexe Probleme sind in der Regel dadurch gekennzeichnet, dass mehrere Barrieren gleichzeitig bestehen, die mehrere Aktivitäten wie Problemdefinition, -analyse, Lösungsgenerierung, Planung und Bewertung/Schwerpunktsetzung erfordern. Nach Dörner (2002) sind *komplexe Probleme* durch *Intransparenz, Umfang, Dynamik, Vernetztheit, Vielfalt der Ziele* und *Vielfalt der Handlungsmöglichkeiten* charakterisiert. Weitere insbesondere für Entwurfsprozesse zutreffende Kriterien sind *Zeitdruck* und *Neuartigkeit* (von der Weth 2001). Eine Erklärung dieser Charakteristika in Bezug auf Konstruktionsprobleme ist in Badke-Schaub & Frankenberger (2004: 20) zu finden. Auch Designaufgaben erfüllen in der Regel alle diese Kriterien.

Badke-Schaub (2007) hebt vier Aspekte hervor, die einen weiteren Anstieg der Komplexität in der Produktentwicklung begründen:

— Geschwindigkeit technologischer Entwicklung und Wachsen technischer Komplexität von Produkten, die vom Einzelnen nicht mehr verstanden werden können (z. B. *Intransparenz, Umfang*)
— (frühzeitige) Integration der Designprozesse in interdisziplinäre Entwicklungsprozesse (z. B. *Vernetztheit, Vielfalt der Ziele und Handlungsmöglichkeiten*)
— Dynamik und Unvorhersehbarkeit nationaler und internationaler Märkte (z. B. *Dynamik, Intransparenz*)
— Sozialer Kontext mit den Aspekten Informations- und Wissensaustausch, Konfliktmanagement, Teamarbeit etc. (z. B. *Vernetztheit, Intransparenz, Vielfalt der Ziele*)

Die Definition komplexer Probleme unterscheidet sich von der Konzeption bösartige Probleme indem es einerseits einen allgemeineren, über Entwurfs- und Planungsprobleme hinausgehenden Geltungsanspruch erhebt und andererseits auch in ihrem Erklärungsumfang darüber hinausgeht. Die durch das Konzept bösartiger Probleme erfassten Eigenschaften von Entwurfsproblemen lassen sich im Wesentlichen mit Kennzeichen komplexer Probleme erfassen. Allerdings führt der allgemeine Geltungsanspruch der Definition komplexer Probleme dazu, dass die Anwendung auf Entwurfsprobleme in der Regel erklärt werden muss, während Rittel & Webber sich bei der Ausformulierung genau darauf fokussierten.

Zu beachten ist, dass die Begriffe in anderen Fachbereichen mit unterschiedlichen Inhalten und Definitionen verbunden werden. So fasst beispielsweise Schridde (2005) die Unterscheidung von drei Arten von Problemen im öffentlichen bzw. politikwissenschaftlichen Kontext nach Roberts (2001) wie folgt zusammen:

- wohlstrukturierte oder zahme Probleme: Problem und Lösung sind bekannt
- komplexe Probleme: Problem ist eindeutig definiert, die Lösung jedoch unbekannt
- wicked problems: es gibt kein klar definierbares Problem, ebenso ist die Lösung unklar

Diese Unterteilung widerspricht der bisherigen und aktuellen Anwendung der Begriffe auf Entwurfsprobleme, für welche die drei Konzepte schwach strukturierte bzw. schwach definierte, bösartige und komplexe Probleme weitgehend ohne Bezug zueinander parallel und mit überlappenden Definitionen verwendet werden.

Um das menschliche Verhalten bei komplexen Problemlöseprozessen erklärbar zu machen, schlägt von der Weth ein Mehrebenenmodell vor (2001). Dieses beinhaltet drei Ebenen: *Auftragsebene*, *Anforderungsebene*, *Erlebensebene*. Auf der *Auftragsebene* werden Umgebungsfaktoren erfasst, die vom Designer unabhängig sind. Da der gleiche Auftrag an verschiedene Designer verschiedene Anforderungen stellen kann, entsteht nicht immer die gleiche Komplexität. Individuelle Faktoren werden demnach auf der *Anforderungsebene* erfasst. Hier spielen das individuelle Wissen, Erfahrung, Fähigkeiten und Fertigkeiten sowie die Motivation eine Rolle. Aber auch diese sind noch objektive Kriterien, die subjektiv empfundene Komplexität wird erst auf der *Erlebensebene* erfasst bzw.

eingeschätzt. Vergleichbare Designaufträge vorausgesetzt, ist die Komplexität auf der *Auftragsebene* in gleichem Maß gegeben. Die Komplexität auf *Anforderungsebene* beschrieben hängt zum Einen stark von der Erfahrung des Entwerfenden – diese ist bei Studierenden und Berufsanfängern eher gering – und zum Anderen von den persönlichen Fähigkeiten und Fertigkeiten, welche besonders zu Beginn des Designstudiums individuell sehr verschieden ausgeprägt sind. In Abhängigkeit von den beiden beschriebenen Ebenen und aber auch von der allgemeinen Selbstsicherheit der Entwerfenden hängt die erlebte Komplexität von Designprozessen ab.

Das Konzept der komplexen Probleme wurde insbesondere in der empirischen Forschung in Deutschland und Europa aufgegriffen. Zahlreiche Forschungsarbeiten zur Unterstützung oder Verbesserung von Entwurfsprozessen stützten sich darauf. Dabei wurde das Konzept auch präskriptiv verwendet, indem beispielsweise einzelne der oben genannten Charakteristika komplexer Probleme analysiert und reduziert wurden (z.B. Fricke 1993, Schroda 2000, Badke-Schaub & Frankenberger 2004, Wetzstein 2004).

2.2.4 Entwurfsaufgaben als wissensreiche Probleme

Wissen wird als einer der drei Schlüsselfaktoren für kreatives Denken (in der Produktentwicklung) angesehen und beeinflusst die beiden weiteren *Flexibilität* und *Motivation* (Chakrabarti 2006: 481, Abbildung 14). Entsprechend werden kreative Prozesse als bestimmte Formen der Wissensverarbeitung angesehen. Entwerfen im Kontext der Produktentwicklung bedarf Wissen über die Ziele der Interessengruppen (*stakeholder*), über das zu entwickelnde Produkt, dessen Lebenszyklus (Herstellung, Transport, Installation, Betrieb, Wartung, Aussonderung und Recycling) sowie über den Entwurfsprozess an sich (Blessing & Chakrabarti 2009). Dieses Wissen ist zunächst nie vollständig verfügbar, muss im Rahmen des Entwurfsprozesses zu einem großen Teil beschafft und generiert werden. Entwurfsprobleme werden entsprechend auch als *wissensintensive* oder *wissensreiche Probleme* angesehen (→ Schroda 2000).

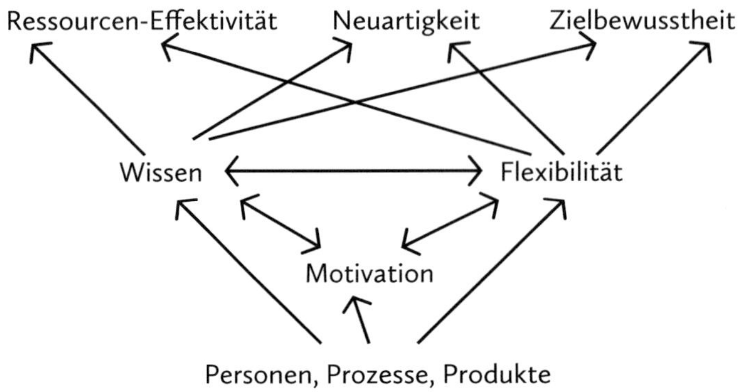

Abbildung 14: Wissen als wichtiger Faktor von Kreativität beim Entwerfen (Chakrabarti 2006: 482, übersetzt)

Görner, Höhne & Müller (1971, zit. in Schroda 2000) beschreiben das Konstruieren (als Form von Entwerfen) als wissensbasierte, zielgerichtete Tätigkeit mit großen schöpferischen Anteilen. Lückenhafte Kenntnisse (*Wissensinseln*, Sonnentag 1996) werden im Entwurfsprozess verbunden. Entwerfen ist Wissensnutzung bzw. Wissensvergegenständlichung und Wissensgenerierung (z. B. Visser 1994, Hacker 2002, Looks, Melzer & Hacker 2006). Römer bezeichnet Konstruktionsprobleme entsprechend als »schlecht definierte, komplexe und wissensreiche Probleme [...], deren Bearbeitung [...] die Generierung, Aktivierung und Organisation verschiedener Wissensinhalte einschließt« (Römer 2002).

Der erste Schritt des Problemlösens ist, eine mentale Repräsentation des Problems zu bilden. Der zugrundeliegende Prozess ist wesentlich vom individuellen Fach-, Vorgehens- und Methodenwissen beeinflusst (Badke-Schaub 2007). Erst nachdem beim Klären der Aufgabe ein »defizitäres« bzw. »defizit-reduziertes Wissensmodell« aus dem individuellen Gedächtnis erarbeitet wurde, werden externe Informations- und Wissensquellen genutzt (Uhlmann 2005, → Abbildung 24 auf Seite 65). Auf das Wissen im Entwurfsprozess wird im Abschnitt 2.4 detailliert eingegangen.

2.2.5 Entwurfsprobleme als Kategorie

JONASSEN (2000) stellt eine Taxonomie von Problemen zur Verfügung, welche auf kognitiver Aufgabenanalyse basiert, die *Strukturiertheit* und die *Komplexität* einbezieht und unter anderem eine eigenständige Kategorie *Entwurfsprobleme* (*design problems*) einordnet. Dabei bezieht er sich zwar auf SIMON (z. B. NEWELL & SIMON 1972) indem er elf Problemtypen in ein Kontinuum zwischen wohlstrukturierten und schwach strukturierten Problemen einordnet, geht aber in der Gliederung und Detaillierung darüber hinaus. *Designprobleme* finden sich dabei erwartungsgemäß am schwach strukturierten Ende des Kontinuums:

1. *Logische Probleme* (*Logic Problems*), bei denen abstraktes Denken verlangt wird;
2. *Algorithmische Probleme* (*Algorithmic Problems*), bei denen es um das Verständnis von bestimmten formalen Operationen geht, die man dann in einer Beispielsituation anwenden soll;
3. *sprachliche Probleme* (*Story Problems*), bei denen beispielsweise mathematische Werte in eine kurze Geschichte verpackt werden;
4. *Regelverwendende Probleme* (*Rule-Using Problems*), bei denen einfache oder komplexere Regeln einen Lösungsprozess leiten;
5. *Entscheidungsprobleme* (*Decision making Problems*), bei denen eine Option aus einer größeren Zahl von Alternativen zu wählen ist;
6. *Fehlersuch-Probleme* (*Troubleshooting Problems*), bei denen nicht defekte Teile wieder funktional zu machen sind;
7. *Diagnose-Lösung-Probleme* (*Diagnosis-Solution Problems*), bei denen zunächst eine Diagnose zu stellen und anschließend eine Behandlung vorzunehmen ist;
8. *Strategische Leistungen* (*Strategic Performance Problems*), bei denen mittels verschiedener Taktiken strategische Ziele zu erreichen sind;
9. *Fallbeispiel-Probleme* (*Case Analysis Problems*), bei denen komplexe, situierte Fälle vorgelegt und bearbeitet werden müssen, bei denen

Ziele nur unscharf definiert sind und wenig Informationen über das Problem gegeben sind;

10. *Entwurfsprobleme* (*Design Problems*), »die zu den schwierigsten und schlecht strukturiertesten Problemen schlechthin gehören und bei denen es darum geht, einen neuen Gegenstand zu erzeugen« (FUNKE 2006);
11. *Dilemmata* (*Dilemmas*), bei denen unklare Kriterien für die Beurteilung der Lösung bestehen und die oftmals zusätzlich ethische oder soziale Aspekte berühren, in denen Konflikte auftauchen.

JONASSEN definiert also aus Sicht der Kognitionswissenschaften Entwurfsprobleme als eigenständige Kategorie. Als Beispiele nennt er neben typischen Aufgaben der Produktentwicklung (Entwurf einer Hundehütte, Entwurf eines flugfähigen Fahrzeugs) auch andere Entwurfs- und Planungsaufgaben (Schreiben einer Kurzgeschichte, Entwicklung eines Schul-Lehrplans, Entwicklung einer Investitionsstrategie an Finanzmärkten usw.) und entspricht damit sowohl der in Abschnitt 2.1.1 dargestellten allgemeinen Definition von Entwerfen als auch dem Bedeutungsumfang des Konzepts bösartiger Probleme nach RITTEL (1972, → 2.2.2). Da das Konzept der bösartigen Probleme anders als im Designbereich in der Problemlöseforschung kaum beachtet wurde, bezieht sich auch JONASSEN nicht darauf, jedoch sind keine Widersprüche zu erkennen.

Alle elf Problemarten in JONASSENS Taxonomie werden auf den Ebenen *learning activity*, *inputs*, *success criteria*, *context*, *structuredness* und *abstractness* unterschieden und definiert. Dabei gilt für Entwurfsprobleme auf den Ebenen

— *learning activity*: Problemstrukturierung und -artikulation, zielorientiertes Handeln zur Generierung von Artefakten;
— *inputs*: unscharfe Zielbeschreibung mit wenig Beschränkungen, die Strukturierung verlangt;
— *success criteria*: zahlreiche und undefinierte Kriterien, keine absolute Bewertung nach *richtig* oder *falsch* möglich, sondern nur Einordnung nach *besser* oder *schlechter*;

— *context*: komplexe, reale Welt mit zahlreichen Freiheitsgraden, begrenzter Input und begrenzte Rückkopplung;
— *structuredness*: schwach strukturiert;
— *abstractness*: problemsituiert.

Weiterhin führt er an, dass Entwurfsprobleme – im Gegensatz zu vielen Entwurfsprozessmodellen – nicht ohne Weiteres in Teilprobleme zerlegt werden können. Die Annahme dass dies möglich sei entstand unter anderem durch Problemlöseforschung im Bereich der Softwareentwicklung und anderer stark regelbasierter Entwurfsdisziplinen, deren Aufgaben aber deutlich weniger schwach strukturiert sind und entsprechend daraus gewonnene Ergebnisse nicht auf Entwurfsprobleme im Allgemeinen übertragen werden können.

Anhand Jonassens (2000) Einteilung von Problemtypen lassen sich Entwurfsprobleme beschreiben und charakterisieren. Dabei bezieht er sich im Wesentlichen auf das Konzept der schwach strukturierten Probleme (2.2.1), liefert darüber hinaus allerdings keine Ansätze, wie mit diesen Entwurfsproblemen umgegangen werden kann. Folglich ist die Taxonomie von Jonassen zwar von Kognitionswissenschaftlern zur Kenntnis genommen, in den Entwurfsdisziplinen aber kaum beachtet worden.

2.2.6 Zusammenfassung

Jonassens (2000) Problemklassen (2.2.5) erlauben die Einordnung von Problemen in elf Stufen anhand konkreter Kriterien, Entwurfsprobleme bilden namentlich Stufe zehn. Diese Taxonomie erlaubt es, beliebige Probleme aus unterschiedlichen Bereichen zu analysieren, nebeneinanderzustellen und möglicherweise potenzielle Lösungsstrategien in andere Bereiche zu übertragen. Die in den Abschnitten 2.2.1 und 2.2.2 beschriebenen Definitionen von Problemarten ziehen eher eine – wenn auch diffuse – Grenze zwischen jeweils zwei Problemtypen (*gut* oder *schlecht definiert* bei Simon & Newell 1958, *zahm* oder *bösartig* bei Rittel 1972 bzw. Rittel & Webber 1973), die zwar zur Beschreibung und Einordnung von Entwurfsproblemen herangezogen werden können, aber kaum Hilfestellung für den Umgang damit bieten (Badke-Schaub

2007). Das Konzept der *komplexen Probleme* (2.2.3) bietet ein kognitionswissenschaftliches Modell zur Einordnung von Entwurfsproblemen an, welches den verschiedenen Barrieren besondere Aufmerksamkeit widmet. Anhand der Barrieren lassen sich Entwurfsprobleme beschreiben, aber auch weiter differenzieren und auf unterschiedlichen Ebenen (*Auftragsebene, Anforderungsebene, Erlebensebene,* von der Weth 2001) einordnen. Als Barrieren lassen sich *Intransparenz, Umfang, Dynamik, Vernetztheit, Vielfalt der Ziele, Vielfalt der Handlungsmöglichkeiten* (Dörner 2002), *Zeitdruck* und *Neuartigkeit* (von der Weth 2001) hervorheben, die für die Beschreibung steigender Komplexität von Entwurfsaufgaben herangezogen werden (Badke-Schaub 2007). Der Analyse der spezifischen Barrieren kann eine gezielte Reduzierung der Komplexität folgen, die als methodische Unterstützung den Umgang mit Entwurfsproblemen erleichtert. Das Konzept der komplexen Probleme wurde insbesondere in der Konstruktionsmethodik angewendet (Fricke 1993, Schroda 2000, Badke-Schaub & Frankenberger 2004, Wetzstein 2004 u.a.), aber auch für das Industriedesign als Teil präskriptiver Modelle herangezogen (Badke-Schaub 2007).

Im Kontext der vorliegenden Arbeit ist es wichtig auf das Verhältnis von Wissen und Entwurfsproblemen einzugehen. In Abschnitt 2.2.4 wurde deshalb auf das Konzept der *wissensintensiven* bzw. *wissensreichen Probleme* (z.B. Schroda 2000) eingegangen. Demnach werden Entwurfsprobleme und das entsprechende Problemlösen von verfügbarem allgemeinen, Fach-, Vorgehens- und Methodenwissen (ebenso wie von Motivation und Flexibilität) beeinflusst. Das Konzept der *wissensreichen Probleme* bestätigt nochmals die Relevanz der in Abschnitt 1.1 abgeleiteten allgemeinen Fragestellung nach der Unterstützung individueller Wissensakquise am Beginn von Entwurfsprozessen, liefert aber lediglich ein deskriptives Modell. Für die Beantwortung der Fragestellung wird entsprechend vorrangig auf das Konzept der *komplexen Probleme* zurückgegriffen, da dieses den Wissensaspekt mittelbar enthält (2.2.3).

2.3 ENTWURFSPROZESSE

Im vorangegangenen Abschnitt 2.2 wurden Entwurfsaufgaben als bestimmte Formen von Problemen charakterisiert und im Abschnitt 2.1 darauf verwiesen, wie anspruchsvoll Entwerfen sei und welche disziplinspezifischen Ziele dabei verfolgt werden. In diesem Abschnitt werden unterschiedliche Erklärungsmodelle für Entwurfsprozesse und Entwerfen dargestellt, um die Akquise individuellen Wissens am Beginn einordnen zu können.

2.3.1 Entwerfen als menschliches Problemlösen

Bereits am Beginn der Entwurfsmethodik-Forschung (ein Überblick ist beispielsweise bei Cross 1984 und Bayazit 2004 zu finden), als es insbesondere darum ging, Entwurfsprozesse zu systematisieren, wurden Entwurfsprozesse als Problemlöseprozesse aufgefasst.

Jones (1963) schlägt dafür eine Abfolge von drei Phasen mit jeweils dazugehörigen Methoden vor (→ Abbildung 15):

1. *Analyse:* Auflistung aller Anforderungen und deren Reduzierung auf wenige logisch miteinander verbundener (funktioneller) Spezifikationen
2. *Synthese:* Finden von Lösungsmöglichkeiten für die einzelnen Funktionen und deren Anwendung in einem Gesamtentwurf, der den besten Kompromiss darstellt
3. *Evaluation:* Überprüfen wie genau unterschiedliche Entwürfe die Anforderungen bezüglich Funktion, Herstellung und Verkauf erfüllen, um einen endgültigen Entwurf auszuwählen

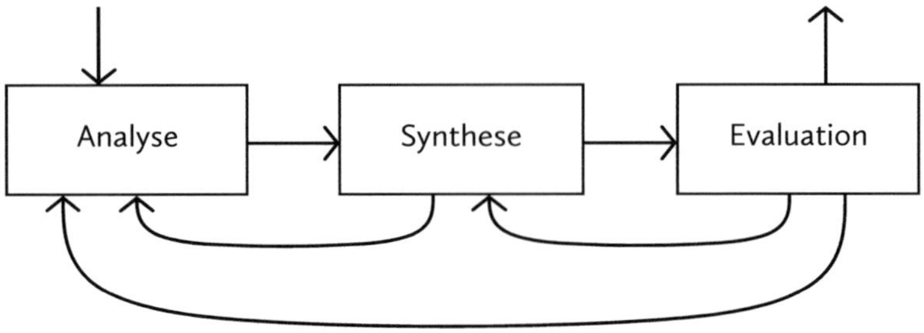

Abbildung 15: Allgemeiner Problemlöseprozess mit Rückkopplungsschleifen

Zahlreiche Modelle von Entwurfsprozessen berufen sich auf Problemlöseprozesse und bieten darauf aufbauend mehr oder weniger lineare Schemata, teilweise mit Rückkopplungsschleifen an (Roozenburg & Eekels 1995, French 1999, Pahl *et al.* 2005, VDI 2221). Diese linear dargestellten Modelle stehen bereits seit langer Zeit der Kritik, in der Praxis wenig passfähig oder hilfreich zu sein (Rückert 1997, Lawson 2004, Lawson 2006, Lindemann & Lorenz 2008 u.a.). Tatsächlich laufen Entwurfsprozesse teilweise iterativ und mit Vor- und Rücksprüngen auf unterschiedlichen Levels ab (Abbildung 16, → 2.3.3, Abbildung 20).

Allerdings muss den linearen Prozessmodellen ein wichtiger Stellenwert als organisatorische Leitfäden eingeräumt werden. Als solche sollen diese zur Bewältigung komplexer Abläufe dienen, in dem sie die Bildung von Zwischenzielen ermöglichen (Ehrlenspiel 2007), aber – in der Regel auch nach Anspruch der jeweiligen Verfasser – keine inhaltliche Hilfestellung geben. Die drei grundlegenden Arbeitsabschnitte *Analyse*, *Synthese* und *Evaluation* wurden entsprechend von verschiedenen Autoren in stärker differenzierte organisatorische Schritte umgesetzt. Eine Verallgemeinerung der unterschiedlichen Modelle der Konstruktion (z.B. VDI 2221) und des Industriedesigns (z.B. Uhlmann 2005) ist folgende (→ *entwerfendes Problemlösen* bei Hacker 2005):

1. *Analyse*: Klären von Aufgabe und Anforderungen
2. *Konzept*: Zieldefinition auf abstraktem Niveau
3. *Entwurf*: Zieldefinition auf konkretem Niveau
4. *Ausarbeitung*: Identifizieren und Lösen von Detailproblemen
5. *Umsetzung*: Aufbereitung für Weiternutzung, z.B. Herstellung,

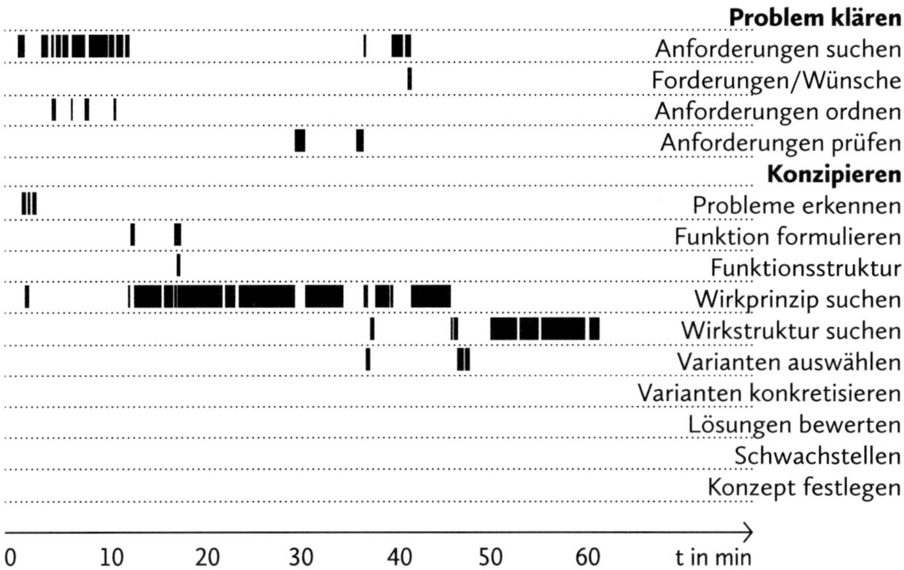

Abbildung 16: Tätigkeiten einer Versuchsperson während der ersten Stunde eines Entwurfsprojekts (PAHL & FRICKE 1993: 184)

wobei *Analyse*, *Konzept* und *Entwurf* die sogenannten *frühen Phasen* des Entwurfsprozesses bilden. Unterschiede leiten sich dabei insbesondere von den allgemeinen Zielstellungen ab. Während in der Konstruktion die Analyse hinsichtlich technischer, wirtschaftlicher und organisatorischer Anforderungen erfolgt (EHRLENSPIEL 2007) und sich das Konzept folglich durch eine schematische Funktionsstruktur und die damit verbundene Anforderungsliste konstituiert (PAHL *et al.* 2005), fokussiert die Analyse im Industriedesign auf dem menschlichen Erleben des Produkts (UHLMANN 2005) im Anwendungskontext. Das Designkonzept konstituiert sich entsprechend aus der ganzheitlichen Charakterisierung des Produkts mit *funktionalen, formalen* und *wesensbestimmenden* Elementen (KRZYWINSKI 2011).

Zunächst ist es noch wichtig, auf den Unterschied zwischen *Auftrag* und *Aufgabe* hinzuweisen: während der Auftrag als eine betriebswirtschaftliche Größe angesehen wird, ist deren – wenn auch in der Regel schnelle – Übernahme, Wandel oder Interpretation zur Aufgabe als einer individuellen Größe von enormer Bedeutung (HACKER 2005, UHLMANN 2008). Erst die Aufgabe kann entsprechend der nachfolgend dargestellten Ansätze als zu lösendes Problem aufgefasst werden. Dabei ist der Problemcharakter von Entwurfsaufgaben nicht *per se* gegeben, das Ausmaß hängt unter anderem von der Situation und dem betroffenen Entwerfer sowie seinem Wissen ab (Visser 2004). In diesem Zusammenhang sei auch nochmals auf von der Weths (2001) *Mehrebenenmodell* verwiesen, welches genutzt werden kann, die Komplexität von Entwurfsproblemen auf übergeordneten (*Auftragsebene*) und individuellen (*Anforderungsebene* und *Erlebensebene*) Levels zu bestimmen (→ 2.2.3).

Den frühen Entwurfsprozessmodellen liegen Problemlösetheorien zugrunde, die das Entwerfen als rationales Problemlösen darstellen (Simon 1981). Diesem Paradigma folgen auch aktuell noch viele präskriptive und deskriptive Vorgehensmodelle (Dorst & Dijkhuis 1995). In den Konstruktionswissenschaften gab es ab den 1990er Jahren eine teilweise Umorientierung vom Paradigma der Elementarisierung hin zur Integration, die dem menschlichen Denken und Handeln eher gerecht wird (Ehrlenspiel 2007). Damit verbunden ist eine Auflösung der sequenziellen Vorgehensmodelle hin zu iterativen und flexiblen Schemata. Die Vorgehensmodelle der klassischen Konstruktionslehre werden dem auch in ihrer aktuellen Fassung als um Iterationspfeile ergänzte linearen Schemata nur teilweise gerecht (z.B. Pahl *et al.* 2005 in Abbildung 26).

In der ursprünglich verhältnismäßig autark agierenden und auch international sehr einflussreichen (→ z.B. Roozenburg & Cross 1991) deutschsprachigen interdisziplinären Entwurfsforschung der vergangenen Jahrzehnte insbesondere zwischen Psychologen und Konstrukteuren (ein wesentlicher Ausschnitt in Hacker 2005) wird die Beschreibung von Entwerfen als Problemlösen als hilfreich und zielführend bewertet, um letztlich die Entwicklungsprozesse unterstützen und verbessern zu können (z.B. Schroda 2000, Römer 2002). Im internationalen Designforschungskontext wird die Betrachtung von Entwerfen als Problemlöseprozess als hilfreich für die Organisation von Designprojekten angesehen und zum Beschreiben und Analysieren von Entwurfsprozessen genutzt (z.B. Dorst & Cross 2001, Visser 2004, Badke-Schaub 2007, siehe auch Dubberly 2008), die Relevanz und Operationalisierbarkeit des Konzepts für die Designpraxis jedoch teilweise als zu gering kritisiert (Lawson & Dorst 2009).

Zwar wird die Beschreibung der kognitiven Vorgänge des Entwerfens als Problemlösens akzeptiert, im gesellschaftlichen und soziokulturellen Kontext jedoch als nicht ausreichend kritisiert (Jonas 1993).

Wie bereits angedeutet, wurden und werden Entwurfsprozesse teilweise als *rationale Problemlöseprozesse* aufgefasst, in denen Entwerfende als Informationsverarbeiter bestimmten Regeln folgend nach der Lösung suchen. Dieser Auffassung stehen eine Reihe von Untersuchungen und Modellen entgegen. Allein die Tatsache, dass die Entwurfslösungen in der Regel zunächst nicht bekannt oder antizipierbar sind, führt dazu dass der Entwurfsprozess keinem festen Schema folgen kann, entsprechend schwierig beschrieben und noch schwieriger vorgegeben werden kann (Goldschmidt 1997). Entwerfen bleibt deshalb zunächst eine menschliche Tätigkeit. Dem wird die Beschreibung von Entwerfen als *menschliches Entwurfsproblemlösen* (*human design problem solving)* gerecht (Visser 1996 u.a.). Die damit verbundene Einschränkung der Algorithmisierbarkeit von Entwurfsprozessen wird von einigen Vertretern der Ingenieursdisziplinen nach wie vor als Mangel gesehen (z.B. Kläger 1993).

In diesem Zusammenhang sind auch die Konzepte der *designerly ways of thinking* (Archer 1965) und *designerly ways of knowing* (Cross 1982) zu nennen, die als Ausgangspunkt das Unbeobachtbare und Unbeschreibbare des Entwerfens hatten. Das *Entwerferische* ist in diesem Kontext *menschlich*, wenn man das Entwerfen allgemein und fachunspezifisch auffasst. Cross benennt es im Grunde selbst: Die Frage, ob eine Maschine entwerfen kann ist ähnlich der Frage »Kann eine Maschine denken?« (2001a: 44).

Entwurfsprozesse sind nicht nur auf allgemein menschliche Fähigkeiten angewiesen. Auch individuelle Aspekte prägen Verlauf und Ergebnisse (→ 2.4.7). Eine Untersuchung von Cross (2001d) zeigte am Beispiel von Konstrukteuren und Industriedesignern, dass diese die Entwurfsprobleme auf bestimmte sehr persönliche Art und Weise angehen (*framing*). Lindemann (Lindemann 2007) gibt zu bedenken dass die am Entwurfs- und Entwicklungsprozess beteiligten Menschen immer auch persönliche Ziele mit verfolgen. Nicht zuletzt wird Entwerfen auch durch soziale und gesellschaftliche Faktoren beeinflusst.

Der Antrieb, trotz der genannten Widersprüche das Entwerfen nach wie vor zumindest teilweise algorithmisieren zu wollen, ist durch die Defizite menschlichen Denkens und Handelns begründet. Diese stehen dem Ziel einer gewissen Systematisierung und Rationalisierung von Entwurfsprozessen entgegen. Insbesondere die begrenzte Kapazität des menschlichen Arbeitsgedächtnisses macht eine Unterstützung auch durch regelbasierte Informationsverarbeitung bestimmter Teilhandlungen im Entwurfsprozess möglich und sinnvoll.

Schließlich ist die Fokussierung des Industriedesigns auf das menschliche Erleben ein wesentlicher Grund dafür, warum Entwerfen menschlich sein muss. In Anlehnung an die den weiter oben referierten Vergleich von Cross (»*Can a machine think?*«) kann ergänzt werden: »Kann eine Maschine erleben?« Nicht nur das Entwerfen und Evaluieren von Entwürfen ist im Industriedesign zwingend menschlich. Auch das für das Entwerfen notwendige Wissen kann nicht (vollständig) entsprechend kodifiziert, also vom individuellen menschlichen Gedächtnis losgelöst werden, wie im Abschnitt 2.4 eingehend erläutert wird. Ebenso ist die Akquise des kodifizierten Wissens für Designprozesse zwingend menschlich.

Entwerfen kann allgemein als *Problemlösen*, konkret als *menschliches Entwurfsproblemlösen* (*human design problem solving*) beschrieben werden. Für eine Erklärung des Entwerfens in sozialen, kulturellen und gesellschaftlichen Kontexten ist das Konzept des Problemlösens nicht ausreichend. Für die Betrachtung (individueller) kognitiver Voraussetzungen und Prozesse hingegen ist es im Rahmen der vorliegenden Arbeit insbesondere in Verbindung mit dem Modell der komplexen Probleme (2.2.3) geeignet das von den Novizen erlebte Problem bei der Akquise individuell verfügbaren Wissens einzuordnen und zu beschreiben. Konkrete Hinweise, wie die Wissensakquise unterstützt werden kann, lassen sich aus dem Konzept des Problemlösens nicht ableiten.

2.3.2 Entwerfen als reflexive Konversation

Entwurfsprozesse sind durch viele Modalitätswechsel geprägt. Diese finden in der Regel zwischen bildlichen, gegenständlichen und sprachlichen Ebenen statt. Der Auftrag als Startpunkt wird dabei »überwiegend der Begriffsebene« zugeordnet (HÖHNE *et al.* 1995: 115). Insbesondere in den frühen Entwurfsphasen, wenn gegenständliche und bildliche Repräsentationen noch nicht oder nur unvollständig möglich sind, wird der Entwurf auf einer sprachlichen und begrifflichen Ebene verhandelt. Sprache spielt im Kontext von Entwurfsprozessen nicht nur bei Teamarbeiten und Kommunikation, sondern auch bei individueller Entwurfsarbeit eine Rolle. Entsprechend werden Entwurfsprozesse auch als *argumentativer Prozess* (RITTEL & WEBBER 1973), *reflexive Konversation* (SCHÖN 1983, 1992) oder *diskursiver Prozess* (RESTREPO 2004) bezeichnet.

Als Reaktion auf die Unzulänglichkeiten (*blind spots and shortcomings*, DORST & DIJKHUIS 1995) des Ansatzes Entwerfen als rationales Problemlösen zu beschreiben bietet SCHÖN (1983) das Konzept der *Reflexiven Praxis* als Beschreibungsgrundlage an, der zufolge das Entwerfen als *conversation with the materials of a design situation* (SCHÖN 1992) stattfindet. Demnach erfolgt die *reflexive Konversation* in den folgenden Schritten (→ Abbildung 17):

— Benennen (*name*) relevanter Faktoren,
— Eingrenzen (*frame*) eines Problems,
— Bewegung/Verändern (*move*) zu einer Lösung,
— Bewertung (*evaluation*) der Bewegung (und der Lösung).

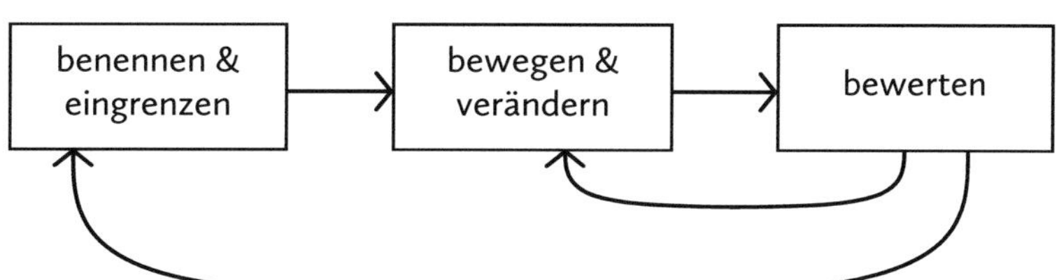

Abbildung 17: SCHÖNS (1983) reflexives Modell von Entwerfen, übersetzt (Darstellung in Anlehnung an LAWSON & DORST 2009: 33)

Die Passfähigkeit des Konzepts der *reflexiven Konversation* insbesondere zu frühen und konzeptionellen Entwurfsphasen wurde von Dorst (1997) experimentell nachgewiesen.

Die klassische Konstruktionsmethodik (z. B. Pahl *et al.* 2005) umfasst zahlreiche Einzelmethoden, die »naheleg[en], lange auf der sprachlich-begrifflichen Ebene zu verweilen« (von der Weth 1995: 67). Als Beispiel dafür wird der *Morphologische Kasten* genannt, Checklisten oder Anforderungslisten in Form von Pflichten- und Lastenheften gehören ebenso dazu (→ 2.5.2). Andere Methoden wie die Funktionsstruktur (→ Pahl *et al.* 2005) erzwingen sprachliche Elemente, beinhalten aber zugleich abstrakt-bildliche wenn auch nicht gegenständliche Darstellungen. Im Bereich des Interaktionsdesigns und im Industriedesign sind in jüngerer Zeit spezifische narrative Techniken entwickelt worden – als wichtigste sind hier die Persona-Methode sowie *use cases* und *user stories* als narrative Szenarien zu nennen. Darauf wird in den Abschnitten 2.5.7 bis 2.5.9 eingegangen.

Analog zum Konzept des Lösens wissensreicher Probleme steht bei der reflexiven Konversation das schrittweise Erarbeiten von Wissen über das Designproblem und den Weg zur Lösung im Fokus. Das *zyklische Lernmodell* von Kolb (1984) baut dabei auf Schöns Modell der *Reflektiven Praxis* auf und bietet in Anwendung auf das Design eine Beschreibungsgrundlage für das Gewinnen von Wissen während des Entwerfens. Hugentobler, Jonas & Rahe (2004) bzw. Jonas (z. B. Jonas 2007) betten eine Adaption des Lernmodells von Kolb als Mikrozyklus in einen Makrozyklus, der den Wechsel zwischen Bereichen des Wissens (*domains of knowing*) beschreibt. Auf dieser Grundlage lassen sich »im Prinzip alle bekannten Prozessmodelle (auch VDI 2221, 2222, etc.)« ableiten (Jonas & Münch 2007).

Jonas' Modell kann also zur Beschreibung von sowohl konstruktiven als Designentwurfsprozessen genutzt werden. Kennzeichnend ist die Integration sowohl wissenschaftlicher (*scientific*) als auch entwerferischer (*designerly*) Methoden in einer situations-adaptiven Struktur. Das hyperzyklische Entwurfsprozessmodell liefert nicht nur Beschreibungen für Entwerfen und dessen

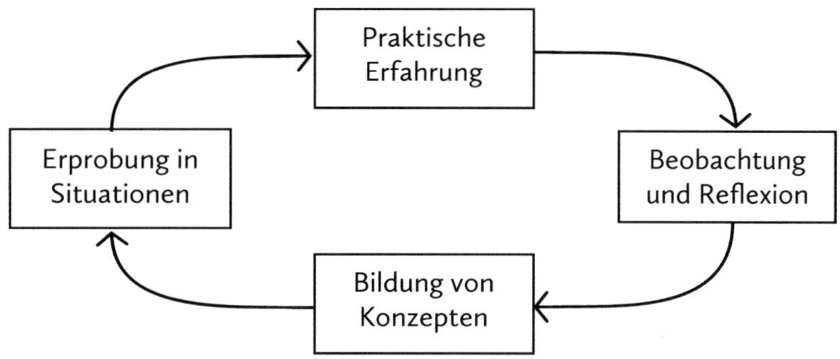

Abbildung 18: Zyklisches Lernmodell nach KOLB (1984, vereinfachte Darstellung)

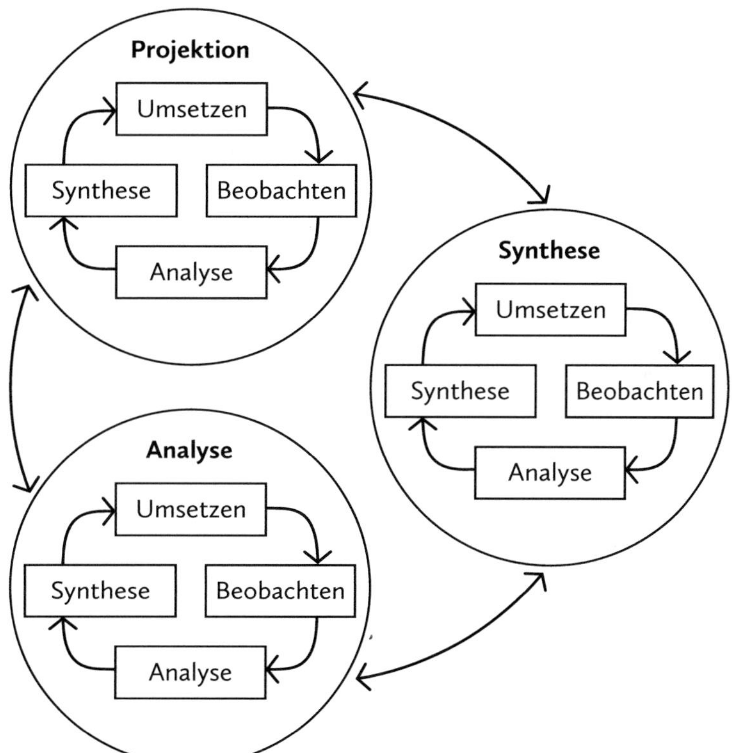

Abbildung 19: Ein hyperzyklisches generisches Entwurfsprozessmodell mit Makro- und Mikrozyklen (nach JONAS 2007, JONAS & MÜNCH 2007, übersetzt. Siehe auch HUGENTOBLER, JONAS & RAHE 2004)

Phasen, sondern ermöglicht auch eine Unterstützung des Entwurfsprozesses, indem aus der Einordnung des der Entwurfsaufgabe eine Positionierung innerhalb des Prozessmodells und die entsprechende spezifische Empfehlung von Methoden (Jonas *et al.* 2010, → www.designprocess.de) ermöglicht. Damit ist der Unterstützungswert für konkrete Entwurfsprozesse gegeben, ein allgemeiner Ansatz zur Beantwortung der zentralen Fragenstellung dieser Arbeit kann jedoch nicht abgeleitet werden. Jedoch sind einzelne Erkenntnisse aus der Untersetzung des hyperzyklischen Entwurfsprozessmodells für die vorliegende Arbeit relevant. Der Bezug zu Lerntheorien deutet darauf hin, dass das in einem Entwurfsprozess akquirierte und generierte Wissen darüber hinaus Verwendung finden kann. Die Untersetzung der einzelnen der 3 × 4 Phasen des Modells enthält auch Aussagen darüber, welche Daten und welche Wissensbereiche jeweils benötigt bzw. erarbeitet werden: Was ist die Ausgangssituation, wie ist sie zu verstehen, wie kann sie dargestellt werden? (*Analyse*) Wie wird sich die Situation ändern, was bedeutet dies, welche Zusammenhänge gibt es? (*Projektion*) Wie soll die Situation geändert werden? Wie kann dies dargestellt und überprüft werden? (*Synthese*) (Chow & Jonas 2010). In Abhängigkeit von der Art des Entwurfsprozesses (z. B. *Analyse – Projektion – Synthese* oder *Projektion – Analyse – Synthese*) und der jeweiligen ersten Phase muss am Beginn Wissen in jeweils unterschiedlichen Bereichen akquiriert werden. In Bezug auf Designwissen zeigt das hyperzyklische Entwurfsprozessmodell auf, wie die unterschiedlichen Wissensbereiche aufeinander aufbauen. Zur Beantwortung der zentralen Fragestellung dieser Arbeit (1.1) ist es jedoch notwendig zu klären, wie das Wissen akquiriert werden kann, mit dem dann der beschriebene iterative Prozess begonnen wird.

2.3.3 Entwerfen als psychisch regulierte Tätigkeit

Uhlmann (2005, 2006a, 2007) liefert mit der *Vorgehensplanung Designprozess* ein Entwurfsprozessmodell, welches auf Hackers (z. B. 2005) *Theorie der psychischen Regulation von Tätigkeiten* aufbaut und unter anderem in der Ausbil-

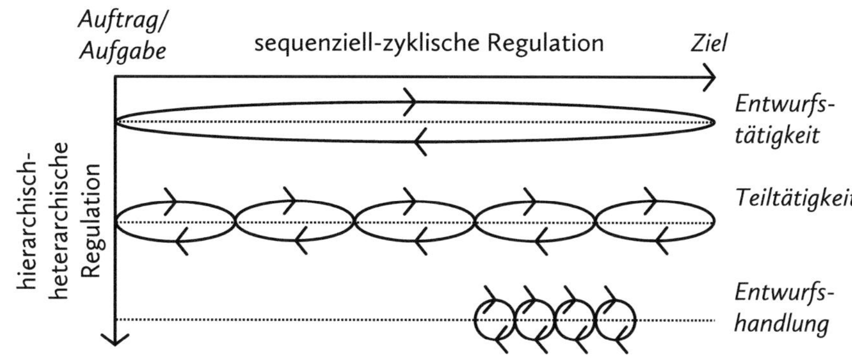

Abbildung 20: Modell der zyklisch-sequenziellen und hierarchisch-heterarchischen Regulation von Tätigkeiten (HACKER 2005) in der Anwendung auf Entwurfsprozesse (UHLMANN 2005: 13), vereinfachte Darstellung

dung von Designingenieuren zur Anwendung kommt (KRANKE 2008, KRZYWINSKI 2011). Kennzeichnend für diese Theorie sind Iterationsschleifen unterschiedlichen Umfangs als sequenziell-zyklische Regulation bei gleichzeitiger Unterteilung der Tätigkeit in Teiltätigkeiten und Handlungen als hierarchisch-heterarchische Regulation (Abbildung 20). Damit liefert diese Theorie eine umfassende kognitionswissenschaftliche Beschreibungsgrundlage für die in den vorangegangenen Abschnitten beschriebenen Problemlöseprozesse, reflexive Konversation (die auch bei HACKER für »Innovierendes Handeln« (2005: 205) als kennzeichnend bezüglich der Situation und des eigenen Handelns genannt wird) und die iterative Praxis und Lernvorgänge in Makro- und Mikrozyklen. Die Wirkungsweise der sequenziell-zyklischen Regulation von Tätigkeiten lässt sich in Anlehnung an die von HACKER formulierte Zusammenfassung wie folgt auf das Entwerfen adaptieren:

— Entwerfen erfolgt iterativ und »vermittels komplexer Systeme antizipativer operativer Abbilder« (HACKER 2005: 211) (innerer Modelle von Nutzern, Nutzungsszenarien, Konzepten, Produkten, Entwurfsprozessen, Methoden, Abfolgen von Entwurfshandlungen, zu erreichende Situationen usw.). Die Regulation erfolgt durch Vorwegnahme des Ergebnisses als Ziel, in der Regel auch des Entwurfsprozesses, seiner Elemente und der relevanten Randbedingungen. »Das antizipierte Resultat stellt die für die Regulation unerlässliche relativ stabile, simultan zusammenfassende regulative Invariante dar. Über Kontrollprozesse, die das Erreichte mit dem invarianten Modell vergleichen, wird die Tätigkeit gelenkt« (*ibd.*).

Die hierarchisch-heterarchische Regulationskomponente wird folgendermaßen beschrieben:

> »Dabei zwingt jede komplizierte Handlung zunächst zur Analyse sowie zur Zurückstellung von Teilhandlungen, während andere ausgeführt werden. Die zurückgestellten Teilhandlungen verbleiben implizit und noch weithin unausformuliert, sie bilden als Komponenten eines Handlungsprogramms zugleich zu einem gegebenen Zeitpunkt die Intention des Systems. Mit alledem sind das Erinnern zurückgestellter Teilhandlungen [...], das Rückkehren zu ihnen in der erforderlichen Reihenfolge (sequenzielle Ordnungsbildung) und das Einordnen als abhängige Komponente eines Gesamtprogramms unerlässlich für die Bewältigung komplexer Aufgaben [...]«.
>
> —Hacker 2005: 211

Die hierarchisch-heterarchische Regulation ist als *Tätigkeitsaufbau* mit dem sequenziell-zyklischen *Tätigkeitsverlauf* untrennbar verbunden indem der Verlauf durch iterative Schleifen gekennzeichnet ist, die hierarchisch verschachtelt sind. Diese Struktur entspricht einem noch allgemeineren, nicht entwurfsspezifischen und flexibel skalierbaren Pendant des hyperzyklischen Entwurfsprozessmodells von Jonas (Abbildung 19 in Abschnitt 2.3.2), der zyklische Prozesse in Mikro- und Makroebene verschachtelt. Aufbauend auf lerntheoretischen Modellen lässt sich Jonas' Modell als Grundlage für die Beschreibung des Umgangs mit und vor allem der Generierung von Wissen und Entworfenem beim Entwerfen anwenden. Hackers Modell hingegen nimmt auf Wissen vor allem als Voraussetzung für Handlungen und Tätigkeiten sowie deren Regulation Bezug. Die psychische Regulation von Entwerfen als zielgerichtete Tätigkeit verlangt »unablässig und unabdingbar« spezifisches Wissen, dessen »bewusstseinspflichtige[n] Anteile das Nadelöhr erfolgreicher Regulation und eine Hauptquelle erlebter Beanspruchung« ist (Hacker 2005: 226). Damit erklärt das Modell auch die Relevanz der Wissensakquise beim Entwerfen sowie die Auswirkungen mangelhaft zur Verfügung stehenden Entwurfswissens auf das Entwerfen und die erlebte Schwierigkeit (→ Abschnitt 1.1 *Wissenschaftliche Problemlage*).

Schön beschreibt die Hauptfähigkeit des Entwerfenden als jene, festzulegen, wie ein Entwurfsproblem in Angriff genommen werden kann. Die Basis dafür ist ausschließlich sein Erfahrungswissen (Schön 1983). Diese generalistische Ansicht widerspricht der von Newell & Simon (1972, Simon 1981) Problemlösen basiere auf generalisierten Vorgehensweisen. Sie wurde unter anderem von Visser aufgegriffen. Ihr zufolge nutzen Entwerfende ihr Erfahrungswissen und eignen sich bei Bedarf gleichzeitig (systematisch) neues Wissen an (Visser 1994, 2006). Dieser Ansatz wurde von Hacker in seinem Modell des *opportunistischen Vorgehens mit systematischen Episoden* aufgegriffen (Hacker 2005 u.a.). Nach diesem Modell erfordert das Handeln in der Normalform der *psychischen Regulation von Arbeitstätigkeiten* zum Einen Motivation und Wille, zum Anderen ein antizipierbares Ziel. Sind diese drei Voraussetzungen erfüllt, kann die Theorie einfach zur Anwendung gelangen. Die *Zielgerichtetheit* wird in dem Modell als das »wichtigste psychologische Merkmal« von Tätigkeiten herausgehoben (Hacker 2005: 173). In der Realität kann der Mensch mehrere Ziele gleichzeitig verfolgen oder es ist noch kein konkretes Ziel bekannt, das antizipiert werden kann (Dörner 2002, Volpert & Moldaschl 1999). Beim Entwerfen von Produkten ist das Ziel das Entwurfsergebnis und somit in den frühen Phasen des Entwerfens im Normalfall nicht bekannt oder nur sehr unscharf umrissen. (Cross 2001c, Uhlmann 2005, Hacker 2005 u.a.) Das hierarchisch-sequenzielle Vorgehen ist hier also nicht oder nur eingeschränkt möglich. Stattdessen findet ein *opportunistisch-systematisches Vorgehen* statt (Hacker 2005, Hacker & Sachse 2006), das durch spontane Wechsel und assoziatives Nutzen von Vorwissen gekennzeichnet ist. »Es handelt sich dabei weder um Versuch-Irrtum-Prozeduren, noch lediglich um ein Durchwursteln (*muddling through*), andererseits aber auch nicht um eine systematische Dekomposition eines Gesamtauftrags in Teilaufträge und eines Gesamtziels in Teilziele. Eben diese Teilziele sind im Wesentlichen erst noch zu finden« (Hacker 2005: 557).

Das opportunistisch-systematische Vorgehen zeichnet sich durch Nutzen des Vorwissens und lediglich einzelner Episoden systematischer Analyse aus: »Dem vagen Rahmenziel als der durch Problemlösen zu schließenden Lücke [...] werden versuchsweise Teilziele [...] zugeordnet, die dem durchmusterten Vorwissen entstammen und die hier nützlich erscheinen. Das sind ›Opportunities‹, d.h. wissensgestützte Gelegenheiten oder Möglichkeiten der präziseren Zielidentifikation und somit der Zielannäherung [...].« (Hacker 2005, S.558) Ein Zerlegen des (unbekannten) Gesamtzieles ist bei derartigen Entwurfsaufgaben nicht möglich.

Kennzeichnend für das opportunistisch-systematische (»hybride«) Vorgehen sind nach Hacker (2005) folgende Merkmale:

— das Verfolgen hypothetischer Lösungsmöglichkeiten als *vermutungsgeleitetes Handeln*. Dies zeigt sich beispielsweise im frühen Entwickeln eines oder mehrerer hypothetischer Gesamtentwürfe im Industriedesign (Uhlmann 2005), die im weiteren Prozessverlauf evaluiert und weiter bearbeitet oder auch verworfen werden. Anhand hypothetischer Gesamtentwürfe können (weitere) Teilziele abgeleitet werden.

— *Erzeugungs-Bewertungs-Zyklen* als iterative und reflexive Prozesse. Dies entspricht Schöns (1983) Charakterisierung der reflexiven Praxis beim Entwerfen, aber auch, auf einer elementareren Betrachtungsebene, dem Modell des Entwurfshandelns mit Internalisierung und Externalisierung (Sachse 2002, 2004, Uhlmann 2005, 2008, Wölfel & Uhlmann 2008); beide Ebenen zusammengefasst entsprechen dem hyperzyklischen Entwurfsprozessmodell von Hugentobler, Jonas & Rahe (2004) bzw. Jonas (2007).

- *Wissens-/fallbasiertes Vorgehen* – hier zeigt sich erneut die Relevanz des Entwurfswissens im Allgemeinen und des episodischen Wissens und Alltagswissens als Erfahrung im Speziellen (VISSER 1994): Entwerfende beurteilen »unscharfe Ähnlichkeitsassoziationen [...] auf Wiederverwertbarkeit« (HACKER 2005: 562).
- *Analyse-durch-Synthese-Prozedur* (*Task-Episode-Accumulation*, ULLMAN, DITTRICH & STAUFFER 1988) – hierbei werden die Entwurfsaufgaben (vorläufig) zerlegt bzw. Teilaufgaben herausgegriffen und prüfend entwickelt und anschließend wieder im Gesamten weiterentwickelt. Ein umfassendes Zergliedern in Teilaufgabenwürde systematisches Vorgehen (im Sinne der Konstruktionsmethodik, z. B. PAHL *et al.* 2005) darstellen, erfolgt aber nur vereinzelt. Dabei arbeiten Entwerfende aber nicht „teilaufgabenrein" (und auch nicht „arbeitsschritterein"), sondern lassen sich von »Gelegenheiten« und »Auffälligkeit[en]« leiten (HACKER 2002).
- *Bedingung-Maßnahme-Verknüpfung* als Bestandteile von *Ziel-Bedingung-Maßnahmen-Einheiten* – auf der Ebene von Teilhandlungen (wie beispielsweise das Erarbeiten von Elementen von Designkonzepten) können Handlungen auch allein durch assoziative Verknüpfungen mit bekannten Bedingungen ermöglicht werden, ohne das notwendigerweise antizipierbare (Teil-) Ziele vorhanden sein müssen (siehe auch *situation-based thinking* bei LAWSON & DORST 2009).

Die Mischung opportunistischer »wissensgetriebener« und systematischer Phasen ist nicht beliebig, sondern unterliegt dem »Prinzip der kognitiven Ökonomie: Sie stellt möglichst geringe Anforderungen sowohl an die intellektuellen Bearbeitungsoperationen als auch an Gedächtnisaktivierungsprozesse sowie die beanspruchte Mentalkapazität, also an das Arbeitsgedächtnis« (HACKER 2002: 15, siehe auch HACKER 1989). Während das opportunistische Vorgehen beim Konstruieren eher unbewusst stattfindet, wird es im Design kultiviert: »*Designers commonly and frequently make great use of what they often refer to as ›precedent‹.*« (LAWSON 2004: 96)

Novizen verfügen über weniger Erfahrung, entsprechend sind sie auf umfassendere Phasen systematischen Vorgehens angewiesen, die auf der Verarbeitung deklarativen Wissens basieren (ANDERSON 1996). Experten hingegen wenden ihr Erfahrungswissen auch im konstruktiven Entwerfen sofort an (GÖKER 1997).

Der Wechsel systematischen (sequenziell-hierarchischen) und opportunistischen Vorgehens findet auf allen Ebenen von Handlungen und Teilhandlungen statt. Entsprechend sind auch das Klären der Aufgabe sowie die Wissensakquise durch das *opportunistische Vorgehen mit systematischen Episoden* geprägt. Das bedeutet, dass auch die Akquise individuell verfügbaren Designwissens durch vermutungsgeleitetes Handeln, Erzeugungs-Bewertungs-Zyklen (als Akquise-Bewertungs-Zyklen), unscharfe Assoziationen und Bedingungsassoziationen sowie nur gelegenheitsgeleitetes Analysieren von Teilaspekten geprägt ist.

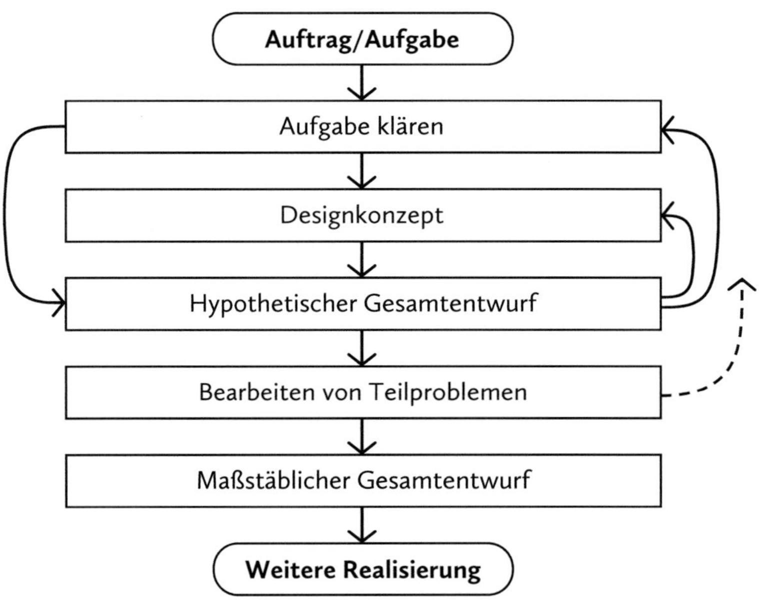

Abbildung 21: Vorgehensplanung Designprozess (UHLMANN 2005, 2006A, zusammengefasste Darstellung)

Eine methodische Unterstützung des Klärens der Aufgabe und der Akquise von Designwissen muss dies berücksichtigen.

Wie weiter oben beschrieben wurde, ist neben Motivation und Wille immer ein antizipierbares Ziel Voraussetzung für psychisch-sequenziell regulierte Handlungen. Als wesentliches Merkmal von Entwurfsaufgaben wurde das zunächst nicht bekannte und damit nicht vollständig antizipierbare Ziel herausgestellt. Um dennoch ein möglichst systematisches Vorgehen zu ermöglichen schlägt Uhlmann (2005) mehrere Zwischenziele vor, die das Entwurfsergebnis auf unterschiedlichen Abstraktionsebenen vorwegnehmen können. Daraus ergibt sich in der Darstellung der *Vorgehensplanung Designprozess* (Abbildung 21) ebenfalls eine sequenzielle Abfolge von Entwurfsprozessphasen.

Hier ist der Ansatz der Strukturierung in Teilziele zur besseren Bearbeitbarkeit gewählt worden, eine situative Unterstützungsleistung durch das Vorgehensmodell ist beim eigentlichen Entwerfen nicht zu erwarten – hierfür werden spezifische Methoden benötigt, die sich aus der zugrundeliegenden Theorie erarbeiten lassen. Der sequenziellen Darstellung steht entgegen, dass Uhlmann den iterativen Charakter und die flexible Reihenfolge der frühen Phasen betont. Dies wird durch die grafische Darstellung des verallgemeinerten idealtypischen Verlaufs, wie sie in Abbildung 21 dargestellt ist, nicht ausreichend transportiert. Drechsel (2008) stellt folglich die frühen Phasen des Designprozesses nach Uhlmann (2005) aus didaktischen Gründen als rein zirkuläres Modell dar (Abbildung 22), verliert dadurch aber den Bezug zu Hackers *Modell der psychischen Regulation von Tätigkeiten*.

Abbildung 23 zeigt Aspekte der Zielantizipation in den frühen Entwurfshasen. Hier wird deutlich, dass mit dem Designkonzept ein – wenn auch abstraktes – erstes ganzheitlich antizipierbares Ziel verfügbar ist, welches im weiteren Entwurfsverlauf in Level geringerer Abstraktion überführt wird. In der Abbildung ist ebenso ersichtlich, dass im ersten Abschnitt *Aufgabe Klären* noch kein Ziel erkennbar ist. Um hier Handlungsfähigkeit zu ermöglichen, ist eine weitere Detaillierung des Abschnitts sinnvoll. Uhlmann (2005) empfiehlt, das Klären der Aufgabe mit der individuellen Beschaffung von Wissen zu beginnen.

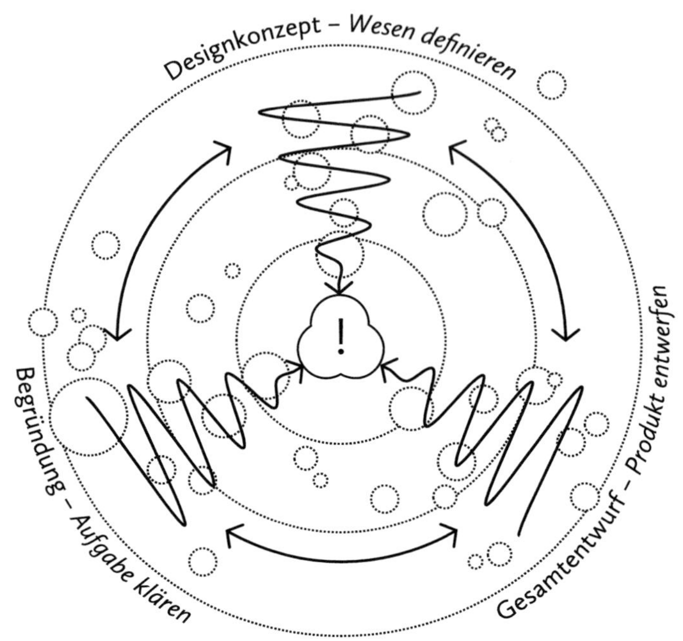

Abbildung 22: Die frühen Entwurfsprozessphasen nach Uhlmann (2005) nach der Darstellung von Drechsel (2008)

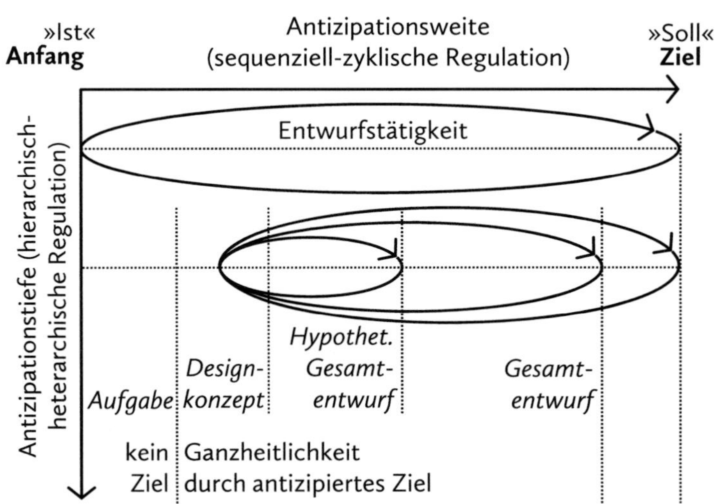

Abbildung 23: Handlungsregulatorische Darstellung der Ganzheitlichkeit des Entwurfsobjekts im Prozess seines »Werdens«, zusammengefasste Darstellung nach Uhlmann (2008: 108)

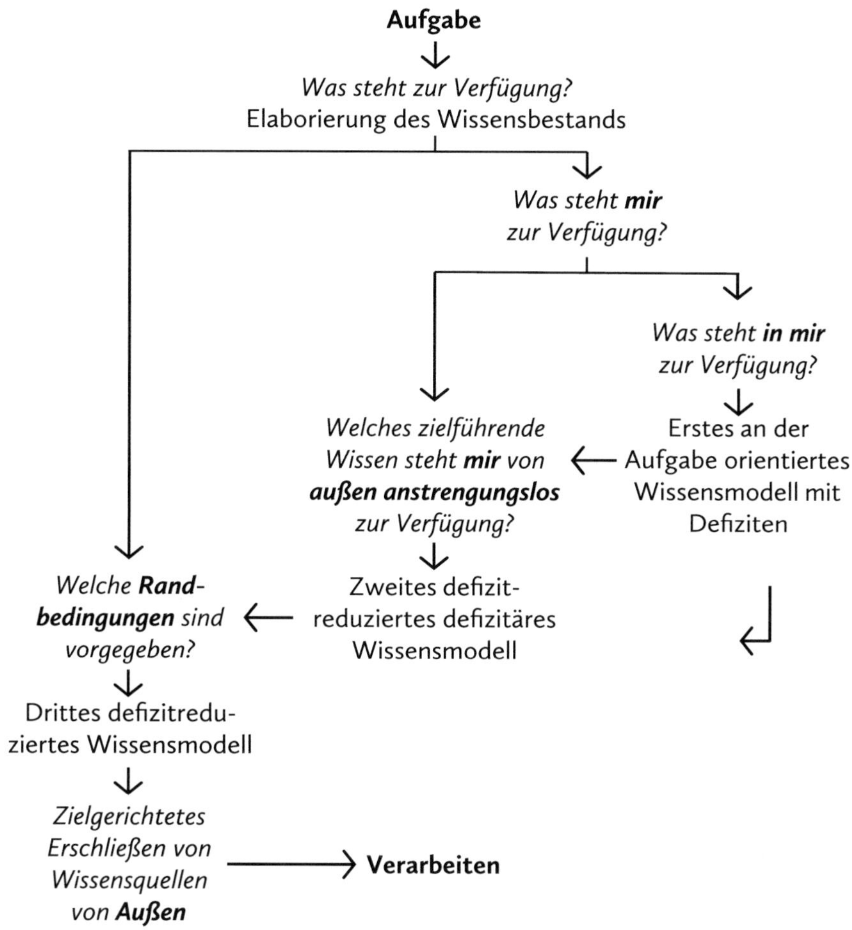

Abbildung 24: Fragenschema zum Klären der Aufgabe (UHLMANN 2005: 15, leicht vereinfachte Darstellung)

Dabei strukturiert er Wissensakquise so, dass zunächst das individuell vorhandene, eigene Wissen genutzt wird, bevor in einem zweiten Schritt das externe Wissen aufgenommen wird, welches anstrengungslos zur Verfügung steht. In Zusammenhang mit vorgegebenen und erarbeiteten Randbedingungen entsteht ein Wissensmodell mit verbleibenden Defiziten, die anschließend zielgerichtet – nun allerdings nicht mehr zwangsläufig anstrengungslos – beseitigt werden können (→ Abbildung 24).

In Abschnitt 1.1 wurde dargestellt, dass das Erschließen des individuellen Wissens (im Ausbildungskontext) problematisch ist. Die vorliegende Arbeit widmet sich diesem Problem, indem sie die Spezifik des individuellen Entwurfswissens im Industriedesign theoretisch diskutiert (→ 2.4), potenziell geeignete Akquisemethoden benennt (→ 2.5) und in einem Untersuchungsteil (→ 0) Zusammenhänge empirisch belegt. LINDEMANN (2007) nennt als externe Quellen für Anforderungen unter anderem Kunden und Markt, Normen, Gesetze, Unternehmensstrategien und Wettbewerb sowie Controlling, Entwicklung, Einkauf, Produktion, Vertrieb und Marketing. Die Akquise externen Entwurfswissens kann ebenfalls methodisch unterstützt werden, was im Rahmen dieser Arbeit jedoch nicht thematisiert wird.

Einige Autoren insbesondere aus dem Bereich der Ingenieurwissenschaften sehen Entwerfen als Umsetzen bestimmter Anforderungen in eine Lösung, aber auch ändern, ignorieren sowie neu definieren von Anforderungen (RESTREPO 2004: 53). Die Anforderungsanalyse wird dabei als iterativer Prozess beschrieben. Dies wird durch das *Modell der psychischen Regulation von Tätigkeiten* abgebildet, indem die Klärung einzelner Anforderungen als Teiltätigkeiten aufgefasst werden können, die in der sequenziell-zyklischen Regulation unterschiedliche Ausprägung besitzen.

Designkonzept und Gesamtentwurf entsprechen verschiedenen Abstraktionsstufen einer Vorwegnahme des Entwurfsergebnisses. Relativ zu der jeweiligen Betrachtungsebene des Problems wird sowohl beim Design als auch bei der Konstruktion auf Grundlage eines theoretischen Konzepts eine hypothetische Gesamtlösung erarbeitet, die anschließend detailliert und in Teilaufgaben bearbeitet wird. Da in der Konstruktionsmethodik das Ziel die Erarbeitung einer technischen Funktion bzw. Lösung ist, beziehen sich Konzept und der hypothetische Gesamtentwurf auch auf die technische Funktion bzw. deren Struktur. Das Produkt als erlebbares Objekt, welches im Industriedesign als Ziel im Mittelpunkt steht, ergibt sich am Ende des reinen Konstruktionsprozesses auf Grundlage der zuvor erarbeiteten Elemente. Das Erleben des Produktes und somit ein Faktor seiner Marktchancen sind zuvor nicht umfassend beurteilbar.

Erst jetzt können diesbezügliche Unzulänglichkeiten erkannt und nur mit hohem Aufwand und hohen Kosten korrigiert werden.

Auf dem Weg zum vorweggenommenen (hypothetischen) Gesamtentwurf stellt das Designkonzept ein Komprimat der für den Designentwurf relevanten Informationen aus dem zuvor (beim Klären der Aufgabe) gesammelten und inventarisierten Wissen dar. Damit steht erstmals im Entwurfsprozess ein ganzheitlich antizipierbares Ziel zur Verfügung. Das Designkonzept beschreibt das Entwurfsergebnis auf einer abstrakten Ebene bezüglich wesensbestimmender, funktionaler und formaler Elemente (Krzywinski 2011, Abbildung 25). Insbesondere die wesensbestimmenden Aspekte unterscheiden das Designkonzept im erlebenszentrierten Entwerfen beispielsweise vom Produktkonzept in der Konstruktion (z. B. bei Pahl *et al.* 2005) indem sie den Produktcharakter als Wesensbeschreibung des Produkts als eines der Ziele des Entwurfsprozesses bestimmen (Bader 2007).

Das *Modell der psychischen Regulation von Tätigkeiten* liefert eine Beschreibungsgrundlage, auf deren Basis das Entwerfen in den unterschiedlichen Disziplinen beschrieben werden kann. Sie kann zudem erklären, warum sich Probleme bei der individuellen Akquise von Entwurfswissen negativ auf den Prozess und die empfundene Schwierigkeit auswirken. Das Modell benennt

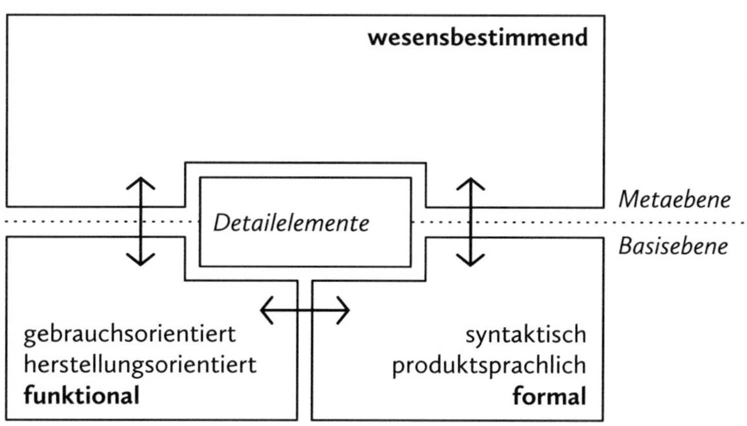

Abbildung 25: Elemente des Designkonzepts (Krzywinski 2011, vereinfacht)

insbesondere die Voraussetzungen für menschliche Tätigkeiten im Allgemeinen und entwerfendes Problemlösen im Speziellen. Das Modell gelangt nicht nur deskriptiv zur Anwendung sondern bildet beispielsweise eine Grundlage für UHLMANNS präskriptive *Vorgehensplanung Designprozess* (2005) sowie zahlreiche Studien im Bereich des konstruktiven Entwerfens (Diverse in HACKER 2005). HACKER (2005) betont die *Zielgerichtetheit* als wichtigstes psychologisches Merkmal von Arbeitstätigkeiten und damit auch von Entwerfen. Das Ziel ist eines der wichtigsten Unterscheidungsmerkmale der Entwurfsdisziplinen: für die Konstruktion ist es die technische Funktion, während es für das Industriedesign das Erleben bzw. die Bedeutung von Produkten für den Menschen ist (2.1.2). Im Industriedesign steht erst mit dem Designkonzept eine – wenn auch abstrakte – Zielvorwegnahme zur Verfügung. Bei der individuellen Wissensakquise steht am Beginn von Entwurfsprozessen noch kein ganzheitlich antizipierbares Ziel im Sinne HACKERS Modell zur Verfügung (UHLMANN 2008). Dies muss bei der Auswahl und Anpassung von Methoden zur Unterstützung von Novizen bei der individuellen Wissensakquise berücksichtigt werden.

2.3.4 Vorgehensmodelle in den Disziplinen

Heute existieren keine übereinstimmenden Vorgehensmodelle, Methodiken und ebenso kein übereinstimmender Methodenkanon in den (an der Produktentwicklung beteiligten) Disziplinen (ROOZENBURG & CROSS 1991). Selbst innerhalb der einzelnen Fachdisziplinen herrscht diesbezüglich keine umfassende Einigkeit.

Eine Ausnahme stellt diesbezüglich die Konstruktionsmethodik dar, die im deutschsprachigen Raum insbesondere von PAHL und BEITZ maßgeblich geprägt (PAHL *et al.* 2005, Abbildung 26) und durch die Richtlinien des VEREINS DEUTSCHER INGENIEURE (insb. VDI 2221 1993) in ihrem Einfluss verstärkt wurde. Die Konstruktionslehre nach PAHL *et al.* stellt einen umfassenden Ansatz zur Entwicklung technischer Objekte dar, der auf dem auf Informationsverarbeitung fokussierten Problemlöseparadigma, wie es von SIMON (SIMON 1981) dargestellt wird, basiert und bei der Ausbildung von Maschinenbau-Ingenieuren wenn auch nicht dogmatisch so doch fast ausschließlich angewendet wird. Die VDI 2221 gilt als »allgemein anerkannte[s] Komprimat aller Konstruktionsmethodischen und -wissenschaftlichen Bemühungen in Deutschland nach [...] 1945« (UHLMANN 2008: 83). Durch Übersetzung ins Englische (PAHL *et al.* 2007) und die Aktivitäten deutscher Konstruktionsmethodiker in internationalen Foren hat die deutsche Konstruktionslehre als *German Systematic* auch international Beachtung gefunden, so insbesondere in Großbritannien. Eine englischsprachige Entsprechung die ebenfalls durch einen strukturierten, metho-

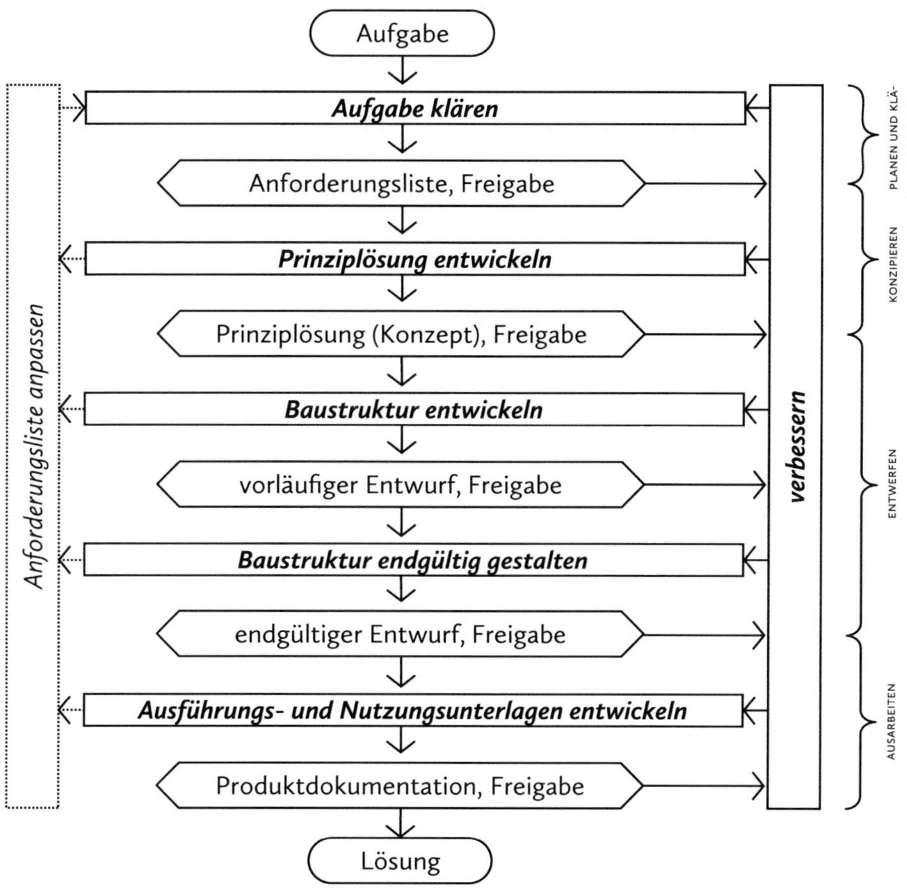

Abbildung 26: Vorgehensschema zum Entwickeln und Konstruieren technischer Produkte und Systeme (PAHL *et al.* 2005, vereinfachte Darstellung)

disch unterstützten generischen Entwurfsprozess charakterisiert ist, kann bei Ullmann (2003) gefunden werden. Allerdings ist die Konstruktionsmethodik im internationalen Bereich vielfältiger (Jänsch 2007) und auch weniger stark von anderen an der Produktentwicklung beteiligten Disziplinen getrennt (z. B. Cagan & Vogel 2002). Die Kritik an der Konstruktionslehre nach Pahl *et al.* (2005), die aus verschiedenen Perspektiven spätestens Anfang der 1980er Jahre deutlich wurde (→ Jänsch 2007) führte zu regen Diskussionen und interdisziplinären Forschungsprojekten zu Entwurfsmethodiken. Allerdings sind die gewonnenen Erkenntnisse bisher kaum in die Konstruktionslehre eingeflossen. Das Werk von Pahl *et al.* gilt – auch mangels Alternative – nach wie vor als das Standardwerk der Konstruktionsmethodik. Demgegenüber stehen ein verhältnismäßig geringer Effekt im Verhältnis zum nötigen Aufwand (Pietzcker 2004) und folglich auch eine geringe Akzeptanz dieses systematischen Ansatzes in der Praxis auch von Ingenieuren (z. B. Bender 2004, Lindemann 2007, Jänsch 2007). Die Kritik an der Konstruktionsmethodik konzentriert sich laut Rückert (1997) auf

— zu starre, praxisfremde Prozesse
— Erarbeiten von Anforderungen vor der Lösungsfindung (was die Lösungsvielfalt einschränke)
— zu hohes Abstraktionsniveau (praxisfremd und zu theoretisch)
— Vorteil des Vorgehens nicht nachgewiesen

Aus Sicht des Designs richtet sich die wesentliche Kritik gegen den »atomistischen« Charakter (Uhlmann 2008), der die additive Entstehung des Produkts aus komplexen Elementen beschreibt. Dieser steht im Gegensatz zur notwendig ganzheitlichen Herangehensweise im Industriedesign, die durch das Ziel *Erleben des Produkts* bestimmt wird (→ 2.1.2). In der klassischen Konstruktionsmethodik wird der Erlebensebene kaum Platz eingeräumt, die Zuweisung in bestimmte einzelne Arbeitsabschnitte wird vom Design als nicht akzeptabel (und nicht praktikabel) zurückgewiesen (z. B. Uhlmann 2008).

Lindemann & Lorenz (2008) führen weiterhin an, dass die strukturierte lineare Abfolge von Arbeitsschritten in der klassischen Konstruktionsmethodik wenig Unterstützung für den Umgang mit Unsicherheit gibt, die insbesondere bei der Neuentwicklung komplexer Produkte unvermeidbar ist. Fricke (1993, 1996) fand heraus, dass ein methodisch flexibles Vorgehen auch beim konstruktiven Entwerfen erfolgversprechender ist. Aktuelle Entwicklungen in der Konstruktionsmethodik erlauben solche flexiblere Prozesse (z.B. das *Münchener Vorgehensmodell* in Lindemann 2007) und bieten situative Methodenunterstützung (Ponn & Lindemann 2006, → www.cidadad.de, daneben existieren weitere vergleichbare Projekte). Sie greifen dabei die traditionellen Methoden der Konstruktionslehre auf und ergänzen sie. Das *Münchner Vorgehensmodell* bildet einen Standardprozess ab, lässt aber zahlreiche weitere Wege zu (→ Abbildung 27).

Im Industriedesign existiert hingegen kein einheitlicher Methodenkanon. Vielmehr existieren parallel zahlreiche Ansätze, die sich hinsichtlich theoretischer Basis, Umfang, Detaillierungsgrad, Geltungsanspruch und anderer Aspekte unterscheiden. Zu nennen sind hier u.a. Cagan & Vogel (2002) Ulrich &

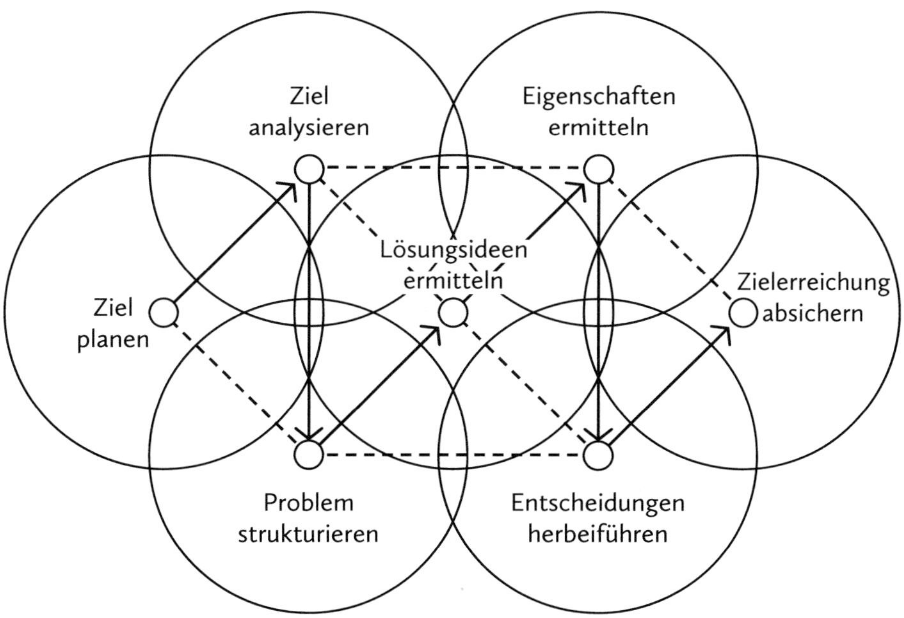

Abbildung 27: Münchener Vorgehensmodell nach Lindemann (2007: 27), Standardprozess hervorgehoben

EPPINGER (2003), HEUFLER (2004), UHLMANN (2005), HUGENTOBLER, JONAS & RAHE (HUGENTOBLER, JONAS & RAHE 2004) bzw. (JONAS 2007) und CHOW & JONAS (2008; auch hier wird eine interaktive situative methodische Unterstützung angeboten: JONAS *et al.* 2010, → WWW.DESIGNPROCESS.DE), BÜRDEK (2005) oder KRIPPENDORFF (2006). Diese sind insbesondere im Gegensatz zur stark anleitungshaften Konstruktionslehre von PAHL *et al.* (2005) durch ein weniger algorithmisches Verständnis von Problemlösen und größere Flexibilität gekennzeichnet. Dies mag auch daran liegen, dass entsprechend den Lehrmeinungen Designer weniger analytisch (LAWSON 1979), sondern eher reflektiv vorgehen (SCHÖN 1983) und entsprechend – stark vereinfacht – auch keine konkreten Handlungsanweisungen erwarten (LAWSON & DORST 2009).

2.3.5 Zusammenfassung

Wie aus dem vorangegangenen Abschnitt ersichtlich ist sind die fachspezifischen Vorgehensmodelle in den Entwurfsdisziplinen nur bedingt geeignet, die Besonderheiten der individuellen Akquise von Designwissen zu beschreiben. Eine Beschreibungsgrundlage der Prozesse, die aufgrund des Bezugs auf das Entwurfsziel (und dessen Antizipation) im Kontext der vorliegenden Arbeit eine klare Unterscheidung der Disziplinen ermöglicht ist auf kognitionswissenschaftlicher Ebene zu finden. Im Modell der psychischen Regulation von Tätigkeiten (2.3.3) ist die Antizipation des Ziels (welches im Design das Erleben ist) ein zentrales Element und Voraussetzung für das Handeln, welches dann jedoch weitgehend opportunistisch mit lediglich kurzen systematischen Abschnitten erfolgt. Daraus lässt sich auch die Relevanz der frühen Wissensakquise sowie die Bedeutung dabei auftretender Probleme ableiten: Ein antizipierbares Ziel steht als Handlungsvoraussetzung im Designprozess frühestens mit dem Designkonzept zur Verfügung (Abbildung 23) – das Klären der Aufgabe muss auch ohne dieses erfolgen und stellt insbesondere Novizen vor ein Problem. Mit Hilfe konkreter methodischer Anleitungen können Zwischenziele vorgegeben werden, die das Handeln ermöglichen. Dies wurde bereits erkannt, aber im Kontext der in Abschnitt 1.1 beschriebenen Problemlage noch nicht gelöst: Mit dem *Fragenschema Aufgabe Klären* (UHLMANN 2005, Abbildung

24) wurden zwar Zwischenziele mit Bezug auf die Wissensakquise formuliert, diese sind aber nicht geeignet, Novizen das Handeln zu erleichtern wie eine Untersuchung von SCHULZ (2005) zeigte. Methoden zur Unterstützung der individuellen Wissensakquise sollte den Novizen die Antizipation konkreter Zwischenziele ermöglichen, um so leicht und systematisch wie möglich handeln zu können.

2.4 ENTWURFSWISSEN

Anliegen der vorliegenden Arbeit ist es zu untersuchen, wie die Akquise individuell verfügbaren Wissens für die Bearbeitung von Designaufgaben unterstützt werden kann. Ausgangspunkt ist die in Abschnitt 1.1 beschriebene Problemlage im Ausbildungskontext. In den vorangegangenen Abschnitten wurden die Relevanz individuell verfügbaren Wissens für die Bearbeitung von Entwurfsaufgaben als komplexe wissensreiche Probleme sowie für Entwerfen als psychisch regulierte Tätigkeit mit überwiegend kognitionswissenschaftlichen Modellen untersetzt. Probleme bei der Wissensakquise wirken sich demnach negativ auf den Start und weiteren Verlauf von Entwurfsprozessen aus.

Die Relevanz individuell verfügbaren Wissens wird auch allgemein im Kontext von Innovationsprozessen (2.1.3) deutlich: Um Innovationen hervorbringen zu können, müsse nicht zwangsläufig Forschung und Entwicklung betrieben werden, »mit den richtigen Köpfen ist Innovation [...] aus dem Stand möglich« (GRUPP 2003: 15). Für Designinnovationen muss dieses individuell verfügbare Wissen entsprechend den Modellen von VERGANTI (2009) bzw. BREZING (2006, beide in Abschnitt 2.1.3) die Bedeutung von Produkten betreffen. Entsprechend der Ziele der Entwurfsdisziplinen (in Abschnitt 2.1.2) kann abgeleitet werden, dass das für den Entwurf notwendige Wissen im Design umfassender in Bezug zum Erleben von Produkten (als Einheit von *Kognition, Konation, Emotion* und *Ich*, → UHLMANN 2011 in Abschnitt 2.1.2) stehen muss, was Bedeutung als eine Ebene umfasst. Da diese Spezifizierung allein nicht geeignet ist, für die Auswahl und Entwicklung von Methoden zur Unterstützung der Wissensakquise genutzt zu werden, muss für Entwerfen benötigtes Wissen noch detaillierter beschrieben werden.

2.4.1 Eingrenzung des Begriffs

Der Begriff *Wissen* wird in unterschiedlichen Kontexten differenziert gebraucht: in Bezug zum Alltag wird Wissen als (auch subjektive) *Erkenntnis* bzw.

Kenntnis verstanden, welche individuell erworben wird und zur Verfügung steht, aber gleichzeitig kultureller Besitz und kulturelles Potenzial bedeutet. Demgegenüber steht der Bezug zur Wissenschaft, wo *Wissen* als *begründete Erkenntnis* verstanden wird, deren Gewinnung und einzelne Elemente (u.a. zur Überprüfung) dargelegt werden müssen (zusammenfassend dargestellt z.B. bei KRON 1999). Beim Entwerfen spielen beide Aspekte eine Rolle (→ 2.4.5).

Als *Wissen* werden in ontologischen Beschreibungen *verknüpfte Informationen* verstanden, die wiederum aus *Daten* bestehen. Dieser um *Können*, *Handeln* und *Kompetenz* erweiterbaren an vielen Stellen gebräuchlichen *Wissenstreppe* wird vorgeworfen, die stets vorhandene Personen- und Kontextabhängigkeit von Wissen zu ignorieren (SEILER & REINMANN 2004). Ebenfalls ist es notwendig darauf hinzuweisen, dass Wissen nicht als klar abgegrenztes und »leicht manipulierbare[s] Ding« (SEILER & REINMANN 2004: 11f) aufgefasst werden kann – vielmehr ist es auch im professionellen Kontext eine situationsabhängige, durch Werte und Emotionen beeinflusste Komponente von Handlungsgrundlagen (BERTHOLET & SPADA 2004 u.a.), die Prozesscharakter besitzt (MEINSEN 2003 u.a.).

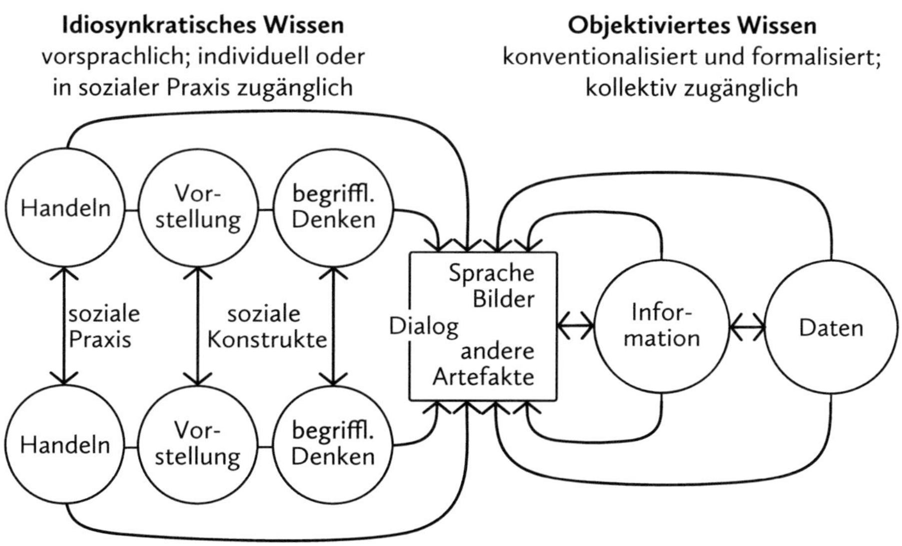

Abbildung 28: Der Wissensbegriff aus strukturgenetischer Sicht (vereinfachte Darstellung nach SEILER & REINMANN 2004)

Seiler & Reinmann (2004) stellen ein Modell zur Verfügung, welches aus »strukturgenetischer Sicht« (*ibd.*: 20) die genannten Aspekte umfasst und als eine geeignete allgemeine Beschreibungsgrundlage für Wissen im Kontext von Entwerfen herangezogen werden kann. Diese gibt zwar Hinweise auf die Zugänglichkeit (kollektiv vs. individuell oder in sozialer Praxis) und auch Eigenschaften (vorsprachlich, formalisiert) von Wissen im Allgemeinen. Sie umfasst allerdings weder eine Beschreibung von Inhalten noch eine ausreichende Charakterisierung von Eigenschaften, die für die Eingrenzung und Unterscheidung individuellen Entwurfswissens im Sinne der wissenschaftlichen Problemlage (1.1) herangezogen werden könnte (Abbildung 28).

Designwissen und *Entwurfswissen* (*design knowledge*) werden schon seit einiger Zeit nicht nur im Designforschungskontext thematisiert, diskutiert und definiert (→ Mareis 2010). Da sowohl *Design* als auch *Wissen* als Begriffe sehr unterschiedlichen Auslegungen und Schwerpunksetzungen ausgesetzt sind, kann eine eindeutige, konsensfähige Definition von *Designwissen* bzw. *Entwurfswissen* nicht erwartet werden. Schließt man selbst solche Konzepte aus der Betrachtung aus, die unter *Designwissen* beispielsweise dasjenige Wissen verstehen, welches durch Entwerfen generiert wird, welches in entworfenen Artefakten gebunden ist, zu deren Rezeption bzw. dem Umgang damit notwendig ist oder das Wissen, welches zum erfolgreichen Führen eines Designbüros nötig ist (z.B. Haase & Biller 2002), bleiben immer noch zahlreiche unterschiedliche, teils überlappende und teils widersprüchliche Auffassungen zur Diskussion. Eine erschöpfende Darstellung dieser Begriffsauffassungen soll an dieser Stelle nicht erfolgen, da sie im Kontext der Problemlage dieser Arbeit nicht zielführend wäre. Vielmehr soll inhaltlich eingegrenzt werden, was im Rahmen der vorliegenden Arbeit allgemein unter *Entwurfswissen* und etwas spezifischer unter *Designwissen* verstanden werden soll.

Im Abschnitt 1.1 wurde das Problem der individuellen Wissensakquise beim Klären der Aufgabe im Industriedesign insbesondere bei Novizen mit umfassenden ingenieurwissenschaftlichen Vorkenntnissen benannt. Im Rahmen der vorliegenden Arbeit wird der Begriff *Entwurfswissen* entsprechend der Auffassungen von van Aken (2005), Uhlmann & Schulze (2008) und anderen zur

Bezeichnung des Wissens, welches für das Entwerfen (von Produkten) genutzt werden kann, verwendet. Dabei bezieht sich *Entwurfswissen* auf alle Entwurfsdisziplinen, hier insbesondere die Konstruktion und das Industriedesign.

Designwissen wird aus praktischen Gründen verkürzt zur disziplinspezifischen Bezeichnung von *Entwurfswissen im Industriedesign* – entsprechend der vorangestellten Definition – verwendet. Damit wird der Begriff in dieser Arbeit abweichend von beispielsweise Uhlmann & Schulze (2008) und Haase & Biller (2002) verwendet, die mit *Designwissen* das (bei Uhlmann & Schulze neben anderem *Entwurfswissen* umfassende) Berufswissen von Designern bezeichnen.

Im Kontext dieser Arbeit liegt der Fokus auf demjenigen Anteil von Entwurfswissen bzw. Designwissen, welcher beim Klären der Aufgabe in Entwicklungsprozessen über das Produkt und seinen Anwendungskontext erarbeitet und/oder angewendet wird. Dieses Wissen ist die Grundlage für die (zunächst abstrakte) Zielantizipation als handlungsregulatorische Grundlage für die Entwurfsphasen *Designkonzept* und *Gesamtentwurf* (→ Uhlmann 2005).

Die Begriffe *Entwurfswissen* bzw. *Designwissen* sind nicht bedeutungsgleich mit *Entwurfskompetenz* bzw. *Designkompetenz*. *Entwurfskompetenz* umfasst auch bei Anwendung auf Individuen über Entwurfswissen hinaus weitere Komponenten, von denen insbesondere *Fähigkeiten* und *Fertigkeiten* zum Entwerfen hervorgehoben werden müssen. Diese sind essenzielle Voraussetzungen für das Entwerfen, können jedoch mit dem Begriff *Entwurfswissen*, wie er im Rahmen der vorliegenden Arbeit verwendet wird, nicht vollständig erfasst werden. Für die Begriffe *Kompetenz, Können, Fähigkeiten* und *Fertigkeiten* existieren keine disziplinübergreifenden einheitlichen Vereinbarungen (z. B. Miller 2000). Hier soll die kognitionswissenschaftliche Auffassung von *Fähigkeiten* als angeborenes oder durch äußere Umstände gegebenes individuelles Vermögen und *Fertigkeiten* als (zumindest teilweise darauf aufbauende) erworbene oder erlernte Voraussetzungen und Anteile des Verhaltens aufgegriffen werden. *Fähigkeiten* und *Fertigkeiten* ergeben als Einheit *Können*. Fertigkeiten bauen nicht nur auf spezifischem Wissen auf, sondern sind unter anderem von Motivation und Wille, Übung und Begabung abhängig. Unter *Begabung* wird in diesem Zusammenhang die überdurchschnittliche Fähigkeit zum Erlernen von spezifischen Fertigkeiten bezeichnet. Im Industriedesign können diese spezifischen Fertigkeiten beispielsweise das Entwurfszeichnen und Entwurfshandeln (→ 2.5.5) oder das Erkennen und Analysieren von Nutzerbedürfnissen betreffen.

Das Wissen, welches für Entwurfsprozesse benötigt wird, wird unterschiedlich eingegrenzt und auch unterschiedlich bezeichnet. In verschiedenen Publikationen, Theorien und Studien, die zu diesem Thema zu finden sind, ist die Beschreibung des für den Entwurfsprozess benötigten beziehungsweise in diesen eingebrachten Wissens durch unterschiedliche Schwerpunktsetzungen, Fragestellungen und die Einbindung in unterschiedliche Wissenschaftsdisziplinen alles andere als einheitlich.

Van Aken (2005) unterteilt *design knowledge* in drei Typen:

- *object knowledge*,
  Wissen über den Charakter und Eigenschaften von Objekten
- *realization knowledge*,
  Wissen darüber, wie die Entwürfe umgesetzt werden können
- *process knowledge*,
  Wissen über Charakter und Eigenschaften von Entwurfsprozessen,

wobei er mit den Kategorien *object knowledge* Bunges (1966) Konzept von *substantive knowledge* und mit *process knowledge* dessen Konzept von *operative knowledge* folgt, dieses System aber um die Kategorie des Umsetzungswissen ergänzt, welches er bei Bunge in *substantive knowledge* subsumiert vermutet, erweitert. Im Kontext der vorliegenden Arbeit erscheint diese weitere Differenzierung nicht sinnvoll, da die Umsetzung untrennbar mit dem Entwurf verbunden ist und entsprechend gemeinsam betrachtet werden sollte. Die verbleibende Kategorisierung in Objekt- und Prozesswissen findet Entsprechung in der Unterscheidung in Sach- und Handlungswissen aus psychologischer Sicht (Süß 1996, → Tabelle 1 auf Seite 88).

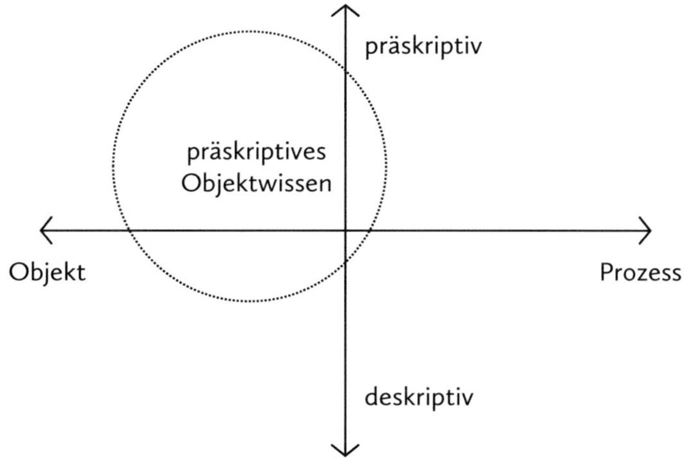

Abbildung 29: Entwurfswissensraum mit Fokus auf präskriptives Objektwissen

Van Aken unterscheidet Entwurfswissen auf zwei weiteren Ebenen, von denen hier die Unterscheidung in deskriptives und präskriptives Entwurfswissen von besonderem Interesse ist. Seine weitere Unterscheidung in implizites, erfahrungsbasiertes und beweisbasiertes (*evidence-based*) kodifiziertes Entwurfswissen soll im Rahmen dieser Arbeit nicht aufgegriffen werden, da sie sehr verkürzt und missverständlich ist sowie die zugrundeliegenden Konzepte im Folgenden ausführlicher diskutiert werden.

In der Praxis ist eine klare Trennung sowohl von präskriptivem und deskriptivem als auch von Objekt- und Prozesswissen kaum möglich. So bleibt statt einer Matrix ein Raum von Designwissen, welcher in Abbildung 29 vereinfacht schematisch dargestellt ist. Unter der Voraussetzung der Anerkennung, dass die genannten Kategorien nur unscharf abgegrenzt werden können, kann in Bezug auf die Akquise von entwurfsrelevantem Wissen eine Fokussierung der weiteren theoretischen Betrachtungen auf präskriptives Objektwissen im Industriedesign in Abgrenzung zur Konstruktion festgelegt werden.

Bei der Eingrenzung des Wissensbegriffs muss beachtet werden, dass der weiter oben genannte Prozesscharakter von Wissen (auch Wissen als Vorgang und Prozess beispielsweise *knowing* bei Cross 2006) in den unterschiedlichen Darstellungen selten thematisiert wird. Auch im Rahmen der vorliegenden Arbeit wird dies deshalb nicht gesondert diskutiert: zwar liegt der Fokus auf individuellen Wissensvorrat, in diesem Abschnitt auf dessen Eigenschaften, aber auch auf der Aktivierung und Nutzung, was wiederum den Prozesscharakter von Wissen impliziert.

2.4.2 Nicht-Wissen und Unsicherheit

Zuerst muss herausgestellt werden, dass das entwurfsrelevante Wissen im Moment der Übergabe des Entwurfsproblems für den Entwerfenden zunächst nicht zur Verfügung steht. Insbesondere das Wissen zum Entwurfsobjekt ist, da das Ziel in der Regel nur vage beschrieben werden kann, am Beginn des Prozesses nicht vorhanden und wird erst beim Entstehen der Lösung greifbar. Dieses Gewinnen von Wissen im Verlauf des Entwerfens sind zentrale Elemente der Designprozessmodelle, die Entwerfen als Lernprozess darstellen (2.3.2). Der Widerspruch zwischen großem Bedarf und anfänglichem Nichtvorhandensein von Wissen ist eine der zentralen Eigenschaften von Entwurfsproblemen, wie bereits in Abschnitt 2.2 dargelegt wurde. Es sind zwar generelle Kenntnisse über Entwurfsprozesse und den Anwendungskontext des zu entwerfenden Produkts existent, jedoch sind diese weder präzise noch verifizierbar (LAWSON 2006). Diese Aussagen können sowohl für das Industriedesign als auch für das konstruktive Entwerfen als zutreffend angesehen werden. Zwar stehen der Konstruktion mehr fachspezifische präskriptive Vorgehensmodelle und Einzelmethoden zur Unterstützung der Problemlösung zur Verfügung (deren praktischer Wert in den Abschnitten 2.5.10 und 3.1 diskutiert und untersucht wird), jedoch ist das Entwurfsergebnis (bzw. disziplinspezifisch die technische Funktion und seine gegenständliche Umsetzung) als Ziel des Prozesses ebenso wie im Industriedesign (hier das Erleben des Produkts) zunächst nicht bekannt.

Ein wichtiger Aspekt, der mit dem Nichtwissen beim Entwerfen eng verknüpft ist, ist die empfundene und tatsächliche Unsicherheit (BEHEZEHTI 1993, LINDEMANN & LORENZ 2008). Dabei ist zu beobachten, dass sich insbesondere »Methodiker [...] nicht wohl fühlen« (VON DER WETH 1995: 69) je stärker sie analysieren statt sich der Entwicklung von Lösungen zu widmen. Eine Erklärung dafür ist, dass mit Wissen immer auch Nichtwissen generiert wird (Willke 2001a). Entsprechend ist eher Wissen im Umgang mit Nichtwissen gefragt, um mit Unsicherheiten umgehen zu können.

Wissensarbeit ist als Tätigkeit dadurch gekennzeichnet, dass das erforderliche Wissen nicht einmal erworben und dann angewendet, sondern »(1) kontinuierlich revidiert, (2) permanent als verbesserungsfähig angesehen, (3) prinzipiell nicht als Wahrheit, sondern als Ressource betrachtet wird und (4) untrennbar mit Nichtwissen gekoppelt ist« (Willke 2001b: 4).

Von Nichtwissen und Unsicherheit geht Willke zufolge immer ein gewisses (unternehmerisches und individuelles) Risiko aus, es bietet andererseits aber auch Betätigungsfelder für Spezialisten im Umgang mit Nichtwissen. Gerade erfahrene Designer können und müssen in ihrem spezifischen Feld mit Nichtwissen und Unsicherheit umgehen.

Wehling (2003) bietet eine Differenzierung von Nichtwissen im gesellschaftlichen Kontext, die sich auf das Entwerfen anwenden lassen. Demzufolge lässt sich Nichtwissen auf drei Achsen einordnen:

— *Wissen des Nichtwissens:* ein Kontinuum zwischen exakt identifizierten Wissenslücken und gänzlich unerkanntem Nichtwissen, also wenn man »weder weiß **was** man nicht weiß, noch, **ob** man überhaupt etwas Relevantes nicht weiß« (Wehling 2003: 125, Hervorhebung im Original).
— *Intentionalität von Nichtwissen:* ein Kontinuum zwischen »bewusst und in Kenntnis der verfügbaren Wissensmöglichkeiten gewollte[m] Nichtwissen [und] gänzlich unbeabsichtigte[m] (und deshalb offenbar ›unvermeidliche[m]‹) Nichtwissen« (*ibd.*).
— *Zeitliche Dauerhaftigkeit von Nichtwissen:* ein Kontinuum zwischen temporärem Noch-Nicht-Wissen und »als grundsätzlich unauflösbar geschätzte[m] Nichtwissen (›Nicht-Wissen-Können‹)« (Wehling 2003: 126).

Aus dieser Differenzierung lässt sich ein dreidimensionaler Raum aufspannen, in dem *Nichtwissen im Design* schematisch eingeordnet werden kann (Abbildung 30). Auf der zeitlichen Achse liegt der überwiegende Teil im Bereich des Temporären, denn das (für den Entwurf relevante) Nichtwissen ist überwiegend ein *Noch-Nicht-Wissen*, beispielsweise über Geometrie, Herstellungsverfahren oder Erleben des Entwurfs. Ein geringerer Teil bleibt (im Rahmen des Entwurfsprozesses) unauflösbar: wie hätte beispielsweise eine früh verworfene Variante einen späteren Prototypentest bestanden. Auf der Achse der Intentionalität liegt der überwiegende Teil im Bereich des Unbeabsichtigten: natürlich wüsste der Entwerfende beispielsweise gern bereits früh konkret, wie sich seine Entscheidungen später auswirken. Nur wenige Beispiele für beabsichtigtes Nichtwissen lassen sich finden: wenn Entwerfende in bestimmten Projekten zunächst Kenntnisse über Konkurrenzprodukte oder -verfahren zunächst bewusst vermeiden, um in ihrem eigenen Tun weniger beeinflusst zu

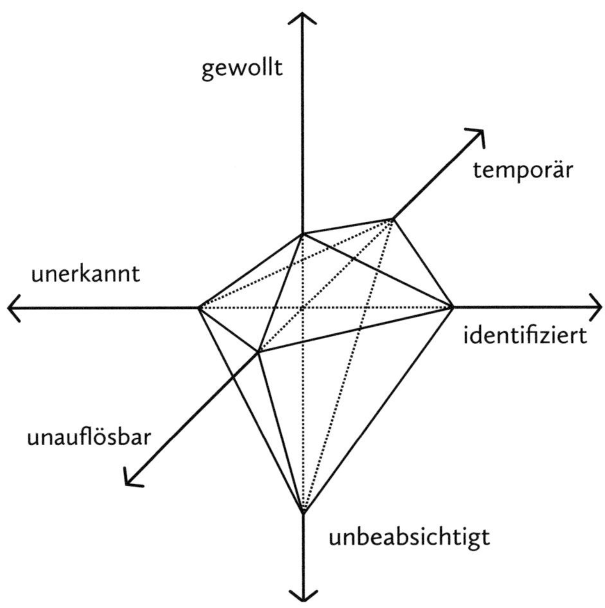

Abbildung 30: Dimensionen von Nichtwissen im Design in Anlehnung an die Differenzierung von Wehling (2003)

sein. Auf der verbleibenden Achse der Identifizierung lässt sich das Nichtwissen im Design weniger einfach zuordnen. Gerade das unerkannte Nichtwissen lässt sich nur schwer eingrenzen und bestimmen, schon weil es kaum möglich ist, festzulegen, welches Wissen und Nichtwissen insgesamt für einen Entwurfsprozess relevant ist. Das Nichtwissen über bestimmte Bedürfnisse der Zielgruppe kann für den Entwurf relevant sein, ebenso das Nichtwissen über bestimmte neue Materialien, Fertigungsmöglichkeiten und ähnliches. Wenn andererseits das Entwurfsprojekt dennoch erfolgreich abgeschlossen wird und das Ergebnis unterschiedlichen *stakeholders* nützt, war dieses Nichtwissen für den spezifischen Entwurfsprozess vielleicht nicht zwingend relevant? Mit größerer Sicherheit kann gesagt werden, dass ein guter Teil des Nichtwissens im Design identifiziert wird: letztlich ist es ein wesentlicher Teil des Klärens der Aufgabe, projektspezifische Wissenslücken aufzudecken und nach Möglichkeit zu füllen.

2.4.3 Vor- und Erfahrungswissen

Der etymologische Ursprung von *Wissen* ist im althochdeutschen *Wischan* zu suchen, was *gesehen haben* bedeutet (Grupp 2003). Sowohl Etymologisch als auch in der umgangssprachlichen Bedeutung ist der Begriff *Wissen* eng mit (persönlicher) Erfahrung verknüpft.

Die Rolle von Erfahrungswissen in der Entwurfspraxis wurde bereits in Abschnitt 2.3.3 im Zusammenhang mit der Darstellung opportunistisch-systematischen Vorgehens beim Entwurfsproblemlösen angedeutet. Dessen Bedeutung entsprechend wurde dem Erfahrungswissen bereits in den ersten Arbeiten zu systematischem Entwerfen entsprechender Platz eingeräumt (z. B. Jones 1963, Archer 1965, Levin 1966).

Nach dem Prinzip der *kognitiven Ökonomie* wird das Nutzen von Erfahrungswissen – sofern verfügbar – gegenüber dem Neuausdenken bevorzugt (Hacker 1989, 2002). Der Entwerfer erinnert assoziativ ähnliche Probleme und übernimmt brauchbare Lösungsansätze. Dies passiert oftmals auch dann, wenn ein systematisches Bearbeiten zu einer besseren Lösung führen würde (Hacker &

Sachse 2006). Das umfangreiche Nutzen des Vorwissens geschieht oftmals unbewusst und ist für verschiedene Disziplinen, die mit dem Lösen komplexer Probleme befasst sind, nachgewiesen worden (z. B. von der Weth 1994, Göker 1997 u. a.).

Die Komplexität von Entwurfsaufgaben erfordert in der Regel eine Kombination von Erfahrungs- und neu erarbeitetem Wissen (Visser 1994, Schroda 2000). Gerade die Kombination von Nutzung vorhandenen Wissens und systematischem Vorgehen wurde auch für konstruktive Probleme als erfolgreich nachgewiesen (→ Rückert, Gaedeke & Schroda Frauke 1997).

Die Erfahrung von Ingenieuren gilt als wichtiger Faktor für die Innovationsfähigkeit von Unternehmen (z. B. Souitaris 2002). Verschiedene Untersuchungen (z. B. Fricke 1993) konnten belegen, dass Konstrukteure mit langjähriger Berufserfahrung bessere Entwurfsergebnisse produzierten als weniger erfahrene. Eine aktuelle Studie legt sogar nahe, die Berufserfahrung sei für Innovationsprozesse eine wertvollere Wissensquelle als formale Qualifikation (Damanpour & Schneider 2006). Entsprechend hat Erfahrung und Expertise im Design unlängst größere Beachtung gefunden (Cross & Edmonds 2003, Cross 2004, Lawson & Dorst 2009), das Nutzen von Erfahrungswissen ist Gegenstand methodischer Forschung im Design geworden (z. B. Eilouti 2009).

Erfahrung als individuelles Ergebnis eigenen und fremden Erlebens und Handelns »beruht auf der praktischen Auseinandersetzung mit der äußeren Welt« (Kumbruck 2003) und kann Grundlage für implizites Erfahrungswissen beispielsweise in Form von Handlungsroutinen und für entsprechendes explizierbares Erfahrungswissen sein.

Designer interpretieren Entwurfsaufgaben vor persönlichem Erfahrungshintergrund und nutzen diesen für die Formulierung von Anforderungen. Durch die Erfahrung können Designer auch (z. B. durch den Auftraggeber formulierte) unpassende Anforderungen aussortieren (Restrepo 2004).

Jonas fasst Expertise im Design als »Kunst des gleichzeitigen Umgangs mit wissenschaftlichem und nichtwissenschaftlichem Wissen, mit unscharfem und veraltetem Wissen und mit Nichtwissen« zusammen (Jonas 2006: 51). Seiner

Ansicht nach speist sich Designwissen aus ermöglichenden und beschränkenden Erfahrungen.

Hacker (2005) fasst das Wissen von Experten im Vergleich zu durchschnittlichen Berufsvertretern folgendermaßen zusammen, wobei dies weitgehend auch für Erfahrungswissen im Vergleich zu Novizenwissen gilt:

- anderes, aber nicht zwangsläufig mehr Wissen
- Nutzung von Prinzipien, weniger von Oberflächenmerkmalen
- Heuristische Lösungsprozeduren bekannt
- komplexere, handlungs- bzw. zielorientierte Wisseneinheiten, darin Fachwissen integriert
- »Einheit von theoretischem Können, sinnlicher Anschauung und lösungs-/handlungsbezogenem Können« (Hacker 2005: 394)
- implizites, nicht verbalisierbares deklaratives und prozedurales Wissen und Können (Routinen) (→ 2.4.4, 2.4.6)

Experten sind leichter in der Lage, Muster zu erkennen (Anderson 1996, Stevenson 1993, in Bezug auf Entwerfen → Alexander, Ishikawa & Silverstein 1977, Cross 2006). Während Novizen in der Regel auf (disziplinunspezifische) Verarbeitung deklarativen Wissens angewiesen sind, verfügen Experten über disziplinspezifische Handlungsroutinen, die automatisch zur Wirkung kommen, wenn die Situation bzw. die Muster es erlauben (Anderson 1996, Stevenson 1993).

Darüber hinaus nehmen Experten eine umfassendere Analyse des Problems vor. Dabei entstehen prototypische Vorstellungen, die oftmals »bildhaft-vorstellungsmäßig« und »abstrakt-begrifflich« zugleich sind (Hacker 2005: 394). Damit verbunden ist ein von außen als intuitiv wahrgenommenes Lösen zum (noch unbekannten) Ziel hin (Lawson & Dorst 2009). Da weniger mentale Kapazität für das eigene Vorgehen beansprucht wird, kann diese zum einen verstärkt dem Entwurf zuteilwerden (Pietzcker 2004), zum anderen steht sie aber auch für kritische Selbstreflexion zur Verfügung (Hacker 2005).

2.4.4 Fakten- und Episodisches Wissen, Sach- und Handlungswissen

Aus neurowissenschaftlicher Sicht kann das Wissen im menschlichen Gedächtnis zunächst in Kurz- und Langzeitgedächtnis unterteilt werden. Wobei das Kurzzeitgedächtnis und die damit verbundenen Eigenschaften selbstverständlich von enormer Relevanz für das Entwerfen sind, ist für die Betrachtung des zu akquirierenden Wissens aus dem menschlichen Gedächtnis der Blick auf das Langzeitgedächtnis von größerem Interesse. Dieses wird zunächst in *prozedurales* und *deklaratives* Wissen unterteilt, eine Unterscheidung, die auf die Kategorien *knowing how* und *knowing that* von Ryle (1949, 2002) zurückgeht.

Prozedurales Wissen betrifft insbesondere – überwiegend unbewusste – Komponenten des *Könnens* wie Sprechen, Schreiben, Zeichnen, aber auch bestimmte fachspezifische Prozeduren des Entwerfens. Ein nachvollziehbares Beispiel dafür ist das fachspezifische Entwurfszeichnen, welches bestimmte Fähigkeiten und Fertigkeiten voraussetzt. Fertigkeiten als erlernten Komponenten des Könnens basieren dabei wesentlich auf prozeduralem Wissen. Ohne prozedurales Wissen ist Entwerfen nicht möglich (Jonassen 2000).

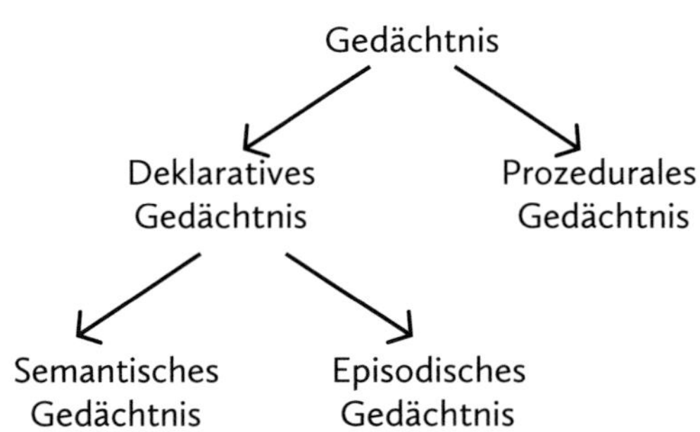

Abbildung 31: inhaltliches Modell des menschlichen Gedächtnisses einschließlich episodischen Wissens

Mit Blick auf präskriptives Objektwissen ist jedoch wiederum der Blick auf das deklarative Wissen interessant. BAUMGARTNER (1993) führt an, dass deklaratives Wissen als *knowing that* lediglich Daten umfasse und mangels kontextueller Einbettung kein Wissen sei. Seiner Argumentation stehen wesentliche Weiterentwicklungen der neurowissenschaftlichen Wissenskategorien entgegen. Essenziell ist dabei die weitere Differenzierung *deklarativen Wissens*: Zu dessen Unterteilung führt TULVING das Konzept des *episodischen Wissens* in Abgrenzung zu *semantischem Wissen* (bzw. *Faktenwissen*) ein (TULVING 1972, 1983, Abbildung 31). *Episodisches Wissen* unterscheidet sich demnach von *Faktenwissen*, indem es als Episode, also in einem persönlich erlebten Zusammenhang, abgespeichert und dadurch auch leichter abgerufen werden kann. *Episodisches Wissen* wird in einigen Publikationen mit (im Alltag erworbenem) *Erfahrungswissen* (→ 2.4.3) gleichgesetzt und dem *impliziten Wissen* (→ 2.4.6) zugeordnet, die Differenzierung zu *semantischem Wissen* als »mehr schlecht als recht« aufgefasst (HACKER 2005: 371). Verschiedene Autoren setzen vereinfacht *deklaratives Wissen* mit *explizitem* und *nicht-deklaratives* einschließlich *prozeduralem Wissen* mit *implizitem Wissen* gleich (z. B. KNOPF, MACK & KRESSLEY-MBA 2005). Zudem ist auch hier anzumerken dass es keine klare Trennung der beiden Unterkategorien gibt. Weiterhin besteht das Problem, dass Wissen, welches als Episode abgespeichert wird, später als Faktenwissen vorliegen kann. Das wird durch die Auffassung HACKERS (2005) gestützt, *Faktenwissen* könne im Menschlichen Gedächtnis nicht gespeichert, sondern nur (auf Grundlage anderen Wissens) erzeugt werden. TULVING unterscheidet entsprechend zwischen Wissen (von Fakten) und Erinnern (von Episoden).

Besondere Bedeutung für das Industriedesign bekommt das Konzept des Episodischen Wissens durch TULVINGS Konkretisierung, dass es im Zusammenhang mit Geschehnissen in bestimmten Kontexten, mit *was*, *wo* und *wann*, steht. Auch wird das episodische Erinnern in Zusammenhang mit dem Vorstellen zukünftiger Episoden in Zusammenhang gebracht (TULVING 2002).

LAWSON beschreibt anhand eines Beispiels aus der Ausbildung eindrucksvoll, dass das von Designern benutzte Wissen episodisch sei. (LAWSON 2004). Dem gegenüber steht (nach wie vor) die Lehrauffassung von entwurfsrelevantem in der Konstruktion als überwiegend – wenn nicht ausschließlich – faktisches Wissen, wie beispielsweise die relativ aktuelle Arbeit von ALANI (2007) zeigt: das Konstruktionswissen setzt sich demzufolge aus Wissen über Produktanforderungen, Funktionen, Prozess, Fachwissen, Richtlinien, Standards, Gesetzen und Wissen über Kosten zusammen. Dem stehen nicht nur theoretische Konzepte, sondern auch empirische Untersuchungen in Ausbildung und Praxis entgegen: KRZYWINSKI (2011) fand in einer explorativen Untersuchung heraus, dass für die Konzepterstellung im *transportation design* sowohl semantisches als auch episodisches Wissen, häufig in Kombination, verarbeitet wird. Dass auch in der Konstruktion in der Praxis das Entwurfswissen zu großen Teilen aus dem episodischen Gedächtnis stammt, wurde durch VON DER WETH (2001) nachgewiesen. Er erklärt, auf welche Weise verschiedene Informationen, die für den Entwurfsprozess wichtig erscheinen, im episodischen Wissensbesitz aktiviert werden. Seine Untersuchung bezieht sich auf Konstrukteure und Manager, kann aber im Wesentlichen auch für das Industriedesign und andere Entwurfsdisziplinen geltend gemacht werden (VON DER WETH 2001). DieBeschreibung VON DER WETHS zeigt also auch, dass die Spezifizierung in episo-

	Sachwissen (*object knowledge*) Was ist der Fall?	**Handlungswissen** (*process knowledge*) Was ist zu tun?
Deklaratives Wissen Fragen beantworten können	Wie wirkt eine starke Verrundung auf den formalen Ausdruck?	Wie kann ich die Verrundung erhöhen?
Prozedurales Wissen Erfolgreich handeln können	Antizipation des formalen Ausdrucks nach einer Änderung	Zusammenstellen sinnvoller Änderungen; Festlegen eines anzustrebenden formalen Ausdrucks

Tabelle 1: Matrix deklarativen und prozeduralen/ Sach- und Handlungswissens (in Anlehnung an SÜß 1996 und WITTMANN, SÜß & OBERAUER 1996) mit Beispielen zum Industriedesign

disches Wissen der Praxis keine einfach handhabbare Unterscheidung von Entwurfswissen in der Konstruktion und Designwissen bietet.

Tabelle 1 zeigt in Anlehnung an Süss (1996) und Wittmann *et al.* (1996) Beispiele von Sach- und Handlungswissen in den deklarativen und prozeduralen Wissensbereichen.Letztlich bleibt die Unterscheidung des menschlichen Gedächtnisses in prozedurales und deklaratives (als Summe von semantischem und episodischem) Wissen für die Beschreibung der Spezifik von Entwurfswissen zwar prinzipiell anwendbar, aufgrund der beschriebenen konzeptuellen Einschränkungen und insbesondere der unklaren Trennung der einzelnen Kategorien nicht als alleinige Grundlage für Entwicklung oder Auswahl unterstützender spezifischer Methoden für die Wissensakquise im Industriedesign geeignet. Festzuhalten ist, dass das Entwurfswissen sowohl in der Konstruktion als auch im Industriedesign nicht nur Faktenwissen, sondern essenziell auch episodisches und prozedurales Wissen umfasst. Dies sollte bei der Methodenentwicklung berücksichtigt werden, insbesondere da viele aktuell verbreitete Methoden vordergründig oder gar einseitig die Akquise von Faktenwissen anstreben.

2.4.5 Soziokulturelles und Alltagswissen

Das notwendige Erfahrungswissen eines Konstrukteurs entsteht im Wesentlichen während des Konstruierens. Es bezieht sich auf den Konstruktionsprozess und technisch-funktionale beziehungsweise konstruktive Merkmale von Produkten. Das relevante Erfahrungswissen des Designers hingegen entsteht in der gesamten Biografie des Designers und umfasst somit sein gesamtes Weltwissen. Der Unterschied besteht insbesondere in der Notwendigkeit, das zu entwerfende Produkt in seiner Wirkung auf den Menschen, wenn auch zunächst abstrakt und unverbindlich, zu beschreiben. Dafür werden im Designprozess besondere Informationen benötigt, welche der Entwerfende aus seinem Weltwissen bezieht.

Zahlreiche Publikationen gehen davon aus, dass Entwurfswissen insbesondere im Industriedesign zu großem Teil soziokulturelles und Alltagswissen ist

(LAWSON 2004, VISSER 2006, UHLMANN & SCHULZE 2007 und andere). Es ist also nicht allein das Wissen Grundlage für Entwürfe, welches in der Ausbildung und Berufspraxis gewonnen wurde, sondern Wissen aus dem gesamten Alltagsleben der Entwerfenden. Entsprechend ist »[j]edes Produkt [...] die Materialisation von technischem und sozialem Wissen« (REINMÖLLER 1998: 54). KRIPPENDORFF (2006) unterscheidet die praktischen Ergebnisse des Industriedesigns (bei ihm *Human-Centered Design*) als vom Alltag potenzieller Nutzer abgeleitet (»*[d]erived from stakeholders' lives*«, S. 32) und die des konstruktiven Entwerfens (*Technology-Centered Design*) als mittels Expertenwissen geschaffen und an die Nutzer weitergegeben (»*created with expert knowledge and imparted to users*«, *ibd.* S. 32).

STRICKFADEN (2006) wies in zwei Felduntersuchungen bei kanadischen und schottischen Studierenden nach, aus welchen Bereichen das persönliche in den Designprozess eingebrachte Wissen stammt. Sie wertete Beobachtungsdaten, Zeichnungen und Niederschriften sowie Interviewdaten hinsichtlich soziokultureller Bezugspunkte aus. Diese ordnete sie in einer Matrix, die in Abbildung 33 dargestellt ist. Die Ergebnisse zeigen klar, dass Wissen aus dem gesamten soziokulturellen Alltag in den Entwurf einfließen. STRICKFADEN (2006) konnte nachweisen, dass diejenigen Studenten, welche mehr dieser soziokulturellen Bezugspunkte einbrachten, im weiteren Entwurfsprozess flüssiger und zielgerichteter arbeiten konnten. Eine Aussage über mögliche Auswirkungen auf die Entwurfsergebnisse wurde nicht getroffen.

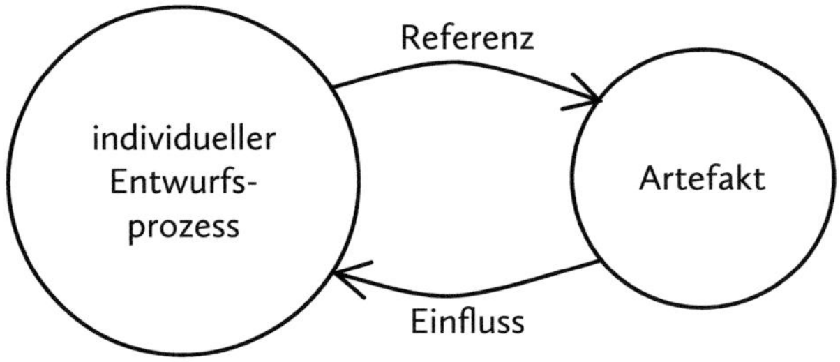

Abbildung 32: Die Rolle von Bezugspunkten beim Entwerfen (STRICKFADEN 2006, übersetzt)

Nähe der Bezugspunkte	Entwurfsumgebung: innerhalb	Entwurfsumgebung: außerhalb
lokal	Entwurfsaufgabe Freunde/Kollegen abgeschlossene Projekte abgeschlossene Kurse Lehrende andere Lehrende Studienprogramm	Erfahrungen Erinnerungen Reisen · Erholung Gender · Arbeitsplatz Hobbies · Zuhause Nachbarschaft persönlicher Besitz Familie · Freunde persönlicher Glaube Ausbildung
universell	Designelemente Entwurfsprinzipien Designprozess Ästhetik · Funktion Materialien Technologien Nutzerbezug Feldforschung Schreibtischforschung	natürliche Welt Religionen · Freizeit Wirtschaftssystem politisches System Regierung · Stadt Land · Bücher Zeitschriften Musik · Filme Fernsehen

Abbildung 33: Soziokulturelle Bezugspunkte, die in den Entwurfsprozess eingebracht wurden (kanadische und schottische Studie, STRICKFADEN & RODGERS 2007, übersetzt.)

Die *Alltagswelt* bestimmt als »soziale[s], ökologische[s], wirtschaftliche[s], politische[s] und administrative[s] Umfeld« (SAIFOULLINE, VON DER WETH, SCHÖNWANDT, GRUNAU & HEMBERGER 2006: 50) Entwurfsprozesse mit. Entwurfswissen wird über Sozialisierungsprozesse verteilt und fließt neu kombiniert in die Entwicklung neuer Produkte ein (NONAKA & TAKEUCHI 1995, → 2.4.6). Der Einfluss soziokulturellen und Alltagswissens kommt insbesondere bei Experten zur Geltung: hier ist nicht nur das Erfahrungswissen umfangreicher, sie sind außerdem in der Lage, auf Alltagswissen (Umfangserfahrung) zuzugreifen und daraus ihr Entwurfswissen zu ergänzen und zu reorganisieren – da sie an anderer Stelle weniger mentale Kapazitäten binden, haben sie auch mehr Gelegenheit dafür (Hacker 2005). Im Umkehrschluss kann eine entsprechende Schlussfolgerung sein, dass Novizen, welche zwar ebenfalls über soziokulturelles und Alltagswissen verfügen, aber weniger routiniert darauf zugreifen (können), dabei methodisch unterstützt werden könnten.

2.4.6 Implizites und explizites Wissen

> »Unter explizitem Wissen wird generell dasjenige Wissen in Organisationen verstanden, das in artikulierbarer, transferierbarer und archivierbarer Form vorliegt; es ist nicht an ein Subjekt gebunden (›disembodied knowledge‹). Genauer handelt es sich um das Wissen, welches Fakten, Regeln, aber auch dokumentierte Erfahrungen etc. umfasst und nach bestimmten Konstruktionsregeln reproduzierbar ist. Implizites Wissen dagegen rekurriert auf den (empirischen) Sachverhalt, dass zahlreiche Aspekte des Verstehens und Könnens nicht in Worte gefasst sind und von ihrer Qualität her auch gar nicht – oder jedenfalls nur sehr unvollständig – in Worte gefasst werden können. Dieses Wissen wird auch als »analoges Wissen« bezeichnet. Es liegt dem Handeln unbewusst zugrunde und ist unmittelbar an den Erfahrungsträger gebunden (›embodied/personal knowledge‹). In einem ersten Zugriff kann man solches Wissen auch als Erfahrungsschatz oder Intuition begreifen, das heißt es ist etwas, auf das man sich, obwohl eigentlich nicht bekannt, dennoch im täglichen Handeln mit Erfolg verlassen kann.«
>
> —Schreyögg & Geiger 2004: 47–48

Neben kodifizierbarem (z.B. verschriftlichtem) Wissen spielt für Unternehmen das stillschweigende Wissen erfahrener Menschen eine große Rolle (Was sich auch im Begriff *Humankapital* widerspiegelt, → Grupp 2003: 16). Lane & Lubatkin (1998) sehen implizites Wissen sogar als wesentliche Basis für Innovationsvorteile von Unternehmen an.

Der Begriff *implizites Wissen* (*tacit knowledge*) wurde durch Polanyi (1967, 1985) geprägt. Er geht davon aus, dass »wir mehr wissen als wir sagen können« (Polanyi 1967: 4, übersetzt). Seinem Modell zufolge erfolgt Wissen auf zwei Ebenen, wovon die implizite Ebene (*tacit dimension*) eben jenes Wissen enthält, welches nicht artikuliert werden kann, was auch zugleich erklärt, warum es nach dieser Charakterisierung nicht in explizites Wissen transformiert werden kann. Explizites Wissen wird hingegen als »kodifizierbar und damit in eine formale, systematische Sprache übertragbar« beschrieben (Alan 2002: 9). Auf das Operationalisieren impliziten Wissens wird weiter unten in diesem Abschnitt eingegangen. Büssing *et al.* (1999) liefern eine »integrierende Definition impliziten Wissens« (Büssing & Herbig 2003: 59), der zufolge dieses

- sowohl deklaratives wie prozedurales Wissen enthält
- durch konkrete gegenständliche Erfahrung erworben und weiterentwickelt wird;
- dessen Aneignung nicht von Aufmerksamkeit oder bewusstem Lernen abhängig ist, weshalb
- seine Inhalte weder reflektiert noch überprüft werden;
- es unterhalb einer subjektiven Schwelle wirkt,
- unflexibel ist,
- eine komplexe Struktur besitzt
- »naive«, manchmal falsche Theorien enthält, die durch Explikation überprüft und geändert werden können.

Dass implizites Wissen unflexibel ist bedeutet laut Büssing & Herbig (2003), dass es weder auf andere Kontexte transferiert werden, noch neu kombiniert werden kann (was aber eine Voraussetzung für das Entstehen von Neuem wäre). Entsprechend muss implizites Wissen, um beim Entwerfen operationalisiert werden zu können, in explizites Wissen überführt werden. In Büssing & Herbigs Modell zur Generierung impliziten Wissens wird implizites Lernen im Alltag als wesentliche Quelle impliziten Wissens aufgeführt (Abbildung 34).

Einen Ansatz systematischer Aufschlüsselung der Bedeutung von impliziten Wissen liefert Renzl (2004). Demnach sind folgende Aspekte von besonderem Interesse:

- *Kontextbezug:* die impliziten Teile des Entwurfswissens stehen kontextsensitiv und auf Einzelfälle bezogen zur Verfügung.

— *Prozesscharakter:* die impliziten Teile von Entwurfswissen sind eher knowing als knowledge, also eher Wissen als Prozess. »In diesem Prozess fügen die Personen unterschiedliche Wissensaspekte zusammen« und bilden daraus ein Ganzes (Renzl 2004: 33)
— *Internalisierte Elemente:* die impliziten Teile des Entwurfswissens basieren auf Erfahrungen und Expertise, weniger auf Faktenwissen (→ 2.4.3, 2.4.4)
— *Persönliches Urteilsvermögen:* die impliziten Teile des Entwurfswissens beeinflussen die Verbindung zwischen Entwerfendem und Entworfenem, formt faktisches Wissen und ist die Grundlage für die Urteilsbildung (auch im Kontext von Entwurfshandlungen).
— *Intuitive Komponente:* die implizite Dimension von Wissen im Entwurfsprozess wird hier als spontaner, »unbewusster,

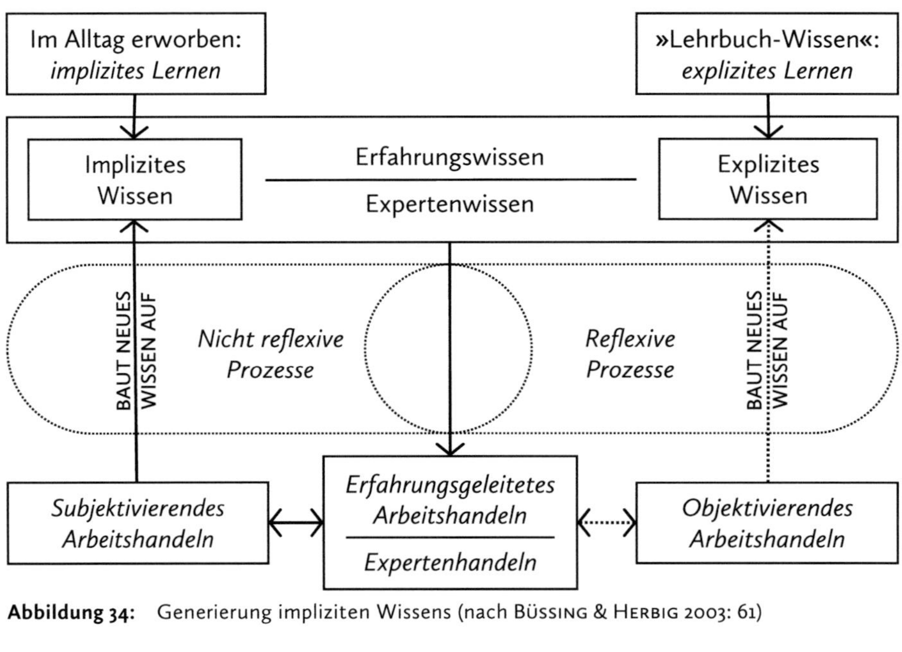

Abbildung 34: Generierung impliziten Wissens (nach Büssing & Herbig 2003: 61)

— intuitiver mentaler Prozess« verstanden, der Wahrnehmung, Bewertungen, Erwartungen, Schlussfolgerungen, oder das Ausführen einer Tätigkeit, »eine Idee [haben]« betreffen kann . (RENZL 2004: 33)

SCHÖN (1992) beschreibt Entwurfswissen (im Kontext des konstruktiven Entwerfens) als *knowing-in-action*, welches während und durch das Entwerfen zu Tage gebracht wird. Ihm zufolge ist Designwissen hinsichtlich mehrerer Aspekte *tacit*: Designer wissen mehr als sie formulieren können, sie können das, was sie wissen in der Regel nur ungenau beschreiben und sie können darauf am besten zugreifen, indem sie entwerfen.

Implizites und explizites Wissen können nach POLANYI (1985 u.a.) nicht ineinander überführt werden. Demzufolge ist *implizites Wissen* eher mit *Können* bzw. *Wissen* als Verb (*knowing*) und *explizites Wissen* mit *Wissen* als Substantiv (*knowledge*) gleichzusetzen. SCHREYÖGG schließt daraus, dass implizites Wissen »als körperliches Können zu begreifen« sei (SCHREYÖGG & GEIGER 2004: 48). Dies korrespondiert in Bezug auf das Entwerfen auch mit CROSS' Konzept der *designerly ways of knowing* (CROSS 1982).

NONAKA & TAKEUCHI (1995, 1997, NONAKA, KONNO & TOYAMA 2001) greifen das Konzept impliziten und expliziten Wissens unter Bezug auf POLANYI (1967) auf und entwickeln im Kontext der Wirtschaftswissenschaften das Modell einer Wissensspirale, demzufolge implizites Wissen in explizites Wissen überführt werden kann und *vice versa*. Das Modell der Wissensspirale wurde gerade im Kontext der Entwurfsforschung vielfach aufgegriffen (z.B. im Design bei REINMÖLLER 1998). Aber weil sich NONAKA & TAKEUCHI auf POLANYI beziehen, ihr Modell der Wissensspirale aber eine Überführbarkeit der beiden hier unterschiedenen Wissensarten beschreibt, steht es insbesondere aus kognitionswissenschaftlicher Perspektive in der Kritik (z.B. RENZL 2004). Dennoch ist das Modell der Wissensspirale gerade wegen der Überführung der Wissensarten für die weiteren Betrachtungen von Interesse, weshalb es näher vorgestellt werden soll. Ein alternatives Modell von FROST (2005, Abbildung 36) stellt ein Kontinuum von implizitem zu explizitem Wissen dar, in dem unterschiedliche

Grade des Impliziten dargestellt werden. Bezieht man dieses Modell auf die Produktentwicklung, so sehen die vier Phasen folgendermaßen aus (NONAKA, KONNO & TOYAMA 2001: 19):

— *Sozialisierung:* Implizites Wissen über die Bedürfnisse und das Erleben des Nutzers wird während der Phase der Sozialisierung gewonnen

— *Externalisierung:* Beim Erstellen von Produkt- bzw. Designkonzepten wird dieses Wissen externalisiert

— *Kombination:* Das Konzept wird mit neu entwickelten und bereits vorhandenen Eigenschaften und Technologien zu einem Gesamtentwurf bzw. Prototypen kombiniert

— *Internalisierung:* Das Nutzen und der Umgang mit dem Prototypen/Produkt generiert neues implizites Wissen

Auch NONAKA, KONNO & TOYAMA (2001) beschreiben das Sammeln impliziten Wissens (tacit knowledge) während der praktischen Tätigkeit, also als Erfahrungswissen. Dies geschieht eher beiläufig und nicht absichtsvoll oder als Routinisierung von explizitem Wissen (HACKER 2005). Der Erwerb von implizitem Wissen ist nicht an eine Lernabsicht gebunden, die für den Erwerb expliziten Wissens Voraussetzung ist (*ibd.*). Die Externalisierung erfolgt danach durch

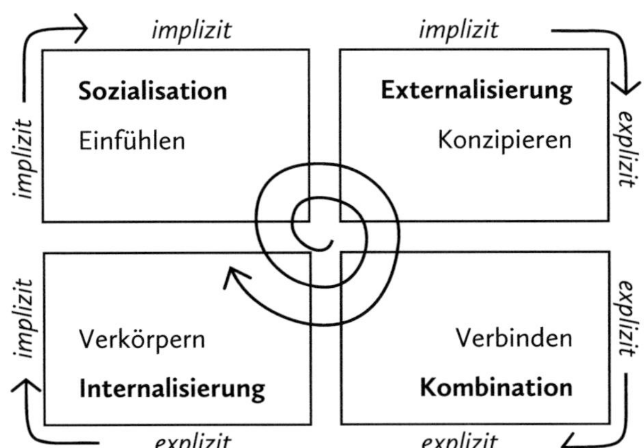

Abbildung 35: Der SECI-Prozess, (NONAKA, KONNO & TOYAMA 2001: 18, übersetzt.)

abduktives Denken (NONAKA, KONNO & TOYAMA 2001: 15) in Form von Metaphern, Konzepten, Hypothesen, Diagrammen; es könnten auch Skizzen oder Modelle sein (Tabelle 2). Genau diese Formen der Wissensrepräsentation werden von verschiedenen Autoren unterschiedlich eingeordnet, was auch die unterschiedlichen Auffassungen zur Übertragbarkeit und Explizierbarkeit impliziter Wissensanteile erklärt. Während für die Einen explizites Wissen ausschließlich dasjenige ist, welches (sprachlich) artikuliert werden kann, sind für Andere wie NONAKA *et al.* auch Bilder, Symbole (und konsequenterweise Objekte) explizites Wissen. Allerdings ist die Externalisierung impliziten Wissens nicht einfach für eine interindividuelle Nutzung handhabbar, insbesondere wenn (wie es im Design oft der Fall ist) emotionale Aspekte eine Rolle spielen, da diese vom Empfänger nicht verstanden oder als störend empfunden werden können (→ BÜSSING & HERBIG 2003). Implizites Wissen ist vorrangig subjektiv (KUMBRUCK 2003).

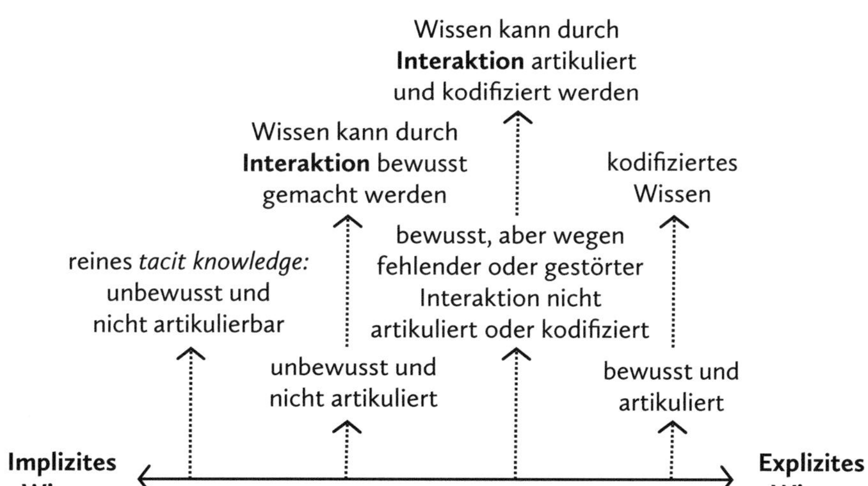

Abbildung 36: Kontinuum zwischen implizitem und explizitem Wissen (REICHWALD & PILLER 2006: 97 in Anlehnung an FROST 2005: 157)

Erfahrungswissen	Konzeptuelles Wissen
implizites Wissen gemeinsam genutzt durch allgemeine Erfahrungen	Explizites Wissen artikuliert durch Bilder, Symbole und Sprache
Routinenwissen	**Systemisches Wissen**
implizites Wissen routiniert und eingebettet in Handlungen und Gepflogenheiten	systematisiertes und gebündeltes explizites Wissen

Tabelle 2: Wissensanteile (NONAKA, TOYAMA & KONNO 2001: 29, übersetzt)

Im Zusammenhang mit den Meilensteinen in frühen Phasen des Entwurfsprozesses haben beide Aspekte ihre Berechtigung. Nichtsprachliche Externalisierungen wie Skizzen und Bilder repräsentieren einerseits weiterhin implizites Wissen in Bezug auf die zu entwerfenden Objekte, machen dieses aber handhabbarer und in gewissen Maß auch interindividuell transferierbar. Insbesondere Designkonzepte (KRZYWINSKI 2011) können demnach dazu dienen, implizites Wissen in den Entwurfsprozess einzubinden, ohne es vollständig explizit zu machen. Implizites Wissen kann in kritischen und komplexen (Entwurfs-) Situationen helfen, schnell und angemessen zu handeln (BÜSSING & HERBIG 2003). In diesem Zusammenhang ist die schnelle Verfügbarkeit von implizitem Wissen von Vorteil, allerdings kann es einer Überprüfung nicht unmittelbar unterzogen werden. Weder der Besitz noch der Einsatz impliziten Wissens ist bewusst oder gar absichtsvoll möglich (HACKER 2005).

Nach BÜSSING & HERBIG (2003) und HACKER (2005) beinhaltet implizites Wissen im Handlungsprozess neben Fakten- und prozeduralem Wissen eher »Ganzheitlich-komplexe Repräsentation (mit Anteilen sinnlich-konkreter [...] Information, ›naiver Theorien‹ und emotionaler Aspekte«, während explizites Wissen »vorzugsweise alpha-numerisch[e] Information [repräsentiert], die (auch) rational-logische Beziehungen abbildet« (HACKER 2005: 371). Während explizites Wissen bewusst und mit Absicht aufgenommen werden kann, ist dies für implizites Wissen nicht möglich, andererseits aber auch nicht erforderlich. Da implizites Wissen nicht bewusst ist, ist auch der Besitz und Einsatz nicht bewusst, entsprechend kann es nicht unmittelbar evaluiert und gegebenenfalls korrigiert werden (Büssing & Herbig 2003, Hacker 2005). Dennoch ist es möglich, die Akquise bzw. Verwendung individuell vorhandenen impliziten Wissens methodisch zu unterstützen.

Ein dem *impliziten Wissen* naheliegender Begriff ist der des *narrativen Wissens* (Lyotard 1986) bzw. *latenten Wissens* (Schreyögg & Geiger 2004). Diesem gegenüber steht das *wissenschaftliche Wissen*. Hervorzuheben ist das Zusammenwirken von deskriptiven, präskriptiven und evaluierenden Elementen. »Das Spezifikum von narrativem Wissen ist [...], dass es die Frage nach seiner Legitimation nicht zur Geltung bringt, sondern sich durch die Pragmatik seiner Übermittlung legitimiert, ohne [...] auf wissenschaftlich gültige Argumentation oder Beweisführung zurückzugreifen« (Schreyögg & Geiger 2004: 50). Das narrative Wissen tritt nach Lyotard in Form von Erzählungen auf, die beim Zuhörer »zur Bildung von Kompetenzen« führt (Schreyögg & Geiger 2004: 49). Im Gegensatz zum impliziten Wissen nach Polanyi ist das narrative Wissen externalisiert usw. externalisierbar.

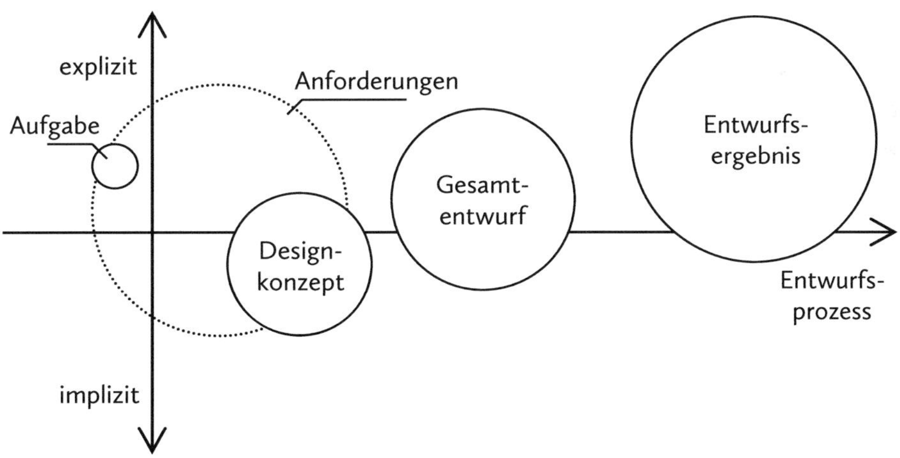

Abbildung 37: Anteile impliziten und expliziten Wissens an den Meilensteinen des Entwurfsprozesses im Industriedesign (schematische Darstellung)

Schön (1983) zufolge kann wissenschaftliches (*scientific*) Wissen insbesondere über Vorgehensweisen und Methoden in der Entwurfspraxis nur wenig nützen. Vielmehr benennt er die Kunst (*artistry*) zu wissen, was man in einer Entwurfssituation – die grundsätzlich einzigartig ist – zu tun hat. Oerding (Oerding 2009) stellt auch für die Konstruktion fest, dass das Wissen, welches zu Beginn des Entwurfsprozesses nur ungeordnet oder nicht vorliegt, im Verlauf der Produktentwicklung nach und nach gesammelt, zusammengeführt, interpretiert und generiert wird sowie nur begrenzt externalisiert werden kann, also implizit vorliegt.

Wie aus der Darstellung ersichtlich wird, liegt ein wesentlicher Teil des Entwurfswissens als *tazites* bzw. *implizites*, vereinfacht übersetzt als *unbewusstes Wissen* vor. Es fließt in den Entwurfsprozess und in das Entwurfsobjekt ein, ohne dabei – auf welche Weise auch immer – notwendiger Weise (vollständig) expliziert zu werden (Abbildung 37). Die Auswahl und Entwicklung von Methoden darf also nicht nur auf die Akquise im Sinne der Explizierung von Wissen gerichtet sein, sondern muss auch die Integration von implizitem Wissen in Entwurf und Prozess unterstützen.

2.4.7 Objektives, subjektives, rationales und emotionales Wissen

Wie beispielsweise bei Ridder *et al.* (2007) zusammengefasst dargestellt und aus den vorangegangenen Abschnitten ersichtlich ist, wird das Wissen von Organisationen (wie beispielsweise Designbüros) in starkem Maß von Individuen getragen. Entwurfswissen ist nach Uhlmann durch *Ich-Bezogenheit* gekennzeichnet (→ Ich-Bezug im *Erleben* [Uhlmann 2011], dargestellt in Abbildung 3 auf S. 16). Daneben existieren kollektive bzw. soziale Wissensbestände, die in den Interaktionen der Individuen sowie Wissen in Dokumenten, Datenbanken und anderen externen Quellen verankert sind. Eine mögliche Kategorisierung von Formen organisationalen Wissens mit Bezug auf die Subjektivität ist in Tabelle 3 dargestellt.

	individuell	sozial
explizit	bewusst	objektgebunden
implizit	automatisch	kollektiv

Tabelle 3: Formen organisationalen Wissens (Spender 1996, übersetzt)

Designaufgaben können unabhängig davon, ob sie als Auftrag an den Entwerfenden gestellt oder von diesem selbst als Aufgabe formuliert werden, nicht objektiv beschrieben oder bearbeitet werden (Lawson & Dorst 2009). Mehrere Entwerfende werden für identische Aufgaben sehr wahrscheinlich unterschiedliche Lösungen erarbeiten (Lawson 2004). Zudem hängt das für die Lösung notwendige Wissen vom individuellen Lösungsweg ab (Cross 1982, Lawson & Dorst 2009).

Wenn Entscheidungen beim konstruktiven Entwerfen vorrangig technisch-funktionale Aspekte betreffen, können diese dort mit gewissen Einschränkungen objektiv getroffen werden. Im Industriedesign hingegen können Entscheidungen oftmals nur subjektiv getroffen werden (Eckert & Clarkson 2005, Lawson & Dorst 2009).

Die Grundlage für Bewertungen im Rahmen von Entwurfshandlungen hat demnach im Industriedesign einen anderen Schwerpunkt als beim konstruktiven Entwerfen. Während technisch-funktionale Aspekte zumindest theoretisch allein nach Richtigkeit bewertet werden können, setzt die (positive) ästhetische Bewertung von Design- (zwischen-) Lösungen sowohl Richtigkeit als auch Gefallen voraus (Uhlmann 2005). Eine solche ästhetische Beurteilung ist nur subjektiv möglich und immer mit emotionalen Aspekten verbunden.

Zwar sind auch vermeintlich objektiv getroffene Entscheidungen – egal in welchem Kontext – immer auch durch subjektive und emotionale Einflüsse gekennzeichnet. Als Beispiel für die Subjektivität kann beispielsweise der individuelle Kenntnisstand der Entscheidenden herangezogen werden: je nach dessen Umfang, Schwerpunkt und Tiefe werden auch objektive Bewertungskriterien subjektiv gewichtet, teilweise überstrapaziert oder ignoriert. Dass emotionale Aspekte bei allen Aktivitäten im Entwurfsprozess wirken, lässt sich aus der Erkenntnis schließen, dass Kognition ohne Emotion nicht möglich ist (»Es gibt kein Denken ohne Gefühle«, DÖRNER 2002: 13, siehe auch UHLMANN 2011). Emotionen und Gefühle modulieren bewusst und unbewusst kognitive und motivationale Prozesse, »verstellen Handlungstendenzen« (DÖRNER 2004: 118) regulieren »Form und Ablauf der Prozesse des Gebrauchs und der Veränderung von Wissen im Gedächtnis« (DÖRNER 2004: 119). Wissen, Wissensgebrauch, Handlungen und Entscheidungen sind also auch im konstruktiven Entwurfsprozess nicht nur objektiv, sondern auch subjektiv und emotional geprägt. Allerdings geschieht das dort in der Regel unbewusster als im Industriedesign, wo diese Aspekte im Zusammenhang mit Intuition oftmals bewusst-unbewusst in Kauf genommen oder gar als besondere Qualität vermarktet werden.

Als *personen-*(nutzer-)*bezogene Tätigkeit* dient das Entwerfen der »Einflussnahme auf die psychische Regulation des Erlebens und Verhaltens anderer« (HACKER 2005: 124). Auch ohne *dialogische Interaktion* kann Entwerfen im In-

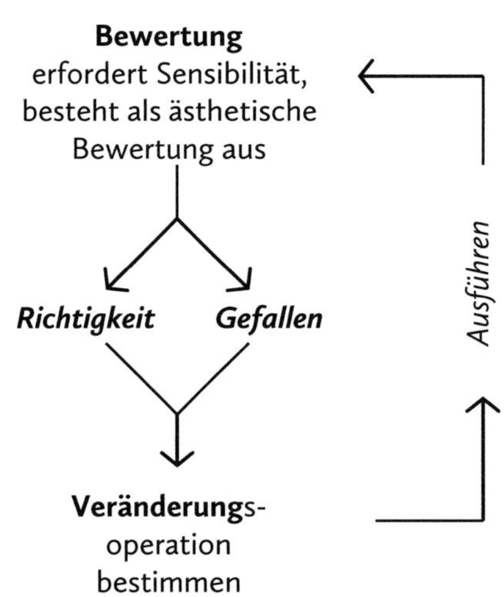

Abbildung 38: Richtigkeit und Gefallen beim Bewerten von Zwischenergebnissen im Industriedesign mit subjektiven Komponenten (UHLMANN 2005, Darstellung aus WÖLFEL & UHLMANN 2008: 152, übersetzt.)

dustriedesign als *personenbezogener (monologischer) interaktiver Prozess* aufgefasst und somit als *Emotionsarbeit* bezeichnet werden (Hacker 2005). Als Emotionsarbeit beeinflusst Entwerfen die Emotionen potenzieller Nutzer. Es ist davon auszugehen, dass die eigenen Emotionen, die prinzipiell jede Form von manuellen und kognitiven Fähigkeiten begleiten (*ibd.*), beim Entwerfen im Industriedesign eine nicht unwesentliche Rolle einnehmen.

Bei der Auswahl und Entwicklung von Methoden zur Unterstützung der Wissensakquise im Entwerfen ist zu berücksichtigen, dass es sich nicht nur um objektives, sondern auch um subjektives und emotional geprägtes Wissen handelt.

2.4.8 Zusammenfassende Definition

In den vorangegangenen Abschnitten wurden unterschiedliche Konzepte zur Einteilung und Beschreibung von Wissen in ihrer Anwendung auf das am Prozessbeginn individuell verfügbare für den Entwurf relevante Wissen dargelegt. Dabei wurde sowohl auf Überschneidungen der unterschiedlichen Konzepte wie auf Widersprüche oder unterschiedliche Auffassungen innerhalb einzelner Konzepte hingewiesen. Die Gründe dafür sind unter anderem im Ursprung der Konzepte in verschiedenen Wissenschaftsdisziplinen bzw. in verschiedenen Paradigmen zu suchen. Die Überschneidungen und Widersprüche zu lösen ist für das weitere Vorgehen im Rahmen der vorliegenden Arbeit weder notwendig noch möglich. Alle dargestellten Konzepte sind in ihrem jeweiligen Kontext etabliert und durch empirische Belege weitgehend gestützt. Deshalb kann an dieser Stelle zusammengefasst werden:

Designwissen als individuell verfügbares, präskriptives Objektwissen am Beginn von Entwurfsprozessen im Industriedesign ist

— **Nichtwissen**: Am Beginn von Entwurfsprozessen ist das Ziel nur diffus bekannt, präskriptives Objektwissen nur in Teilen verfügbar. Ein Teil der Wissenslücken ist identifiziert, ein anderer gänzlich unerkannt. Nichtwissen ist teilweise beabsichtigt, teilweise unvermeidlich. Einige der Wissenslücken bleiben bestehen, andere werden im späteren Entwurfsverlauf geschlossen.

— **implizit und explizit verfügbar**: Ein wesentlicher Teil des für das Entwerfen notwendigen Wissens ist nicht artikulierbar, liegt also nur implizit vor. Damit ist Designwissen in weiten Teilen ebenso unbewusst wie das Erleben der zu entwerfenden Produkte durch potenzielle Nutzer. Gemeinsam mit expliziten Wissensanteilen kann implizites Wissen kontext- und situationsbezogen in den Entwurfsprozess eingebunden werden.

— **Erfahrungs- und Vorwissen:** Entwerfen baut wesentlich auf Erfahrungen und Expertise auf, wodurch unter anderem das opportunistische Vorgehen mit systematischen Episoden (2.3.3) ermöglicht wird. Vor- und Erfahrungswissen stellt komplexe zielorientierte Wisseneinheiten dar, welche die Interpretation der Aufgabe und somit die (weitere) Wissensakquise beeinflussen.

— **Berufs- und Alltagswissen, Fakten- und episodisches Wissen:** Designwissen wird durch Wissen von Fakten und Erinnern von

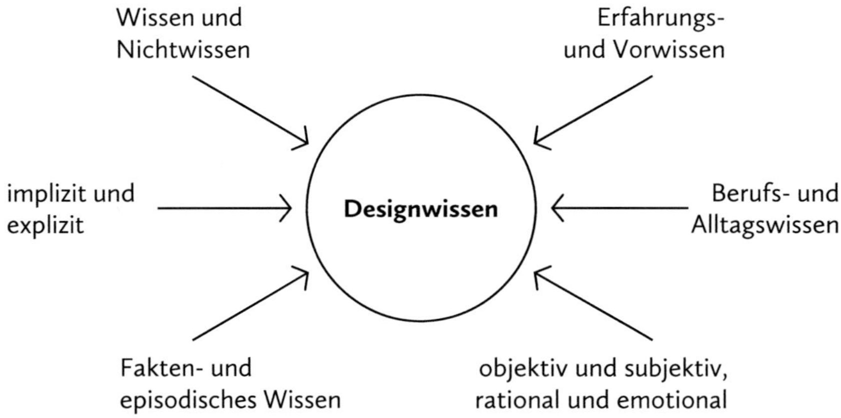

Abbildung 39: Eigenschaften und Quellen von Designwissen

Episoden akquiriert. Das auf diese Weise nutzbar gemachte Vor- und Erfahrungswissen wurde sowohl im (Lern- und) Berufsleben, vor allem aber im Alltag erworben. Insbesondere beim Entwerfen für (das Erleben von) Menschen stellen **soziokulturelle Bezugspunkte** eine wesentliche Quelle für Designwissen dar.

— **objektiv und subjektiv, rational und emotional:** Vor dem Hintergrund persönlicher Erfahrung, kultureller Prägung und anderer Faktoren ist Designwissen in wesentlichen Teilen subjektiv. Die Subjektivität von Designwissen ist nicht vollständig bewusstseinsfähig, teilweise persönlich und teilweise situativ begründet. Darüber hinaus ist Wissen wie alle kognitiven Vorgänge immer auch mit Emotionen verbunden. Durch die emotionale Disposition und Privatheit (und damit verbundene Subjektivität) von Erleben treffen diese Eigenschaften auf das Wissen für das erlebenszentrierte Entwerfen besonders zu.

Diese Charakterisierung von Designwissen gilt in Teilen auch für Entwurfswissen in der Konstruktion. Hervorzuhebende Unterschiede sind vor allem durch die unterschiedlichen Zielstellungen der Entwurfsdisziplinen begründet (2.1.2). So ist es beim konstruktiven Entwerfen im Extremfall für klar umrissene technische Probleme weitgehend möglich, allein fachspezifisches (objektbezogenes) Wissen, frühzeitig explizit zu formulieren und zu nutzen, welches als Basis für systematisches Entwerfen und Bewerten dienen kann. Im Unterschied dazu wird im Industriedesign durch den Fokus auf das Erleben in Anwendungszusammenhängen unter soziokulturellen Einflüssen das gesamte Weltwissen des Entwerfenden eingebunden. Der zweite Aspekt, in dem sich das Entwurfswissen in den beiden Disziplinen unterscheidet ist das Maß der Subjektivität. Während in der Konstruktion auch in der Praxis Entscheidungen noch weitgehend objektiv getroffen werden können, überwiegt im Industriedesign oftmals die Subjektivität.

Unabhängig von der Entwurfsdisziplin haben die unbewussten Anteile des Entwurfs- bzw. Designwissens besondere Bedeutung: sie sind vorwiegend im

Alltag erworben, machen einen großen Teil des entwurfsrelevanten Wissens aus und beeinflussen so das Ergebnis erheblich. Unterschieden werden kann dabei in unbewusstes, aber bewusstseinsfähiges Wissen und in nicht bewusstseinsfähiges Wissen. Ersteres kann durch bestimmte Methoden bewusst gemacht werden; letzteres muss, um es systematisch einzubinden, zum Einen mittels spezieller Methoden wie der Erstellung eines erlebenszentrierten Designkonzepts instrumentalisiert und zum Anderen als Grundlage für das Bilden expliziten Wissens genutzt werden.

Anhand der durch Wacker (2004) formulierten Kriterien an eine Definition kann überprüft werden, ob die Charakterisierung der Spezifik von Designwissen als eine solche verwendet werden kann:

- formuliert mit möglichst wenigen, einfachen und hergeleiteten Begriffen, die eindeutig definiert sind, so kurze Umschreibungen wie möglich: diesen (von Wacker auf in drei separaten Punkten detailliert diskutierten) Aspekten wird die Definition von Designwissen gerecht, indem es auf etablierte Konzepte und die entsprechenden Begriffe aufbaut, die im Abschnitt 2.4 ausführlich diskutiert wurden und diese so knapp wie möglich zusammenfasst.
- nur eindeutige und konkrete Formulierungen: Wacker empfiehlt hierzu unter anderem, Verbindungen unterschiedlicher Konzepte (egal ob mit *und* oder *oder*) zu vermeiden, weil dies zu wenig eindeutig und zu vage sei – dem kann die Definition von Designwissen nur bedingt gerecht werden, auch da sie zum Einen auf recht unterschiedliche Konzepte zurückgreift, in denen zum Anderen teilweise Ambiguität bereits enthalten ist. Designwissen umfasst eben beispielsweise nicht nur Fakten- oder episodisches Wissen, sondern beides. Die unterschiedlichen in der Definition zusammengefassten Konzepte überlappen sich auch teilweise, beispielsweise werden Erfahrungs-, episodisches und implizites Wissen in unterschiedlichen Theorien durch ähnliche Modelle erklärt, die sich aber dennoch nicht gleichen und deren

Entflechtung für die Beantwortung der Fragestellung der vorliegenden Arbeit nicht notwendig war.

— Konsistent mit der Disziplin: Insbesondere in Bezug zu den in der vorliegenden Arbeit vorrangig herangezogenen kognitionswissenschaftlich orientierten Konzepten und Theorien ist die Definition von Designwissen konsistent. Für die Entwurfsdisziplinen lässt sich dies nicht so klar einschätzen, da hier kein allgemein anerkannter einheitlicher theoretischer Rahmen existiert. Allerdings kann festgestellt werden, dass sich die Definition beispielsweise in das – auch stark kognitionswissenschaftlich beeinflusste – von Uhlmann vorgelegte Theoriekonzept für das Design (2011) konsistent einordnet.
— keine Erweiterung bestehender Definitionen, die diese breiter und dafür weniger präzise machen: Hier ist sogar das Gegenteil festzustellen. Durch den fokussierten Blick auf individuell verfügbares, für den Entwurf im Industriedesign notwendiges, objektbezogenes präskriptives Wissen wird vor dem Hintergrund der konkreten wissenschaftlichen Problemlage eine spezifische Form von Designwissen in ihren Eigenschaften charakterisiert.
— keine neuen Hypothesen: die Definition von Designwissen enthält keine (neuen) Hypothesen. Sie fasst einzelne wissenschaftliche Erkenntnisse zusammen, die jeweils im Kontext ihrer Fachdisziplinen als gesichert angesehen werden.

Wenn diese Kriterien erfüllt sind, kann eine Definition nach Wacker (2004) für empirische Tests verwendet werden um die Definition zu beweisen oder zu wiederlegen oder – wie im Fall der vorliegenden Arbeit geschehen – für die Beantwortung anderer wissenschaftlicher Fragestellungen genutzt werden.

2.5 METHODEN ZUR WISSENSAKQUISE

Im vorangegangenen Abschnitt wurde das für die frühen Phasen des Entwurfsprozesses notwendige präskriptive Objektwissen in seiner Spezifik beschrieben. Dieser Abschnitt soll nun ausgewählte etablierte und potenziell geeignete Methoden zur Akquise derartigen Wissens darstellen.

Dabei wird erneut der Stand unterschiedlicher Disziplinen herangezogen, was eine heterogene Terminologie nach sich zieht. Es wird versucht, ähnliche Methoden mit unterschiedlichen Bezeichnungen zusammenzufassen und in einigen Fällen auch die unterschiedliche Verwendung gleicher Bezeichnungen oder Methoden zu benennen.

Als Methoden werden hier allgemein soziale und kognitive Ordnungsstrategien verstanden, die (situationsspezifische) systematische Unterstützung, im Kontext dieser Arbeit die Unterstützung der Wissensakquise am Beginn des Entwurfsprozess, bieten.

LINDEMANN unterscheidet eine *Methode* von einem *Vorgehensmodell* darin, dass letzteres angibt, **was** zu tun ist, während die Methode angibt, **wie** es zu tun ist. Er verwendet den Begriff der *Arbeitsmethode* für »Methoden zur Unterstützung konkreter einzelner Schritte« (LINDEMANN 2007: 57). In dieser Arbeit werden Methoden allerdings etwas umfassender aufgefasst, da beispielsweise bestimmte Aspekte von Teamarbeit und Ähnliches über konkrete einzelne Schritte hinausgehen.

SCHLICK (1995) unterscheidet (Kreativitäts-) Techniken von Methoden. Methoden bezeichnen demnach planmäßige Verfahrensweisen, Techniken das damit verbundene instrumentelle Vorgehen. Auch diese Unterscheidung ist im Kontext der in diesem Abschnitt herangezogenen Quellen selten eindeutig zu treffen. Die in von verschiedenen Autoren weitgehend synonym verwendeten Begriffe *Methode*, *Instrument*, *Werkzeug*, *Strategie* bezeichnen allesamt kognitive und/oder soziale Ordnungsprinzipien mit mehr oder weniger konkreten und mehr oder weniger spezifischen Anweisungen zu einem bestimmten Vorgehen zum Erreichen eines bestimmten (Teil-) Ziels. Die unterschiedlichen Bezeichnungen werden im Folgenden in Zitaten übernommen, darüber hinaus wird vorrangig der Begriff *Methode* verwendet.

2.5.1 Markt- und Zielgruppenanalysen

Aus dem Bereich des Marketings sind bestimmte Methoden der Markt- und Zielgruppenanalyse vom Design übernommen und an die eigenen Bedürfnisse angepasst worden. In diesem Abschnitt sollen sowohl die *gestalterische Marktanalyse* bzw. Produkt- oder branchenbezogene Trendanalyse als auch Formen der Marktsegmentierung dargestellt werden, da sie wichtige Grundlagen für weitere Methoden zur Wissensakquise beim Klären der Aufgabe im Industriedesign sind.

Im Marketing sind die Methoden auf Absatz und Käufer ausgerichtet, während sie für das Industriedesign adaptiert wurden, um gestalterische Eigenschaften zu analysieren sowie Einblick in die Nutzer und Nutzungskontexte zu gewinnen. Werden die Methoden entsprechend der Fragestellungen der Designer durch diese oder gemeinsam mit diesen durchgeführt, reduziert sich das von Cooper, Reimann & Cronin (2007) beschriebene sonst auftretende Problem der schlechten Verwertbarkeit von Marktforschungsergebnissen in den Entwurfsprozessen (Abbildung 40).

Beim Klären der Aufgabe wird im Design häufig eine *gestalterische Marktanalyse* durchgeführt, die sich von der klassischen Marktanalyse unterscheidet. Dabei wird das Marktumfeld hinsichtlich der Zielkriterien des Designs, also dem

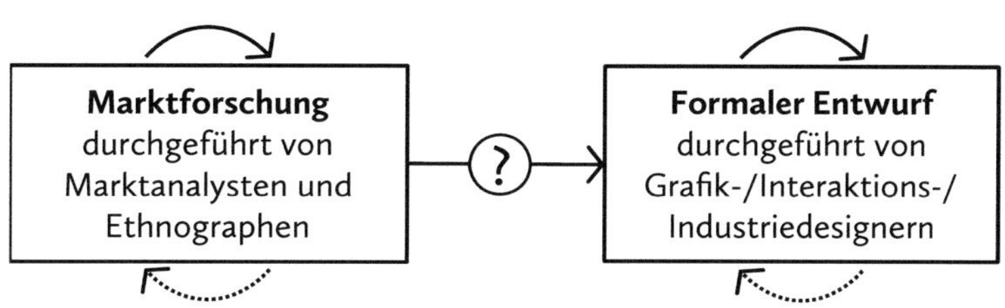

Abbildung 40: Problematik klassischer Marktforschung für Designprozesse (nach Cooper, Reimann & Cronin 2007: 18, übersetzt)

Erleben (im Nutzungskontext) erfasst, strukturiert und analysiert. Dabei werden nicht zwangsläufig (nur) direkte Konkurrenzprodukte betrachtet, sondern in der Regel das gesamte Umfeld. Beispielsweise kann es für das Entwerfen eines manuellen Operationsbestecks auch hilfreich sein, aktuelle Trends in der Gestaltung elektronischer Medizintechnik zu betrachten. Es ist wichtig, dass die Entwerfenden selbst die gestalterische Marktanalyse durchführen oder zumindest daran beteiligt sind: nicht nur können sie ihre Fragen daran formulieren, sie können vor allem implizite und im Vorfeld nicht absehbare Aspekte aus der Analyse entnehmen.

Neben branchen- und aufgabenspezifischen Marktanalysen sind auch zeitgeistspezifische Analysen üblich, mit deren Hilfe allgemeine Trends erfasst und systematisiert werden. Dies betrifft einerseits technologische Trends (wie beispielsweise Werkstoffe und Materialien), aber auch solche auf Erlebensebene (*New Simplicity* u.a.), die für das Klären der Aufgabe und die Zieldefinition im Design herangezogen werden können.

Während die gestalterische Marktanalyse und die genannten Trendanalysen die Evaluierung des Umfeldes auf Produktebene ermöglichen, werden andere Methoden aus dem Marketingbereich adaptiert, die ein Eingrenzen von Zielgruppen ermöglichen um unter anderem Einblicke in deren Erwartungen an die Produkte zu erlangen.

Um aus der Gesamtheit der Bevölkerung diejenige Teilmenge herausfiltern zu können für die entworfen werden soll, muss diese Gesamtheit gegliedert werden. Dies kann nach verschiedenen Merkmalen mittels unterschiedlicher Vorgehensweisen erfolgen. Armstrong *et al.* (2008) nennen aus Sicht des Marketings für Konsumgüter geographische, demographische, psychographische und verhaltensorientierte Merkmale, während sie für die Entwicklung von Investitionsgütern Kriterien des Unternehmens, der Nutzung, der Beschaffung und situative, personelle und organisatorische Einflüsse anführen. In diesem Abschnitt wird beispielhaft dargestellt, wie Zielgruppen für den Designprozess eingegrenzt werden können, um mittels weiterer Methoden Anforderungen, Wünsche, Werte, Erwartungshaltungen usw. erarbeiten zu können.

Eine Marktsegmentierung kann auf unterschiedlichen Kriterien und unterschiedlichen Daten basieren. Die vom Sinus-Institut Heidelberg erarbeitete Zielgruppen-Segmentierung basiert auf empirischer Sozialforschung und bietet eine Einteilung in spezifische Milieus von Menschen mit ähnlichen Werten, Einstellungen und Lebensweisen. Abbildung 41 zeigt in vereinfachter Form die Positionierung dieser Milieus nach *sozialer Lage* (Bildung, Einkommen, Berufsgruppe) und *Grundeinstellung* (Modernität im soziokulturellen Sinn). Diese Marktsegmentierung wird kommerziell angeboten und unter anderem von größeren Unternehmen für strategisches Marketing und die Produktentwicklung genutzt. Auf Basis der Daten lässt sich dann beispielsweise für das Milieu der *Bürgerlichen Mitte* aussagen, dass es sich dabei um den »bürgerliche[n] Mainstream« handelt, der leistungs- und anpassungsbereit ist, der gesellschaftlichen Ordnung generell zustimmt sowie »nach beruflicher und sozialer Etablierung [und] gesicherten und harmonischen Verhältnissen« strebt (Sinus-

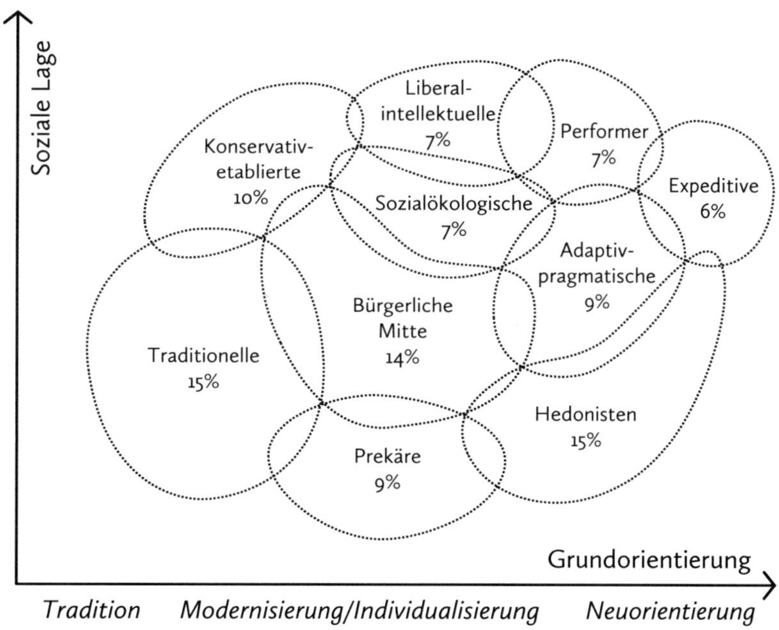

Abbildung 41: Marktsegmentierung nach sozialer Lage und Grundorientierung: die *Sinus-Milieus* in Deutschland 2010 (Sinus-Institut Heidelberg 2011, vereinfachte Darstellung)

Institut Heidelberg 2011). Auf Grundlage solcher und tiefergehender Aussagen über potenzielle Nutzergruppen können im Zusammenhang mit weiteren Analysewerkzeugen strategische Entscheidungen aber auch die Ermittlung nicht-technischer wie technischer Produktanforderungen unterstützt werden.

In der Regel wird nicht nur eine Zielgruppe anvisiert. Mehrere solcher Gruppen lassen sich hinsichtlich bestimmter Kriterien einordnen, wie Abbildung 42 beispielhaft zeigt. Dadurch können Übereinstimmungen oder Widersprüche festgestellt werden, woraus eine weitere Differenzierung, Zusammenfassung von oder Fokussierung auf bestimmte Nutzergruppen abgeleitet werden kann.

Zwar bilden die (teilweise willkürlichen) Einteilungen potenzieller Nutzer kein Abbild sozialer Wirklichkeit, helfen aber trotz diesen Defizits die Komplexität zu reduzieren indem beispielweise *Intransparenz, Vernetztheit* sowie *Vielfalt der Ziele und Handlungsmöglichkeiten* reduziert werden (→ 2.2.3). Sowohl die gestalterische Marktanalyse als auch die Marktsegmentierung bietet keine unmittel-

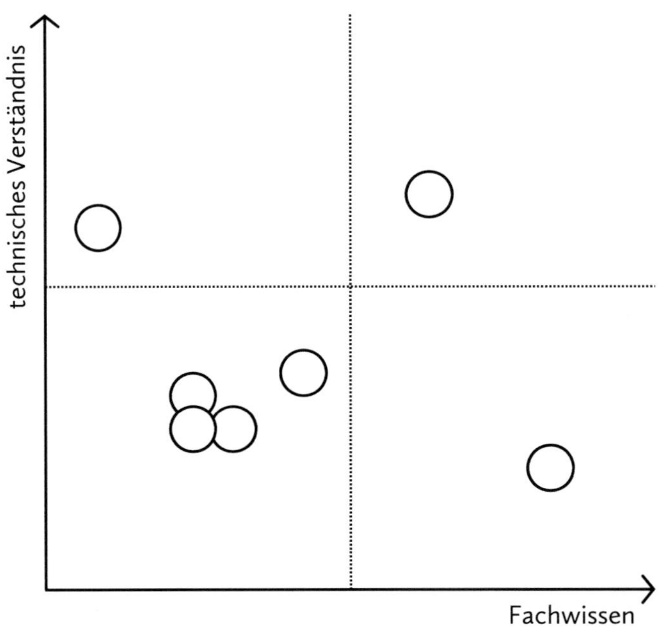

Abbildung 42: Schematische Einordnung großer Nutzer- und Zielgruppen (nach Adlin & Pruitt 2010: 55)

bare Unterstützung für die Akquise individuellen Entwurfswissens. Sie liefern im Wesentlichen explizites und objektives Faktenwissen, transportieren nur mittelbar auch implizites, sozio-kulturelles, subjektives und Erfahrungswissen, welches dem individuell verfügbaren Designwissen eher entspricht. Jedoch können sie systematisch erarbeitete Eingangsdaten für weitere Methoden beim Klären der Aufgabe liefern, welche diese Daten dann für die individuelle Akquise von Designwissen nutzen.

2.5.2 Anforderungslisten

Eine zentrale Methode der Konstruktionslehre ist das Erstellen von Anforderungslisten (Pahl *et al.* 2005, VDI-Richtlinien 2222, 3694 und 2519). Sie ist als *requirements engineering* auch in der Informatik und im Interaktionsdesign bekannt (IEEE 610, Sutcliffe 2002), wird dort in der Praxis aber selten (Nikula, Sajaniemi & Kälviäinen 2000) oder wenig systematisch (Sadraei, Aurum, Beydoun & Paech 2007) eingesetzt.

Einer vereinfachten Darstellung nach werden Anforderungen und Produktspezifikationen am Beginn des Entwurfsprozesses aus dem Markt (als Summe von Kunden und Nutzern, Wettbewerb, Herstellungsmöglichkeiten, Literatur, Normen und Vorschriften, Patenten usw.) abgeleitet und dienen als Grundlage für das Produktkonzept (Smith & Rhodes 1992). Wesentliche Elemente der Produktspezifikationen umfassen nicht nur das Produkt an sich, sondern auch organisatorische Randbedingungen, Herstellung, Vermarktung usw., betreffen unter anderem quantifizierbare Aspekte wie Gewicht, Stückzahl oder ergonomische Anforderungen auch qualitative wie Ästhetik oder Kunde Die quantitativen Anforderungen liegen tatsächlich oder geschätzt vor, qualitative faktisch oder als Meinung (*ibd.*). Weiterhin wird nach weichen und harten Anforderungen bzw. nach Wünschen und Forderungen differenziert (z. B. Pahl *et al.* 2005).

Die Kenntnis, konkrete Festlegung, Begründung und Kommunikation der Anforderungen an ein Produkt bestimmt dessen Erfolg am Markt mit. Jörg (2005) führt aus, dass Produktanforderungen »im Mittelpunkt der Entwicklung stehen« (S. 16), in allen Phasen der Produktentwicklung berücksichtigt und bei geänderten Einflüssen angepasst werden müssen. Dabei sind nicht nur die innerbetrieblichen Anforderungen relevant: das Erfüllen von Anforderungen und Erwartungen potenzieller Nutzer ist eine Voraussetzung für die erfolgreiche Verbreitung neuer Produkte (Steinhoff 2006).

Fricke (1993, 1996) fand heraus, dass erfolgreiche konstruktive Entwurfsprozesse unter anderem durch eine umfangreiche Anforderungsanalyse gekennzeichnet ist, die wiederum durch bestimmte Fragen, kritisches Überprüfen gegebener Randbedingungen und Priorisierung von Anforderungen unterstützt wird.

Pahl *et al.* (2005) geben mit ihrer Checkliste zur Erstellung von Anforderungslisten eine inhaltliche Struktur vor, die für technische Problemstellungen umfassend ist (Tabelle 4). In der Praxis erfolgt die Anforderungsermittlung jedoch sehr uneinheitlich (Jörg 2005), unter anderem, weil beispielsweise in unterschiedlichen Branchen auch unterschiedliche Vorstellungen von Produktanforderungen herrschen.

Neben den Anforderungslisten, die als Pflichten- und Lastenheft verwendet werden, werden weitere Checklisten in der Produktentwicklung verwendet. Das betrifft zum Einen firmenspezifische Checklisten, die auf Grundlage der Erfahrung mit abgeschlossenen Projekten entwickelt wurden, andererseits aber auch allgemeine wie die Osborne-Checkliste (z. B. in Lindemann 2007) für die Veränderung bestehender Produkte. Beispielhafte, beliebig anpassbare und erweiterbare *Spornfragen* der Osborne-Checkliste:

— Verändern? Vergrößern? Verkleinern?
— Ersetzen? Kombinieren? Anders verwenden?
— Umordnen? Einfärben? Transparent machen?
— Hervorheben? Verstecken?

Der Nachteil dieser Methode ist die Nicht-Anwendbarkeit bei Neuentwicklungen (sofern auch kein vergleichbares Konkurrenzprodukt verfügbar ist) sowie die geringe Abstraktion vom Ausgangsprodukt, was grundsätzlich neue oder bessere Lösungen wenig wahrscheinlich macht.

Haupt-merkmal	Beispiele
Geometrie	Größe, Höhe, Breite, Länge, Durchmesser, Raumbedarf, Anzahl, Anordnung, Anschluss, Ausbau und Erweiterung
Kinematik	Bewegungsart, Bewegungsrichtung, Geschwindigkeit, Beschleunigung
Kräfte	Kraftgröße, Kraftrichtung, Krafthäufigkeit, Gewicht, Last, Verformung, Steifigkeit, Federeigenschaften, Stabilität, Resonanzen
Energie	Leistung, Wirkungsgrad, Verlust, Reibung, Ventilation, Zustandsgrößen wie Druck, Temperatur, Feuchtigkeit, Erwärmung, Kühlung, Anschlussenergie, Speicherung, Arbeitsaufnahme, Energieumformung
Stoff	Physikalische und chemische Eigenschaften des Eingangs- und Ausgangsprodukts, Hilfsstoffe, vorgeschriebene Werkstoffe (Nahrungsmittelgesetz u. ä.), Materialfluss und -transport
Signal	Eingangs- und Ausgangssignale, Anzeigeart, Betriebs- und Überwachungsgeräte, Signalform
Sicherheit	Unmittelbare Sicherheitstechnik, Schutzsysteme, Betriebs-, Arbeits- und Umweltsicherheit
Ergonomie	Mensch-Maschine-Beziehung: Bedienung, Bedienungsart, Übersichtlichkeit, Beleuchtung, Formgestaltung
Fertigung	Einschränkung durch Produktionsstätte, größte herstellbare Abmessung, bevorzugtes Fertigungsverfahren, Fertigungsmittel, mögliche Qualität und Toleranzen
Kontrolle	Mess- und Prüfmöglichkeit, besondere Vorschriften (TÜV, ASME, DIN, ISO, AD-Merkblätter)
Montage	Besondere Montagevorschriften, Zusammenbau, Einbau, Baustellenmontage, Fundamentierung
Transport	Begrenzung durch Hebezeuge, Bahnprofil, Transportwege nach Größe und Gewicht, Versandart und -bedingungen
Gebrauch	Geräuscharmut, Verschleißrate, Anwendung und Absatzgebiet, Einsatzort (z. B. schwefelige Atmosphäre, Tropen, ...)
Instand-haltung	Wartungsfreiheit bzw. Anzahl und Zeitbedarf der Wartung, Inspektion, Austausch und Instandsetzung, Anstrich und Säuberung
Recycling	Wiederverwendung, Wiederverwertung, Entsorgung, Endlagerung, Beseitigung
Kosten	Max. zulässige Herstellkosten, Werkzeugkosten, Investition und Amortisation
Termin	Ende der Entwicklung, Netzplan für Zwischenschritte, Lieferzeit

Tabelle 4: Leitlinien mit Hauptmerkmalen zum Aufstellen einer Anforderungsliste (Pahl *et al.* 2005)

Die in der Regel tabellarisch oder stichpunktartig verfassten Anforderungslisten bilden im konstruktiven Bereich zusammen mit einer Funktionsstruktur den ersten Meilenstein im Entwurfsprozess und dienen als abstraktes Konzept, welches das Entwurfsziel erstmals konkret beschreibt (Pahl *et al.* 2005). In dieser Form ist nur wenig implizites Wissen im Konzept gebunden, da es auf einer möglichst detaillierten verbalen Beschreibung basiert. Designkonzepte wie sie im Industriedesign und *transportation design* üblich sind (Krzywinski 2011) binden weitere Elemente ein, die auch implizites Wissen für den Entwurfsprozess instrumentalisieren können.

Anforderungslisten und die damit verbundenen Checklisten oder Strukturen können die Entwerfenden zum Denken anregen und die Überprüfung der Vollständigkeit unterstützen. Eine direkte Unterstützung der Wissensakquise ist nicht gegeben, vielmehr handelt es sich um eine Methode zur Systematisierung und Ordnung vorhandenen Wissens. Dabei können Lücken aufgedeckt werden, die mittels anderer (bewusster oder unbewusster) Methoden gefüllt werden können. Ähnlich wie alle Checklisten besteht die Gefahr, dass der Anwender nach dem Abarbeiten der Liste das Gefühl haben kann, alles Notwendige bedacht zu haben, ohne dass das notwendigerweise auch der Fall ist.

Die Ermittlung und Vervollständigung von Anforderungslisten steht in der Tradition des Entwerfens als rationalistische Informationsverarbeitung. Insbesondere in der konstruktiven Entwicklung ist dabei das Ziel, objektives und möglichst quantitativ Faktenwissen darzustellen, zu systematisieren und zu vervollständigen. Selbstverständlich geschieht dies in der Praxis auch erfahrungsgeleitet und nicht ohne subjektive und emotionale Komponenten. Ein Teil der Anforderungen (als präskriptives objektbezogenes Entwurfswissen) bleibt unbewusst, teilweise an explizit formulierte Anforderungen gebunden. Der Prozess der Ermittlung der Anforderungen selbst wird in der Darstellung der Methode kaum beschrieben. Dabei handelt es sich wiederum um eine psychisch regulierte Tätigkeit, wie in Abschnitt 2.3.3 dargestellt wurde. Die Anforderungslisten selbst geben als Checklisten kognitive Unterstützung, im Kontext reeller Entwicklungsprojekte ist diese jedoch selten ausreichend, um (individuell) vorhandenes Entwurfswissen für das weitere Vorgehen im Entwurfsprozess verfügbar zu machen.

2.5.3 Brainstorming und Derivate

Das auf OSBORN zurückgehende *Brainstorming* ist die bekannteste und am weitesten verbreitete Kreativitätstechnik. Sie setzt Gruppen voraus, ist also nicht individuell anwendbar. Sie wird unter anderem in der Ausbildung und Praxis im Industriedesign eingesetzt (KRIPPENDORFF 2006, MATTHEWS 2009, VAN BOEIJEN & DAALHUIZEN 2010 u.a.) und gemeinsam mit anderen Techniken in der Konstruktionsmethodik empfohlen (PAHL & FRICKE 1993, LINDEMANN 2007, EHRLENSPIEL 2007).

Das Brainstorming und davon abgeleitete Methoden folgen in der Regel diesem Ablauf:

1. Definition des Problems (Designaufgabe)
2. Informationen sammeln (kurz)
3. Redefinition
4. Ideenphase
5. mögliches Nachreichen von Ideen
6. Kategorisieren, Bewerten, Auswählen

Besonders wichtig in der Ideenphase das Verbot von Bewertung oder Kritik der Ideen und möglichst schnelles und vollständiges Protokollieren. Das Kommentieren von Ideen ist nur dann erlaubt, wenn die Kommentare weitere Ideen implizieren. Problematisch ist die leider ebenfalls verbreitete inkonsequente Durchführung der Methode, was oftmals ein »sich im Kreise [...] drehen« oder ein »zuschütten« der Ideen zur Folge hat (AUDEHM 1995: 21). Hinzu kommen (negative) gruppendynamische Effekte (*social order*, MATTHEWS 2009). Insbesondere wenn Mitarbeiter durch die Anwesenheit von Vorgesetzten beeinflusst werden oder einzelne Teilnehmer das Brainstorming dominieren, wird das Potenzial der Methode nicht ausgenutzt.

Die in der Gruppe anzuwendende Methode Brainstorming wurde auch zu einer Einzelmethode entwickelt. Diese wird unterschiedlich bezeichnet (*Solobrainstorming* z.B. bei Aurum 1999, *Einzel-Brainstorming* z.B. bei Baćak 2007, *Individuelles Brainstorming* bei Schröder 2005).

Der Vorteil der individuellen Anwendung führt zum wichtigsten Nachteil: die gegenseitige Anregung in der Gruppe entfällt, der Anwender läuft Gefahr, sich im Kreis zu drehen und nur wenige verschiedene Gedanken zu aktivieren.

Eine »stille« Variante ist das *Brainwriting*. Vor- und nachteilig ist das in der Regel langsamere Voranschreiten: zum Einen steht mehr Zeit zum Nachdenken zur Verfügung, was bei schwierigen Themen von Vorteil sein kann, zum Anderen aber besteht in dieser Zeit auch die Möglichkeit, Aufgeschriebenes zu kommentieren und zu bewerten, was kontraproduktiv sein kann (Schlick 1995). Es gibt viele Variationen, darunter die sogenannte *Technik 635, Brainwriting-Pool* u.a. Die *Brainwriting*-Technik ließe sich für eine individuelle Anwendung adaptieren.

Die *Galerie-Methode* zählt ebenfalls zu den Brainwritingmethoden (Schröder 2005) und somit zu den Brainstorming-Derivaten (Lindemann 2007). Sie ist in der Regel eine Kombination aus individueller und Gruppenarbeit: mehrere einzeln ausgearbeitete Ideen werden auf Plakatwänden präsentiert, die dann in der Gruppe betrachtet und diskutiert werden. Dabei werden neue Ideen und Vervollständigungen angeregt. Die Methode ist seit vielen Jahrzehnten bekannt und findet neben vielen anderen Gebieten sowohl in der Produktplanung, Entwicklung und Konstruktion (Pahl & Fricke 1993) sowie im Design und in der Designausbildung in ähnlicher Form bei Zwischenpräsentationen statt. In Gruppen mit »ausgeprägtem Konkurrenzdenken« kann die Methode »weniger geeignet« sein (Schröder 2005: 182). Das ist im Designbereich nicht immer zu vermeiden. Die Methode setzt auch eine gewisse Anzahl von Involvierten voraus, die nicht immer gegeben ist. Die Galerie-Methode setzt einen bereits begonnenen Entwurfsprozess voraus, lässt sich also am Beginn noch nicht einsetzen; für spätere Zeitpunkte ist ihre Anwendung, wenn auch nicht immer als explizite Methode gekennzeichnet, im Entwurfsprozess üblich. Aus diesen Gründen ist die Galerie-Methode für das gezielte Aktivieren von Designwissen nicht oder nur wenig geeignet.

Brainstorming- und Brainwriting-Methoden werden insbesondere in den frühen Phasen der Produktentwicklung eingesetzt. Trotz der beschriebenen Nachteile und Einschränkungen sind sie insbesondere im Rahmen von moderierten Teamworkshops sinnvoll und können die Akquise individuell vorhandenen Entwurfswissens unterstützen.

2.5.4 Assoziation und Analogiebildung

Assoziative Verknüpfungen werden als eine der bedeutendsten heuristischen Denktechniken eingeschätzt (Schröder 2005). Sowohl die Art der Reize (Bilder, Worte, Objekte usw.), deren systematische oder zufällige Auswahl, Kombination und der mehr oder weniger aufwändige und systematische Prozess lässt eine Vielzahl von unterschiedlichen Methoden zu, die alle das gleiche Grundprinzip nutzen.

Als grundlegende assoziative Methode im Bereich der Kreativitätstechniken nennt Schröder (2005) die *Reizwort-Analyse*. Dabei werden Begriffe zufällig gewählt und Assoziationen und Analogien als Anreiz für neue Ideen genutzt. Grundlage ist die »schöpferische Konfrontation zwecks Anregung der Intuition« (Schlick 1995: 116), kurz die intuitive Konfrontation. Die Methode findet u.a. in der »Entwicklung von Entwürfen« (Schröder 2005: 187), und bei der Planung von Produkten, Dienstleistungen oder Strategien Anwendung. Die Methode ist sowohl einzeln als auch in der Gruppe anwendbar. Dabei werden unter anderem fünf bis zehn Reizwörter zufällig gewählt und hinsichtlich spezieller Merkmale, Funktion, Struktur, Nutzen und »Formen, in der das Objekt im Alltag vorkommt« (Schröder 2005: 189) analysiert sowie daraus Lösungsansätze abgeleitet und evaluiert.

Es scheint zwar dem Grundsatz des Zufalls bei der Auswahl der Reizworte zu widersprechen, ist aber möglich, einen problemnahen Pool von Worten vorzugeben, der beispielsweise für die Entwurfsdisziplin oder branchenspezifisch vorbereitet werden könnte. Der Vorteil in der Verwendung von Wörtern ist im Vergleich zu visuellen Reizen deren Verfügbarkeit (Lawson & Dorst 2009). Die *Reizwort-Methode* wird allerdings als »weniger anregend als bildliche Darstellungen« (Schröder 2005: 192) eingeschätzt.

Die *Visuelle Synektik* entspricht weitgehend der *Reizwort-Methode*, wobei zufällig ausgewählte Visuelle Reize (Fotografien, Skizzen, Poster usw.) an die Stelle der zufällig ausgewählten Reizwörter treten. Die Methode ist daraus folgend etwas weniger analytisch und stärker assoziativ. Es werden ebenfalls Lösungsansätze erzwungen abgeleitet, bewertet und ausgewählt. Das zugrunde liegende Prinzip ist ebenfalls das der intuitiven Konfrontation. Als nachteilig zu nennen ist der individuell stärker verschiedene Umgang mit Bildern als mit verbalen Begriffen, was zu Schwankungen der Ergebnisqualität führen kann.

Die *Visuelle Synektik* in der beschriebenen komplexen Form wird vorrangig in Gruppen in moderierter Form angewendet. Dabei ist ein erfahrener Moderator notwendig (Schlicksupp 1998). Es existieren zahlreiche auch individuell anwendbare und weniger komplexe Variationen der Visuellen Synektik. Insbesondere im Bereich Werbung und Design sind sowohl spezielle Reizbild-Methoden als auch auf Visueller Synektik basierende individuelle Methoden bekannt. Diese können dort auch ohne Moderation erfolgreich sein, da insbesondere Designer im Umgang mit Bildern erfahren sind. Dabei sind die zugrunde liegenden kognitiven Mechanismen je nach Ausprägung der Methode ähnlich dem Entwurfszeichnen und gegenständlichen Entwurfshandeln (2.5.5). Der positive Effekt visueller Reize und Analogien ist für das Entwerfen in der Architektur für Experten wie Novizen gleichermaßen nachgewiesen worden, während der Effekt für *wohlstrukturierte Probleme* (2.2.1) nicht belegt werden konnte (Casakin & Goldschmidt 2000). Im Kontext des Entwerfens wird Analogiebildung auch genutzt, um Unsicherheit zu reduzieren (Ball & Christensen 2009).

Eine insbesondere im Design häufig genutzte visuelle Methode ist die Zusammenstellung von Bildern zu *image boards* (Institute for Manufacturing o. J.) bzw. *mood boards* (Godlewsky 2008). Sie werden dazu genutzt, die Stimmung oder Atmosphäre bzw. den Charakter des zu entwerfenden Objekts darzustellen (→ KRZYWINSKI 2011, Abbildung 43). Hauptfunktion der *mood boards* ist es, einen schnellen visuellen Eindruck im Erlebenskontext und eine Bündelung verschiedener Informationen zu bieten. Für Designer können *mood boards* aussagekräftiger sein als Anforderungslisten oder ähnliches (WICKENHEISER 2005). Die Bilder der *mood boards* werden häufig durch *mood words* ergänzt (Abbildung 44). Die Anordnung und Verbindung der Bilder sowie die Typografie der Wörter müssen sorgfältig ausgearbeitet werden, um insbesondere interindividuelle Interpretationsspielräume zu reduzieren. Im Rahmen von Entwurfsprozessen können *image boards* auch zur Beschreibung von Szenarien oder Nutzern eingesetzt werden (INSTITUTE FOR MANUFACTURING o. J.).

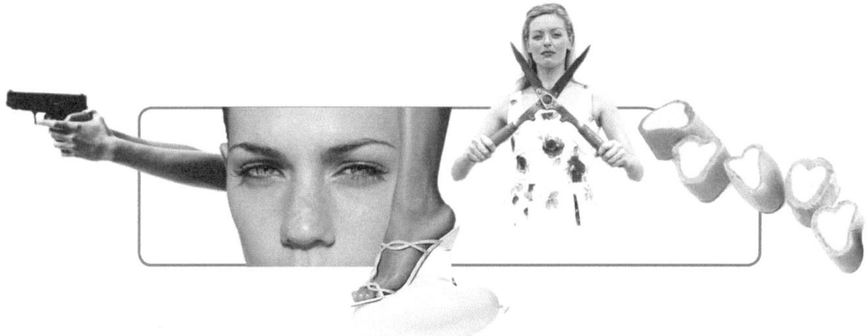

Abbildung 43: Beispiel eines sorgfältig arrangierten *mood boards* für einen Kleinrennwagen (CLAYTON in WÖLFEL, KRZYWINSKI & DRECHSEL *in Druck*: 5)

Abbildung 44: Durch *mood words* ergänztes *mood board* für ein Medizinprodukt (ZIEGNER 2010: 41)

Nicht nur aufgabenspezifisch herangezogenen und erarbeiteten Materialien wirken visuell stimulierend. Insbesondere im Design wirkt auch die unmittelbare Umgebung, beispielsweise das Designstudio, auf das Entwerfen ein (GOLDSCHMIDT & SMOLKOV 2006).

Wie diesem Abschnitt dargestellt wurde, sind visuelle Reize als Anregung für die Akquise individuellen Entwurfswissens insbesondere im Industriedesign typisch. Dann sind sie unter anderem geeignet, auch Alltagswissen und subjektives Wissen zu operationalisieren. Allerdings setzen sie insbesondere bei individueller Anwendung ein gewisses Maß an Erfahrung voraus und müssen mit anderen Methoden kombiniert werden. Aufgrund der genannten Einschränkungen können begriffliche und visuelle Reize für Novizen am Beginn von Entwurfsprozessen hilfreich zwar sein, sollten aber nur ergänzend zu anderen Methoden oder moderiert eingesetzt werden.

2.5.5 Entwurfszeichnen und Entwurfshandeln

Zeichnen ist als intuitives Denkmittel eines der Hauptwerkzeuge beim Entwerfen. Der Mechanismus des Denkens durch Wechsel von Externalisierung und Internalisierung (→ SACHSE 2002 und Abbildung 45) ist bereits im Kindesalter nachweisbar (GOLDSCHMIDT 2003) und wird insbesondere im Design weiterentwickelt und gezielt eingesetzt (UHLMANN 2008, DEWEY 2009, LEWIN & BORROFF 2010).

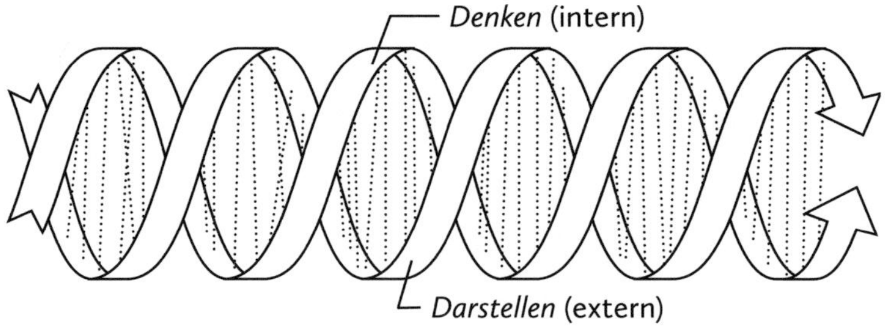

Abbildung 45: Wechsel zwischen Externalisierung und Internalisierung beim Entwerfen (nach SACHSE 2002)

Uhlmann (2008) unterscheidet *diskretes* und *fluides* Zeichnen: *Diskretes Zeichnen* ist demnach die »Externalisierung einzeln separierbarer Gedanken« in der Anfangsphase des Entwerfens vom Klären der Aufgabe bis zum Konzipieren. Das *Fluide Zeichnen* stellt hingegen das »analytisch-synthetisch[e] Bearbeiten von Gedanken ausgehend von einem Startwert« dar.

Der Mechanismus des Denkens und der Entwicklung von Wissen und Entwurf durch den Wechsel von Externalisierung und Internalisierung lässt sich, bevorzugt in späteren Entwurfsphasen, auch in anderen Medien als *Entwurfsmodellieren* und *Entwurfshandeln am Gegenstand* mit dem *Kopfhand*-System (Uhlmann 2008) beschreiben. Wie es beim manuellen Zeichnen im Designkontext auch der Fall ist, setzen andere Medien wie die Verwendung von 2D-Computer-Software oder das Arbeiten mit physischen und/oder virtuellen Modellen bestimmte Kompetenzen voraus, die im Rahmen von Ausbildung und Praxis entwickelt werden müssen. Das Entwurfszeichnen erlaubt es insbesondere Designern, bessere Ergebnisse zu erzielen (Verstijnen, Hennessey, van Leeuven, Hamel & Goldschmidt 1998), ist aber auch für das konstruktive Entwerfen hilfreich (Schütze 2003).

Beim Klären der Aufgabe ist Entwurfszeichnen und gegenständliches Entwurfshandeln durchaus zu beobachten, wenn bestimmte Anforderungen auf diese Weise für den Entwerfenden leicht zu klären sind. Auch ist es möglich, zeichnerisch das Entwurfsproblem, den Nutzungskontext oder bestimmte Randbedingungen zu klären. Die späteren Phasen *Designkonzept* und *Hypothetischer Gesamtentwurf* sind stark von Entwurfszeichnen und gegenständlichem Entwurfshandeln geprägt. Durch Rückkopplungen zwischen den frühen Entwurfsphasen (*sequenziell-zyklische Regulation*, → Abschnitt 2.3.3) nimmt das durch die beschriebenen darstellenden Techniken generierte Wissen auch Einfluss auf das Klären der Aufgabe.

2.5.6 Fragenbasierte Selbstreflexion

> »Eine charakteristische [...] natürliche Grundfunktion des menschlichen Gedächtnisses liegt in der Befähigung zur Beantwortung von Fragen [durch] die Bereitstellung von Wissen.«
>
> —KLIX 1984: 9

Das Erleben von Objekten in Situationen erfolgt als Einheit von Kognition, Konation und Emotion im Individuum (UHLMANN 2011). Dies gilt ebenso für das Erleben von Aufgaben und (unvollständigen bzw. diffusen) Zielrepräsentationen beim Entwerfen. Sprachlich-begriffliches Verarbeiten führt dabei »zu einer vollständigeren, präziseren und rascheren perzeptiven Analyse [...] Die dem benennenden Wahrnehmen verknüpfte Aktivierung des Begriffs stellt das gespeicherte [...] Wissen [...] zur Verfügung« (HACKER 2005: 270). Im Gegenzug wird festgestellt, dass beim Entwerfen bei weitem nicht alles sprachlich ausgedrückt werden kann (→ 2.4.6, 2.5.5) – was das Denken und somit das Entwerfen unter Umständen behindern kann (LAWSON & DORST 2009).

Als eine wichtige Form sprachlicher Methoden wird das Stellen und Beantworten von Fragen genannt (KLIX 1984 u. v. a.). Auf eine weitere wichtige sprachliche Methode, das Geschichtenerzählen, wird im folgenden Abschnitt 2.5.7 eingegangen.

Fragenbasierte Methoden können sowohl Suchraumeinengung als auch Suchraumerweiterung unterstützen. Das Beantworten von Fragen ist eine wesentliche Form des Abrufens von Wissen aus dem individuellen Gedächtnis. Es erfordert keine gesonderte methodische Schulung, da sie essenzieller Bestandteil menschlichen Lebens ist. Dabei kann es nach KLIX (1984) auf zwei Funktionsprinzipien beruhen: durch die (wechselseitige) Anregung (»Zündung«) von gespeichertem Wissens sowie die Ableitung von nicht gespeichertem Wissen aus gespeichertem. Bei komplexen Prozessen wie dem Entwerfen finden beide Formen statt und interagieren. Worte und Sprache wirken dabei ähnlich wie visuelle Reize (2.5.4, 2.5.5), sind aber wesentlich leichter verfügbar. Insbesondere in frühen Entwurfsphasen sind Mehrdeutigkeit und unscharfe Abgrenzung der Bedeutung von Wörtern von Vorteil, da damit das Entwurfsziel, welches lediglich vage bekannt ist, angemessen beschrieben und bedacht werden kann (LAWSON & DORST 2009). Wird die Zielvorstellung im Verlauf des Entwurfsprozesses präziser, passt sich die Sprache automatisch an, während zeichnerische und gegenständliche Darstellungen in der Regel in wechselnden Medien erzeugt werden (müssen).

Eine weitere Funktion von Fragen ist die Unterstützung der Bildung und Anwendung von Analogien sowie »der Entwicklung sogenannter ›bildhafter Suchbegriffe‹« (VON DER WETH & WEINERT 2002: 131). Dieses teils begriffliche, teils bildhafte Suchschema ist beim gegenständlichen Entwerfen relevant, da es der Identifikation potenziell geeigneter Lösungsideen dienen kann. Novizen fällt die Entwicklung solcher bildhafter Suchbegriffe weniger leicht (DYLLA 1991), weshalb sie von einer fragenbasierten Unterstützung an dieser Stelle besonders profitieren könnten.

Reflexive Anteile sind für das Entwerfen durch etablierte Modelle benannt worden (insbesondere SCHÖN 1983, 1992). Die einfachste Art, Reflexion gezielt anzuregen, ist das Stellen von Fragen. In verschiedenen Untersuchungen konnte die positive Wirkung von durch Fragen angeregter Selbstreflexion auf den Konstruktionsprozess und das Entwurfsergebnis nachgewiesen werden (FRICKE 1993, 1996, WETZSTEIN & HACKER 2002, WETZSTEIN 2004, REIMANN & DÖRNER 2004, WINKELMANN 2005, WINKELMANN & HACKER 2009 u.a.), während vergleichbare empirische Untersuchungen für das Industriedesign bislang nicht bekannt sind. Allerdings ist das Stellen bestimmter Fragen im Design nichts Unbekanntes. Beispielhaft soll an dieser Stelle das Untersetzen des Klärens der Aufgabe mit der Frage »Was steht mir zur Verfügung?« (UHLMANN 2005: 15) und der Erstellung des Designkonzepts mit »Was ist ...?« (UHLMANN 2007: 88) genannt werden. Für das Klären der Aufgabe stellt UHLMANN ein allgemein gehaltenes Fragenschema zur Verfügung, welches in Abbildung 24 auf Seite 65 dargestellt ist. Dieses Fragenschema ist als deskriptives Erklärungsmodell (für das Vorgehen von Experten) hilfreich. Eine quasi-experimentelle Untersuchung mit Studierenden (Novizen) konnte jedoch keine Unterstützungsleistung durch das Fragenschema als präskriptives Modell nachweisen (SCHULZ 2005, siehe auch WÖLFEL 2007 und 2008). Allerdings liegt die Vermutung nahe, dass eine Adaption der beim konstruktiven

Entwerfen hilfreichen Frage-Antwort-Techniken für das Klären der Aufgabe im Industriedesign auch dort vergleichbare positive Effekte liefern kann.

Fragenlisten sind sehr aufwandsarm und intuitiv einsetzbare Methoden, welche die Selbstreflexion anregen und die individuelle Wissensakquise beim Entwerfen unterstützen können. Der Fokus bisheriger Forschungsarbeiten liegt auf dem Einsatz der Methode zur Bewertung von (Zwischen-) Ergebnissen beim konstruktiven Entwerfen. Noch ungeklärt ist einerseits der Effekt der Methode beim Einsatz am Beginn des Entwerfens als Unterstützung der Akquise individuell verfügbaren Wissens, andererseits die Anwendbarkeit der Methode im Industriedesign, wo der Schwerpunkt nicht nur auf Fach- und Faktenwissen, sondern auch auf episodischem, Alltags- und sozio-kulturellem Wissen (→ *Designwissen* in Abschnitt 2.4) liegt. Diesen Fragen wird im empirischen Teil der Arbeit nachgegangen (3.2 und 3.4).

2.5.7 Narration

Das Erzählen von Geschichten ist die älteste und natürlichste Form der Wissensgenerierung (*sense making*). Sie sind Teil des Alltags und des Berufslebens (Jonassen & Hernandez-Serrano 2002). Durch den alltäglichen Umgang mit Geschichten vom Kindesalter an ist das Erzählen in der Regel intuitiv möglich. Erzählen beansprucht weniger kognitive Ressourcen als das Formulieren von Argumenten (*well-formed argument,* Bruner 1986). Das Erzählen von Geschichten ist intuitiver Bestandteil beruflicher Praxis, als narrative Methoden in einzelnen Bereichen auch explizit eingeführt und auf konkrete Problemstellungen adaptiert. Narrative Methoden finden zudem in den Sozialwissenschaften verstärkt als Untersuchungswerkzeuge Anwendung (Jonassen & Hernandez-Serrano 2002) insbesondere dann, wenn Erleben (*experience*) und Bedeutung (*meaning*) von Interesse sind (Bruner 1990).

Das *Storytelling* ist eine narrative Methode, die sich im Bereich der Unternehmensführung bewährt hat (Thier 2006), aber auch vereinzelt in der Produktentwicklung beispielsweise für die Anforderungsermittlung eingesetzt wird (Gruen 2000). Die Methode des Geschichtenerzählens wird genutzt, um »Wissen und

Erfahrungen zu dokumentieren« Dabei sollen »implizite Aspekte durch Miterleben der Situation, in der das Wissen und die Erfahrungen gesammelt wurden« vermittelt werden (LINDEMANN 2007: 305). Basierend auf dem Modell der *Grounded Theory* (STRAUSS & CORBIN 2003, auch als *gegenstandsverankerte Theoriebildung* bezeichnet) werden aus den Geschichten Erkenntnisse abgeleitet, die in der Folge überprüft werden können (THIER 2006: 106).

Das Vorgehen ist dabei sehr intuitiv: Wissen und Erfahrungen, Erlebtes und zu Erlebendes werden in Form von Geschichten erzählt, niedergeschrieben oder in einer anderen geeigneten Form dargestellt. Eine gewisse Fähigkeit und Motivation zum Schreiben von Geschichten ist selbstverständlich notwendig. Dies kann bei der *Storytelling*-Methode, wie sie beispielsweise von THIER (2006) beschrieben wird, durch erfahrene Spezialisten übernommen werden, die für die Durchführung in das Team geholt werden.

Geschichten sind emotional und symbolisch geladene Erzählungen, sie liefern keine Informationen oder Fakten über Ereignisse, sondern reichern Fakten an, erweitern sie und erfüllen sie mit Bedeutung. Geschichten sind selten akkurat, inhaltlich oftmals inkonsistent. Sie können Wünsche, Bedürfnisse und verborgene Fantasien zum Ausdruck bringen (GABRIEL 2000: 135). Entsprechend sind Geschichten geeignet, die Ziele und das Erleben potenzieller Nutzer zu beschreiben (GRUEN, RAUCH, REDPATH & RUETTINGER 2002). NORMAN (2011) ist sogar der Ansicht, dass erlebensorientiertes Entwerfen unbedingt auch die Fähigkeit zum Entwickeln von Geschichten voraussetzt.

Das Geschichtenerzählen ist individuell und ohne besonderen Lernaufwand ausführbar. Ein Protokoll entsteht automatisch, akustisch als Aufzeichnung oder schriftlich. Die Methode kann von Novizen angewendet werden, dennoch ist zu erwarten, dass sie mit wachsender Erfahrung erfolgreicher eingesetzt werden kann. Geschichten können aber auch in einem kollaborativen Prozess genutzt werden, um beispielsweise (fiktive) Nutzungsumgebungen, Umstände und Objekte gemeinsam zu erarbeiten (DINDLER & IVERSEN 2007). DINDLER & IVERSEN (*ibd.*) beschreiben diesen Prozess der *Fictional Inquiry* als permanenten Wechsel des Eingrenzens und Benennens (im Sinne SCHÖNS [1983] *framing* und reframing*), der Ansätze für die zu entwerfenden Objekte und Prozesse liefert und deren Auswirkungen aufzeigt. Dubberly (2009) stellt den Wechsel zwischen Geschichten und Modellen als zirkulären Prozess dar (Abbildung 46), welcher Parallelen zum Prinzip des gegenständlichen Entwurfshandelns aufzeigt (→ Abschnitt 2.5.5, dort insbesondere Abbildung 45). Dabei sind Geschichten externalisierte und kommunizierbare »sprachliche Gegenstände«, die explizit vorliegen (und implizite Anteile beinhalten), während die Internalisierung mentale Modelle schafft und verändert, die ihrerseits wieder auf die Geschichten einwirken, aber auch implizites wie explizites Wissen bündeln, welches für den weiteren Entwurfsprozess genutzt werden kann.

Thomas (2003) weist auf die mangelnde Eignung *erzählter Erlebnisse* (*Experience Narratives,* auch *persönliche Geschichten* [*personal stories*]) als wissenschaftliche Untersuchungsmethode für die Ableitung der Verteilung bestimmter individueller Merkmale in einer spezifischen Population hin. Ein weiterer, für Entwurfsprozesse kritischer Nachteil ist dass sie selten eine Generalisierung über die Personen hinaus, deren Geschichten erzählt wurden, erlauben. Als wesentliche Vorteile *erzählter Erlebnisse* als Forschungsmethode nennt Thomas das Potenzial, sowohl die Einzigartigkeit individueller Existenzen als auch Ähnlichkeiten von Existenzen unterschiedlicher Umstände aufzeigen zu können. Geschichten erlauben das stellvertretende Teilnehmen an Gedanken und Emotionen anderer Menschen in Situationen, die der Leser selbst nicht erleben würde (*ibd.*).

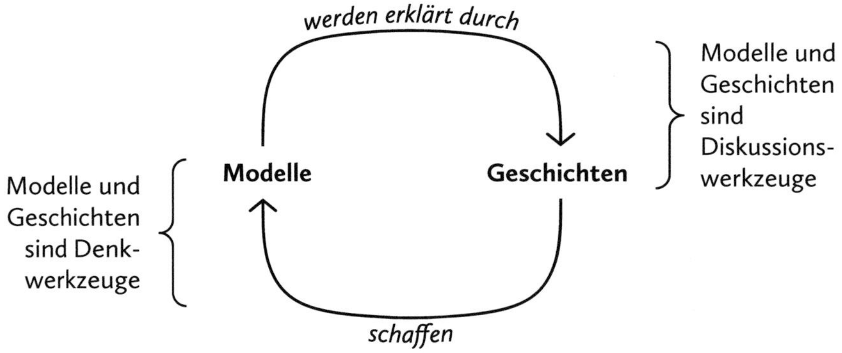

Abbildung 46: Modelle und Geschichten (*models and stories,* nach Dubberly 2009, übersetzt)

Eine aktuelle Untersuchung von GOLDSCHMIDT & SEVER (2011) belegt die positive Wirkung von mit der Aufgabenstellung vorgegebenen Texten auf die Originalität von Entwürfe von Stühlen und Uhren (aber nicht auf deren Umsetzbarkeit). Die Autoren vergleichen die Stimulierung durch Texte mit visuellen Reizen (→ 2.5.4) und empfehlen die Anwendung in Entwurfsprozessen insbesondere im Ausbildungskontext. In der Untersuchung wurden sowohl inhaltlich mit der Aufgabenstellung verknüpfte als auch thematisch weiter entfernte Texte vorgegeben; beide erzeugten die positiven Effekte auf die Originalität der Entwürfe in gleichem Maß.

Geschichten sind geeignet, explizites und implizites (LINDEMANN 2007), Erfahrungs- einschließlich episodisches und Faktenwissen (THIER 2006, LAWSON & DORST 2009), objektives, subjektives und emotionales Wissen (GABRIEL 2000: 135, THOMAS 2003) sowie sozio-kulturelles und Alltagswissen (DINDLER & IVERSEN 2007) zu bündeln und nutzbar zu machen. Indem sie das wenige am Beginn des Entwurfsprozesses gesicherte Wissen mit fiktionalen Anteilen zu verbinden erlauben, ermöglichen sie das schrittweise Eingrenzen und den Umgang mit Nichtwissen und reduzieren so die Unsicherheit. Ein Vergleich der genannten Stärken narrativer Techniken mit der in Abschnitt 2.4 dargestellten Charakterisierung von Entwurfswissen zeigt die theoretische Eignung und das Potenzial für die Unterstützung der Wissensakquise beim Klären der Aufgabe insbesondere im Industriedesign.

2.5.8 Persona

2.5.8.1 Begriff

Der Begriff *Persona* lässt sich mit dem Theater als der Inszenierung von Leben und Geschichten in Verbindung bringen: im Griechischen Theater ist die *Persona* eine Maske, welche die Rolle des Schauspielers visuell charakterisiert und ihn akustisch verstärkt (BASTIAN 2009: 42). Er ist abgeleitet vom lateinischen *personare = hindurchtönen*. Die Entwicklungspsychologie bezeichnet mit *Persona* eine Maske zwischen dem Inneren und der umgebenden Welt.

Im Kontext des Entwerfens wurde der Begriff von Cooper (1999) etabliert. Es bezeichnet in diesem Fall einen fiktiven Archetyp von Nutzern. Zunächst für den Einsatz im Interaktionsdesign entwickelt, kann die Persona-Methode jedoch auf andere Bereiche übertragen werden, in denen es notwendig ist, die Sicht der Benutzer und deren Bedürfnisse zu verstehen. Andere Begriffe, die ebenfalls fiktive Nutzer als Methode bezeichnen haben sich nicht in der Breite durchgesetzt, sind aber immer wieder zu finden: *hypothetical archetypes* (Cooper 1999), *user archetypes* (*Nutzerarchetypen*, Mikkelson & Lee 2000), *user models* (Rich 1983 u. a.).

Im Marketing wurde bereits mit fiktiven Nutzern gearbeitet, allerdings lag dort der Fokus in der Regel auf dem Erwerb der Produkte, während Personas im Design dazu genutzt werden, die Ziele und das Verhalten der Menschen beim Benutzen des zu entwerfenden Produkts zu verstehen (Barlow-Busch 2006).

Personas sind hypothetische Archetypen realer Anwender. Sie sind fiktive, spezifische und konkrete Zielgruppenvertreter. Sie bündeln Informationen über reale Zielgruppen, unterstützen beim Denken und Kommunizieren darüber, wie sich Benutzer verhalten, wie sie denken, was sie beabsichtigen und was sie motiviert. Mittels der Persona-Methode werden Motivationen, Bedürfnisse, Frustrationen, Fähigkeiten, emotionale und Nutzungsziele (Olsen 2004) potenzieller Nutzer dargestellt. Obwohl Personas (wie auch die im nächsten Abschnitt beschriebenen *narrativen Szenarien*) fiktiv sind, können sie nützliches Wissen zugänglich machen (→ Grudin 2006).

2.5.8.2 Klassifizierungen von Personas

Es ist kaum möglich ein Produkt zu entwickeln, das den Bedürfnissen der gesamten Zielgruppe entspricht. Auch innerhalb einer Zielgruppe unterscheiden sich die Nutzer in ihren Bedürfnissen, Wünschen, Geschmäckern und Vorlieben. Die Annahme, ein Produkt sei umso erfolgreicher auf je mehr Nutzer es ausgerichtet ist, ist falsch (Cooper 1999). Die Anzahl der Personas wird daher möglichst gering gehalten, auch weil der Designer die Eigenschaften, Vorlieben und Probleme der Personas jederzeit vor Augen haben muss.

Aus diesem Grund werden nur wenige Personas erarbeitet und diejenige ausgewählt, die am erfolgversprechendsten und repräsentativsten für die Zielgruppe ist. Diese wird als *primäre Persona* behandelt, für sie wird entworfen. Die anderen erarbeiteten Personas werden zweitrangig *als sekundäre Personas* betrachtet (Pruitt & Adlin 2006).

Die *primäre Persona* repräsentiert in der Regel einen Nutzer, der das Produkt häufig anwendet. Dem untergeordnet *sind sekundäre Personas* (z. B. weniger interessante Käufertypen), *indirekte Personas* (Patienten bei Medizintechnik, kaufentscheidende Eltern bei Spielzeug usw.) oder *negative Personas* (die nicht zur Zielgruppe gehören, aber berücksichtigt werden müssen, z. B. von der Nutzung auszuschließende Kinder) (Cooper, Reimann & Cronin 2007).

Adlin & Pruitt (2010) unterscheiden *Ad-hoc-Personas* und *datenbasierte Personas*. Dabei sind *datenbasierte Personas* solche, die auf belastbaren recherchierten Daten aufbauen und entsprechend die Ableitung valider Erkenntnisse erlauben, während *Ad-hoc-Personas* keine solche fundierte Grundlage haben, aber dennoch dem Entwerfenden Einblicke in potenzielle Nutzer gewähren und zur Kommunikation mit Dritten genutzt werden können.

2.5.8.3 Voraussetzungen und Funktion

Ad-hoc-Personas bauen im Wesentlichen auf dem individuell verfügbaren Wissen der Entwerfenden auf. Obwohl auch datenbasierte Personas selbst fiktiv sind, basieren sie jedoch auf realen Daten von Nutzern, die in einer vorangegangenen Recherchephase gewonnen wurden. Eine Persona fasst eine Nutzergruppe zusammen und vertritt sie im Designprozess. Sie basieren aber auch als *ad-hoc*-Personas auf dem Verhalten und den Motivationen von realen Personen, welche im gesamten Designprozess von ihnen repräsentiert werden.

Personas erleichtern die Kommunikation, denn es wird nicht das unbestimmte Wort *Nutzer* verwendet, sondern von einer konkreten repräsentativen Person gesprochen. Der Begriff *Nutzer* ist in der Regel zu unpräzise, um damit arbeiten zu können (Pruitt & Adlin 2006). Ohne Personas besteht die Gefahr, dass jedes Mitglied des Designteams eine eigene Vorstellung vom potenziellen Nutzer und dessen Bedürfnissen hat. Die Persona schafft eine Verständigungsbasis im Design- und Entwicklerteam, hält den Nutzer und seine Bedürfnisse dauerhaft im Zentrum der Entwurfsaktivitäten und hilft diese Methode, Entscheidungen im Produktentwicklungsprozess zu treffen (COOPER, REIMANN & CRONIN 2007). Um die vielen Nuancen im Verhalten der Anwender zu verstehen, ist die narrative Struktur von Personas wesentlich leichter greifbar als Statistiken. Es ist einfacher mit fiktiven Personen zu arbeiten, deren Lebensweise, Vorlieben, Bedürfnisse und Probleme konkret bekannt sind (*ibd.*).

#	Funktion von Personas	Rang
1	Fokus auf (Ziele der) Nutzer	2,3
2	Priorisierung von Produktanforderungen	4,1
3	Priorisierung von Zielgruppen	5,8
4	Infragestellung feststehender (falscher) Annahmen über Nutzer	6,5
5	Schutz vor selbst-referenziellen Entwürfen	6,7
6	Orientierungshilfe für Entscheidungen (durch klare Vorstellung von Nutzer, Bedürfnissen und Kontext)	8,4
7	Beschleunigung von Entscheidungen (bei Konzipierung und Entwurf)	8,8
8	Einbinden von Beteiligten (Investoren, Ingenieuren und Vertrieb)	9,5
9	Schaffen von Empathie (als emotionale Identifikation mit Nutzern)	10,4
10	Innovatives Denken (welches neue und bessere Lösungen generiert, die Nutzerbedürfnissen entsprechend)	10,5
11	Zusammenarbeit im (interdisziplinären) Team	10,6

Tabelle 5: Mittelwert-Ränge der elf durch Experten am höchsten bewerteten Funktionen von Personas (von insgesamt 22, MIASKIEWICZ & KOZAR 2011: 425f)

Miaskiewicz & Kozar (2011) ermittelten Funktionen (*benefits*) von Personas aus Sicht von Praktikern in einer mehrstufigen Panel-Umfrage mit Experten. In Tabelle 5 sind die am höchsten bewerteten Funktionen aufgelistet. Auch aus Sicht der Praktiker ist die Möglichkeit, potenzielle Nutzer »zum Leben zu erwecken« (Miaskiewicz & Kozar 2011: 426, übersetzt.) und deren Bedürfnisse und Ziele in den Mittelpunkt der Entwurfsprozesse zu stellen (statt selbstreferenziell zu entwerfen, # 5 in Tabelle 5) die wichtigste Funktion von Personas. Weiterhin wird das Potenzial von Personas die Ermittlung und Priorisierung von Produktanforderungen zu unterstützen, sehr hoch eingeschätzt. Dies kann als Form der Akquise von Designwissen angesehen werden.

Als kognitiv wirksames Unterstützungsmittel ist es ausreichend, die eigene Erinnerung zu nutzen oder einige Benutzer zu beobachten und dann eine Persona mit Namen, Foto und Beruf zu schaffen. Damit kann individuell verfügbares Wissen *ad hoc* akquiriert werden. Um belastbare und noch weniger selbst-referenzielle Erkenntnisse aus der Verwendung von Personas gewinnen zu können, sollten diese durch eine externe Recherche (beispielsweise durch Interviews mit der Zielgruppe und Experten des jeweiligen Fachgebiets, Observationen von Zielgruppenverhalten, Trendanalysen und statistische Erhebungen) untermauert sein. Beispiele dafür wurden in Abschnitt 2.5.1 dargestellt. Die Ergebnisse aus der Recherche sind oft sehr umfangreich und vielschichtig. Darin müssen signifikante Muster im Benutzerverhalten identifiziert und anschließend in *datenbasierte Personas* umgesetzt werden, die auf dieser Grundlage als für die Zielgruppe repräsentativ angesehen werden können (Cooper, Reimann & Cronin 2007).

Cooper, Reimann & Cronin (2007) empfehlen für die systematische Erstellung von Personas sieben Arbeitsschritte, die für das Industriedesign adaptiert und angepasst werden können (Bastian 2009, Wölfel & Bastian 2010):

1. Unterteilung der Zielgruppe in Interessengruppen
2. Identifizieren von Nutzerkategorien
   (nach Verhaltensvariablen, z. B. Aktivitäten, Einstellungen, Kompetenzen, Motivationen, Fähigkeiten)

3. Einordnung der Nutzer
   (Gewichtung und Visualisierung von Verhaltensvariablen)
4. Identifizieren von Verhaltensmustern
   (Zusammenhänge aufdecken, Haupteigenschaften benennen)
5. Überprüfung auf Vollständigkeit und Redundanzen
6. Persona erstellen (demographisches Profil, geographisches Profil, soziales Profil, Ziele und Bedürfnisse, Name und Foto)
7. Priorität der Personas festlegen

Ein alternatives Modell stellen Pruitt & Adlin (2006) zur Verfügung. Sie beschreiben das Erstellen und Auswerten der Persona als Lebenslauf (Abbildung 47). Dabei sind die Persona-Lebensphasen für den Einsatz in Unternehmen folgendermaßen untersetzt (→ Abbildung 47):

1. *Familienplanung:* Team bilden, Ziele festlegen,
   Vorgehen festlegen, Daten beschaffen
2. Zeugung und Schwangerschaft: Daten und Annahmen filtern
   und aufbereiten, Personas erstellen
3. *Geburt und Reifung:* Arbeit mit der Persona planen, Personas
   im Team bzw. Unternehmen einführen,
   Verständnis und Nutzung sicherstellen, Personas anpassen
4. *Erwachsenendasein:* Nutzen der Persona bei Konzeption,
   Entwicklung, Bewertung und Vermarktung des Produkts
5. *Ruhestand und Lebenswerk:* Nutzen der Persona ermitteln,
   Transfer für weitere Projekte vorbereiten

Designentscheidungen während des Gestaltungsprozesses können an einer Persona getestet werden, als wäre sie eine reale Person. Sie ersetzt zwar nicht den Test mit tatsächlichen Nutzern, bietet jedoch ein leistungsstarkes Werkzeug Designprobleme zu lösen. Diese Methode ist wesentlich schneller und kostengünstiger als der Test mit realen Personen und schafft zunächst eine solide Grundlage für weitere Untersuchungen (Cooper, Reimann & Cronin 2007).

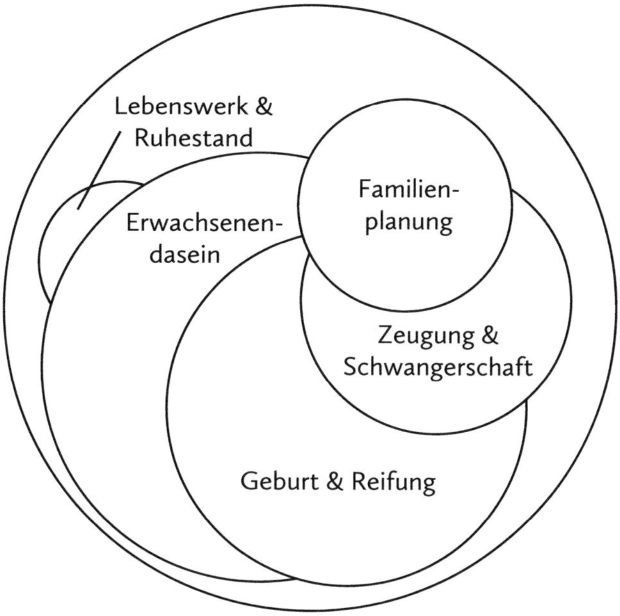

Abbildung 47: Persona-Lebenslauf nach PRUITT & ADLIN (2006, übersetzt). Die Größe der Kreise illustriert den nötigen Aufwand für die jeweilige Phase.

Um die Handlungsweisen und Bedürfnisse von Personas besser verstehen zu können, werden sie in bestimmten fiktiven Situationen beobachtet. Diese Situationen werden in einem narrativen Szenario beschrieben.

2.5.9 Szenario

2.5.9.1 Begriffe

Der Begriff *Szenario* leitet sich vom lat. *scaena* (Bühne) bzw. *scaenarius* (zur Bühne gehörig) ab. In diesem Sinne wird dieser Begriff auch heute noch für Theater, Film und Oper verwendet. Die Beschreibung einer geplanten Szene – etwa in einem Drehbuch – umfasst nicht nur den Ablauf der Handlung selbst, sondern auch ein Inventar der Umgebung (Orte, Ausstattung, Schauspieler, Requisiten). Die Beschreibung hat damit einen präskriptiven Charakter und besteht aus Anweisungen inklusive den notwendigen Informationen, um den Entwurf (= Szenario) in eine entsprechende Aufführung, Performance (= Szene) umsetzen zu können. »Ein Szenario ist ein plausibel ausformuliertes, hypothetisches Zukunftsbild eines abgegrenzten Problemfeldes, das alternative Entwicklungsmöglichkeiten berücksichtigt und der Entscheidungsfindung dient« (Wilms 2006: 7).

Szenarien können sehr unterschiedlich repräsentiert werden. Neben den schriftlich fixierten und mit Daten untersetzten „klassischen" Varianten (z.B. Carroll 2000, Gausemeier, Fink & Schlake 1995) können Szenarien gespielt (als kollaborative Methode [vgl. Dindler & Iversen 2007] oder Rollenspiele [Higgins & Wiese 1996: 47, van Boeijen & Daalhuizen 2010]), erzählt (Clausen 1993, Gaßner & Steinmüller 2006 u.a.), gezeichnet (Ermi & Mäyrä 2005, Haesen *et al.* 2010, Abbildung 48), als Collage visualisiert (Dickinson, Kumana & Darius 2009, van Boeijen & Daalhuizen 2010) oder aus einer Kombination der genannten Möglichkeiten (z.B. Dindler & Iversen 2007) entwickelt werden. Die verschiedenen Darstellungsformen erlauben die Kommunikation bestimmter Wissensanteile, die mit jeweils anderen nicht oder nur aufwändig dargestellt werden könnten (Abbildung 49), weshalb eine Kombination verschiedener Darstellungsformen empfohlen wird.

Abbildung 48: Szenariodarstellung für den Entwurf eines Computer-Spiels in Form eines Comics (nach Ermi & Mäyrä 2005, übersetzt, gekürzte und vereinfachte Darstellung).

Abbildung 49: Szene aus einem Comic-Storyboard.
Gesichtsausdruck und Körpersprache verstärken die Emotionen (Nachbildung eines Bildausschnitts aus HAESEN *et al.* 2010: 3).

Das Problemfeld, auf das sich die zu unterstützenden Entscheidungen beziehen, bei GAUSEMEIER, EBBESMEYER & KALLMEYER (2001) *Gestaltungsfeld* bezeichnet, kann neben anderen ein zu entwickelndes Produkt sein. Das *Szenariofeld* hingegen beschreibt »das, was durch die erstellten Szenarien erklärt werden soll« (GAUSEMEIER, EBBESMEYER & KALLMEYER 2001: 83). In Abhängigkeit vom Szenariofeld unterscheiden GAUSEMEIER, EBBESMEYER & KALLMEYER in Bezug auf Produkte in folgende drei Szenario-Typen:

— *Umfeld-Szenarien*: Umfeld des Produkts wird beschrieben – Welche Rahmenbedingungen sind zu erwarten?
— *Gestaltungsfeld-Szenarien*: Das Produkt selbst – wie könnte es aussehen?
— *System-Szenarien*: Das Produkt in seinem Umfeld – Welche Gesamtkonstellation könnte sich ergeben?

Das Schaffen von und Arbeiten mit *Szenarien* in der Produktplanung und -entwicklung ist in verschiedenen Ausprägungen sowohl in der Konstruktion, stärker aber im Bereich des Industriedesigns sowie im Marketing bekannt (z.B. BÜRDEK 2005, SÄÄSKILAHTI & TAKALA 2006, LINDEMANN 2007, KRZYWINSKI 2011). In einigen Fällen ist ein Szenario bereits Teil der Aufgabenstellung.

Die als Werkzeug der strategischen Produktplanung etablierte *Szenariotechnik* baut auf Zukunftsmodelle von Welten, die das zu Entwerfende umgeben werden. Die Wahrscheinlichkeit, dass diese Realität werden, ist selten abschätzbar. Bei GAUSEMEIER (1995) stehen Berechnungen zur Qualifizierung des Szenarios im Mittelpunkt; nach BRANDENBURG (2002) erscheint eine »sachlogische Überprüfung [...] an dieser Stelle jedoch ausreichend«. Eine wichtige Kategorisierung der Szenario-Techniken bzw. der Erstellung und Ausarbeitung von Szenarien ist demnach zunächst in *qualitatives* und *quantitatives* Vorgehen bzw. *ad-hoc-* und *datenbasierte Narration* vorzunehmen.

Daneben wird in Abhängigkeit von Funktion, Reichweite und Erstellungsaufwand der erstellten Szenarien unterschiedlich mit dem *Szenariotrichter* (VON REIBNITZ 1991) umgegangen. Grundlage des Trichtermodells sind die unterschiedlichen Entwicklungsmöglichkeiten der Einflussfaktoren, welche die Wahrscheinlichkeit des Eintreffens eines entwickelten Szenarios beeinflussen. Insbesondere Im *Szenariomanagement*, also der strategischen Nutzung von Szenarien in der Unternehmensführung (GAUSEMEIER, EBBESMEYER & KALLMEYER 2001), weisen diese in der Regel einen weit voraus liegenden Zukunftshorizont auf. Die Entscheidungslinien zu dessen Erreichen sind durch zahlreiche

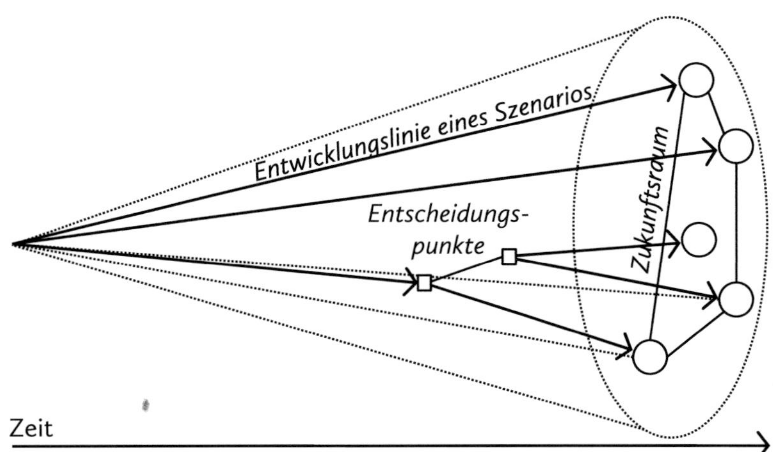

Abbildung 50: Szenariotrichter
(vereinfachte Darstellung nach GAUSEMEIER, EBBESMEYER & KALLMEYER 2001: 82)

Entscheidungspunkte und mögliche Störereignisse gekennzeichnet. Je nachdem, wie diese unterschiedlichen Entwicklungsmöglichkeiten berücksichtigt werden, spannen ein *positives Extremszenario* (*best case scenario*) und ein *negatives Extremszenario* (*worst case scenario*) einen Trichter um prognostizierte *Trendszenario* auf. Werden die unterschiedlichen Entwicklungsmöglichkeiten in alternativen Szenarien berücksichtigt, können diese in einem *alternativen Szenariotrichter* dargestellt werden (→ Abbildung 50).

Im Rahmen konkreter Produktentwicklungen ist ein eher pragmatischer, zumeist qualitativ-argumentativer Umgang mit Szenarien üblich. Seit den 1990er Jahren etablierten sich derartige szenario-basierte Arbeitsmethoden insbesondere in den Gebieten der Softwareentwicklung und Mensch-Computer-Interaktion. In diesem Zusammenhang beschreiben ROSSON & CARROLL ein Szenario als »einfach eine Geschichte über Menschen, die eine Tätigkeit ausführen« (2002: 2, übersetzt). Sie verwenden *Problem-Szenarios* (*problem scenario*) zum Aufwerfen von Fragen sowie *Design-Szenarios* (*design scenario*) zum Generieren von Visionen. Als *narrative normative Szenarien* (GAẞNER & STEINMÜLLER 2006) nutzen diese die in den vorangegangenen Abschnitten beschriebenen Potenziale sprachlicher und erzählerischer Methoden, um individuell verfügbares implizites und explizites, auch subjektives, emotionales, soziokulturelles und insbesondere episodisches und Erfahrungswissen für den Entwurfsprozess zugänglich zu machen.

2.5.9.2 Voraussetzungen und Funktion narrativer Szenarien

In einem narrativen Szenario wird das Erleben des Nutzers beschrieben, woraus sich spätere Anforderungen an das Produkt ableiten lassen. Es muss plausibel, konsistent und möglichst wahrscheinlich sein, um glaubwürdig zu sein und im Team akzeptiert zu werden. Es sollte mit möglichst wenigen Varianten gearbeitet werden (WOLF, ZERRES & ZERRES o.J.). Es sollte nicht nur die Abfolge von Handlungen bei der Produktnutzung, sondern auch die Nutzer detailliert sowie ihre Motivationen, Ziele und Werte beschreiben (GRUEN, RAUCH, REDPATH & RUETTINGER 2002).

(Zuvor oder parallel erarbeitete) Personas können in *narrative Szenarien* einfließen. Auch für Szenarien kann in *datenbasierte* und *ad hoc* erstellte unterschieden werden, wobei aus erstgenannten belastbarere Schlüsse gezogen werden können, letztere aber dennoch eine Unterstützung des Entwerfenden einschließlich der individuellen Wissensakquise bietet. In *narrativen normativen Szenarien* wird der Umgang prototypischer Zielgruppenvertreter (Personas) mit den zu entwerfenden Produkten im angestrebten Nutzungsumfeld erzählerisch dargestellt (Wölfel 2010). Ebenso wie Personas sind Szenarien effektive Werkzeuge in der Teamarbeit. Besonders in interdisziplinär zusammengesetzten Teams unterstützten sie die Kommunikation, indem es sie eine einheitliche Sprache schaffen (Gruen 2000), sie nehmen der Gesamtaufgabe die Komplexität und brechen diese auf ein bearbeitbares Level herunter.

Mit Hilfe narrativer Szenarien können Beziehungen zwischen dem Nutzerverhalten, Situationen und dem Produkt dargestellt und untersucht werden. Szenarios beschreiben demnach beispielhaft das Verhalten und Erleben mindestens eines Akteurs beim Verfolgen mindestens eines Ziels. (Treten mehrere Akteure und/oder Ziele auf, sind einzelne in der Regel vordergründiger als andere.) Die Entwerfenden können auf dieser Grundlage auf aktuelle Bedürfnisse reagieren und zukünftige antizipieren (Rosson & Carroll 2002). Szenarien gewähren Einblicke in *Schlüsselsituationen* und helfen, Wissen und Erfahrung unterschiedlicher Experten zusammenzubringen.

Use Case ist eine schnell durchführbare Variante der Szenarien, da sie nur den direkten Umgang des Nutzers mit dem Produkt betrachtet. Der Vorteil dabei ist der geringe Zeitaufwand der nötig ist um die wichtigsten Aspekte der Nutzer-Produkt-Interaktion zu betrachten. *User Stories* hingegen beschreiben mehrere Situationen innerhalb eines betrachteten Zeitraums. Damit kann das Produkt in unterschiedlichen Situationen unter anderen Einflüssen und Zielen der Nutzung betrachtet werden. Die *User Stories* beschreiben insgesamt einen längeren Zeitraum mit mehreren Anwendungssituationen. Dabei fließen auch Beschreibungen ein, die nicht direkt mit der Nutzung des Produktes im Zusammenhang stehen. Sie vervollständigen jedoch die Vorstellung vom Nutzungskontext und leiten zwischen den einzelnen Schlüsselsituationen über.

»(Nur) die Erfüllung zukünftiger und latenter Kundenbedürfnisse [durch zukunftsweisende Technologien] schafft Einzigartigkeit« (EVERSHEIM *et al.* 2003: 28). Durch das Nachdenken über tägliche Erlebnisse und Verhaltensweisen der Nutzer wird der Designer bzw. das Designteam gezwungen, das Produkt aus Nutzersicht zu betrachten. Mit diesem veränderten Blickwinkel lassen sich innovative Produkte entwickeln, welche den realen Anforderungen und Bedürfnissen der realen Nutzer entsprechen (BEST 2006). Dabei sollte das Szenario immer nutzer- und nicht produktzentriert sein (HOLUB 2000).

Neben der Möglichkeit, explizite Anforderungen abzuleiten binden die narrativen Szenarien aber auch implizites Entwurfswissen, welches sich nicht ohne weiteres in explizit formulierte Produktanforderungen übertragen lässt. Folglich können auch Designkonzepte, welche als »die ersten stabilen Wisseneinheiten des Entwurfsprozesses« (KRZYWINSKI 2011: 62) das Entwurfsziel komprimiert und in abstrakter Form vorwegnehmen, an Szenarien entwickelt und überprüft werden (auch dazu → KRZYWINSKI 2011).

In der Unternehmenspraxis ist die Anwendung von Personas und narrativen Szenarien nicht in jedem Fall erfolgreich. PRUITT & ADLIN (2006) nennen als mögliche Gründe unter anderem mangelnde Akzeptanz und Unterstützung durch die Unternehmensführung, mangelhafte Datengrundlage, mangelhafte Kommunikation sowie mangelhaftes Verständnis der narrativen Techniken innerhalb des Design- und Entwicklungsteams. Diesen Problemen kann durch eine entsprechende Unternehmenspolitik und Sorgfalt bei der Anwendung der narrativen Techniken gegengewirkt werden.

2.5.9.3 Erstellen narrativer Szenarien

Für die Erarbeitung von Szenarios werden unterschiedliche Modelle angeboten, die sich je nach Gestaltungsfeld, Szenariofeld, überwiegend qualitativer oder quantitativer Datenbasis oder Ausprägung des Szenariotrichters unterscheiden. Narrative Szenarien in der Produktentwicklung sind in der Regel Gestaltungsfeld- oder – aufgrund der Komplexität seltener – Systemszenarien. Die Vielfalt möglicher Zustände im Zukunftsraum sowie mögliche Störfaktoren interessieren dabei weniger: Vielmehr werden oftmals alternative Szenarien für unterschiedliche Zielgruppen – repräsentiert durch unterschiedliche Personas – entwickelt, auf deren Basis auch unterschiedliche Konzepte oder Entwürfe erarbeitet werden.

Gausemeier, Ebbesmeyer & Kallmeyer (2001) schlagen folgende fünf Schritte vor:

1. Szenario-Vorbereitung (Zielfestlegung, Ist-Analysen)
2. Szenariofeld-Analyse
   (Einflussanalysen, Schlüsselfaktoren identifizieren)
3. Szenario-Prognostik
   (Ermitteln von Entwicklungsmöglichkeiten/
   alternativen Zukunftsbildern je Schlüsselfaktor)
4. Szenario-Bildung (Kombinieren von konsistenten
   Zukunftsbildern zu Roh-Szenarien)
5. Szenario-Beschreibung
   (Prosa auf der Basis von Ausprägungslisten)

Die Erarbeitung narrativer Szenarien in Form umfassender *user stories* kann nach Gaßner & Steinmüller (2006) in sechs (iterativen) Schritten erfolgen:

1. Definitionsphase (Festlegen inhaltlicher, formaler
   und organisatorischer Rahmenbedingungen)
2. Visionsworkshop
   (Erarbeiten inhaltlicher Kernaspekte und Schlüsselfaktoren)
3. Szenario-Exposee (Vorentwurf des Szenarios, Schlüsselszenen
   im Kontext der Persona beschreiben und vernetzen)
4. Storyboard (Visualisierung von Handlungsabläufen)
5. Szenario-Writing (Schreiben einer verständlichen,
   kurzen und konkreten Geschichte)
6. Auswertung des Szenarios
   (Ableiten und Bewerten von Anforderungen)

In einer vereinfachten Form kann die Erarbeitung eines auf den *use case* beschränkten narrativen Szenarios auf drei Schritte zusammengefasst werden (→ Bastian 2009):

1. Definitionsphase
   (Situation, Persona und Handlungsziel festlegen)
2. Schlüsselszene beschreiben
   (detaillierte Beschreibung der Handlung aus Nutzersicht)
3. Anforderungen ableiten

Aus den Szenarien können Produkt-Anforderungen, neue Lösungsansätze und Anwendungsmöglichkeiten abgeleitet, diskutiert und bewertet werden, die ohne narrative Techniken nur schwer oder gar nicht ermittelt werden könnten. Das so (zusätzlich) ermittelte Wissen kann in der anschließenden Phase der Konzepterstellung einfließen und letztlich die Chancen der Marktakzeptanz durch besser auf die Bedürfnisse potenzieller Nutzer abgestimmte Produkte erhöhen. Zum besseren Verständnis wird die Erstellung von Persona und Szenario im Anhang 1 am Beispiel eines Entwurfsprojekts dargestellt.

Sowohl Personas als auch Szenarien können im Verlauf des weiteren Entwurfsprozesses nicht nur weiter genutzt, sondern bei Bedarf auch weiterentwickelt werden. So können die narrativen Techniken nicht nur beim Klären der Aufgabe helfen, sondern beispielsweise als Teil des Dreiecks Wesensbestimmung — Persona — Szenario wesentliche Werkzeuge für die Erstellung von Designkonzepten bilden (Krzywinski, Wölfel & Drechsel 2009, Wölfel, Krzywinski & Drechsel *in Druck*).

2.5.10 Methodenakzeptanz in der Praxis

Methoden werden in Produktentwicklungsprozessen hauptsächlich zur Unterstützung von Teamarbeit und Planung (Geis *et al.* 2008) aber auch zur Generierung und Bewertung von Varianten und seltener zur Unterstützung der Wissensakquise eingesetzt.

Die Forschung und Entwicklung neuer Methoden fokussiert häufig auf die Verbesserung und Beschleunigung der Entwurfsprozesse sowie die das Ausnutzen von Innovationspotenzialen, aber auch auf den Zugriff auf Informationen (und Wissen) (z. B. Grabowski & Geiger 1997). Der Einsatz und die Anwendung von Methoden sind in der Praxis wenn auch steigend so doch nach wie vor umstritten (Hutterer 2005, Jänsch 2007) und selten freiwillig (→ Stöckert, Debitz, Kind & Hacker 2008, Oerding 2009). Als allgemeine Gründe dafür werden lange Lernzeiten, fehlende Bedarfserkennung und mangelndes Problembewusstsein angegeben.

Geis et al. (2008) bieten ein Modell des Methodentransfers an, aus dem notwendige Maßnahmen beschrieben werden (Abbildung 51). In Anlehnung an Jänsch (2007) sind die Probleme des Methodentransfers (im Kontext der Produktentwicklung) in die Praxis folgende:

- Die Methoden sind oftmals zu wissenschaftlich und werden deshalb von den Praktikern nicht verstanden. Dazu kommt der unterschiedliche Abstraktionsgrad verschiedener Methoden und die Überfrachtung mit überflüssigen Informationen oder die mangelnde Dokumentation, die eine Anwendung der Methoden erschweren.
- Wissen über Methoden ist nicht mit Methodenkompetenz gleichzusetzen, die Auswahl, Anpassung und Anwendung der Methoden umfasst. Methoden müssen (oftmals) durch einen Moderator und mit Argumenten und ausreichend Übung eingesetzt werden, um entsprechende Kompetenz vermitteln zu können. Nicht zuletzt setzen viele Methoden auch spezifische Fähigkeiten und Fertigkeiten voraus, wobei nur letztere erlernt werden können (→ *Entwurfswissen* vs. *Entwurfskompetenz* in 2.4).
- Neben den Darstellungs- und Vermittlungsproblemen kann der Methodentransfer an mangelnder Akzeptanz und Anwendungsproblemen scheitern. Latente Zweifel bei den Praktikern werden durch notwendige Anpassungen von Entwicklungsprozess oder Teamorganisation verstärkt. Wenn die

potenziellen Anwender davon überzeugt sind, dass die Methode keinen Effekt haben wird, werden sie diese auch nicht nutzen.

Um erfolgreich in die Praxis transferiert werden zu können, sollten diese also

- so einfach wie möglich,
- so flexibel wie möglich,
- in den Entwicklungsprozess integriert und
- mit möglichst wenig theoretischem Ballast

auf das Ergebnis fokussiert sein.

Weiterhin sollten Methoden immer wieder entsprechend der Anforderungen der Anwender verbessert werden (Geis *et al.* 2008).

Es ist ersichtlich, dass also insbesondere bei der Neuentwicklung, aber auch bei der Anpassung von Methoden aus anderen Bereichen, selten nur ein Schritt nötig ist. Gerade die Widersprüche zwischen Flexibilität und Anleitung, ausreichender Erklärung und unnötigem Ballast sowie zwischen Integra-

Abbildung 51: Modell des Methodentransfers (Geis *et al.* 2008: 374)

tion in bestehende Prozesse und Erneuerung können nur in iterativen Schleifen, also in langwierigen Prozessen, durchschritten werden. Folglich ist es mit Hinblick auf die Unterstützung der Wissensakquise sinnvoll, auf bestehende Methoden aufzubauen oder solche aus anderen Bereichen heranzuziehen und entsprechend anzupassen.

Im Fall der Personas und narrativen Szenarien ist diese Problematik etwas anders: sie sind nicht aus theoriegeleiteter Forschung entstanden und in die Praxis überführt worden, sondern maßgeblich in größeren (Software)-Unternehmen, in der Beratungs- und Dienstleistungspraxis und auch in der Praxis des Industriedesigns entstanden bzw. weiterentwickelt worden. Dabei ist – auch im Gegensatz zur in diesem Abschnitt beschriebenen typischen Entwicklung von Produktentwicklungsmethoden – bisher vergleichsweise wenig empirische Forschung zum Effekt der narrativen Techniken bekannt. Eine Ausnahme stellt beispielsweise die Dissertation von Nielsen (2004) dar, die allerdings den Kontext des Industriedesigns nicht betrifft, so wie sich nahezu alle wissenschaftlichen Publikationen zu Personas und narrativen Szenarien bisher auf den Bereich der Human Computer Interaction oder in wenigen Fällen auf das Interaktionsdesign (hervorzuheben sind Cooper 1999, Pruitt & Adlin 2006, Cooper, Reimann & Cronin 2007) beziehen.

Um die narrativen Techniken in der Designausbildung einsetzen zu können, sind diese zwar so einfach und flexibel wie möglich sowie auf das Ergebnis fokussiert zu halten. Sie sind aber nicht nur in den Entwicklungsprozess sondern auch in die zugrunde liegenden Theorien und Modelle zu integrieren und müssten – auch im Gegensatz zu den oben aufgeführten Empfehlungen von Jänsch (2007) sogar mit »theoretischem Ballast« angereichert werden, um im Ausbildungskontext verstanden und angenommen zu werden. Die vorliegende Arbeit umfasst empirische Untersuchungen zum Effekt fragenbasierter und narrativer Techniken in Produktentwicklungsprozessen. Sie könnte dazu genutzt werden, eben jene Integration der narrativen Techniken in die Theorien und Modelle im Technischen bzw. Industriedesign vorzunehmen.

2.6 ZUSAMMENFASSUNG UND AUSWAHL GEEIGNETER METHODEN

Am Beginn von Entwurfsprozessen steht die Akquise des Wissens, welches für die Bearbeitung der Aufgabe nötig ist. Insbesondere Novizen mit ingenieurwissenschaftlicher Vorbildung bereitet die Wissensakquise im Design Probleme (1.1). Die Theorie der psychischen Regulation von Tätigkeiten (2.3.3) liefert dafür ein Erklärungsmodell, demzufolge es eines antizipierbaren Ziels als wesentliche Handlungsgrundlage mangelt. Bevor das Entwurfsziel – im Design das Erleben (2.1.2) – mit dem Designkonzept auf einem abstrakten Niveau vorweggenommen werden kann, muss die Handlungsfähigkeit bei der Akquise relevanten Designwissens durch Vorgeben weiterer Zwischenziele beispielsweise in Form von Methodenanweisungen ermöglicht werden (2.3.5). Diese Zwischenziele müssen aufgabenunspezifisch aber disziplinspezifisch definiert sein und mit den weiteren Handlungsvoraussetzungen wie Motivation zusammenspielen.

Bei der Auswahl und Anpassung geeigneter Methoden für Vorgabe und Erreichen solcher Zwischenziele durch die Akquise individuell verfügbaren Designwissens muss dessen Spezifik berücksichtigt werden. Dieses Wissen wurde in Abschnitt 2.4 als Nicht-Wissen, als Vor- und Erfahrungswissen, als Fakten- und episodisches Wissen, als soziokulturelles und technisches, Alltags- und Fachwissen, als implizites und explizites Wissen sowie als objektives, subjektives und emotionales Wissen beschrieben, welches für einen erlebensorientierten Entwurfsprozess benötigt wird. Im Vergleich zum Entwurfswissen in der Konstruktion sind die Schwerpunkte beim Designwissen insbesondere hin zu sozio-kulturellem, implizitem und subjektivem verschoben, Fakten- und reines Berufswissen spielen eine tendenziell geringere Rolle.

Wie im vorangegangenen Abschnitt 2.5 dargestellt wurde, sind einzelne Methoden besonders geeignet, die Akquise derartigen Wissens zu unterstützen.

Hervorgehoben werden müssen die intuitiv und äußerst aufwandsarm anzuwendende fragenbasierte Selbstreflexion (2.5.6) sowie die ebenfalls intuitiv anwendbaren aber arbeitsintensiveren narrativen Methoden Persona (2.5.8) und narrative normative Szenarien (2.5.9). Sowohl die reflexiven fragenbasierten als auch die narrativen Methoden definieren antizipierbare Zwischenziele, wobei insbesondere die narrativen Szenarien einen ganzheitlichen Blick auf den Kontext des Produkterlebens ermöglichen. Die anderen im Abschnitt 2.5 dargestellten Methoden zeigen den Kontext auf und interagieren mit den hier hervorgehobenen reflexiven und narrativen Methoden.

Allgemeine Voraussetzungen für den erfolgreichen Transfer von Methoden in die Praxis der Produktentwicklung wurden im vorangegangenen Abschnitt dargestellt. Einige Voraussetzungen wie beispielsweise Problembewusstsein können durch die Methoden selbst nur schwierig erfüllt, andere wie geringer Lern- und Durchführungsaufwand aber als Kriterium für Auswahl und Anpassung von Unterstützungsmitteln genutzt werden.

Eine entsprechende Übersicht der Bewertung der für die schriftliche Fassung der vorliegenden Arbeit ausgewählten und in den vorangegangenen Abschnitten diskutierten Methoden hinsichtlich der genannten Kriterien ist in Tabelle 6 dargestellt. Daraus kann abgelesen werden, dass die in der klassischen Konstruktionsmethodik etablierten Methoden – in Kenntnis der Problemlage wenig verwunderlich – nicht die geeignetsten sind, um die Akquise von Designwissen im Sinne der Definition in Abschnitt 2.4.8 zu unterstützen.

Neben den im Design bereits etablierten, aber nur punktuell einsetzbaren Wort- und Bildassoziationen fällt die besondere Eignung der narrativen Methoden für die Akquise der spezifischen Wissensformen auf. In Abhängigkeit vom konkreten Fall und der konkreten Ausgestaltung der Methode sind auch Fragenkataloge potenziell geeignet, die Akquise von Designwissen zu unterstützen. Gegenüber den narrativen Methoden, die zwar leicht erlernbar, aber durchaus aufwändig durchzuführen sind, zeichnen sich Fragenkataloge durch sehr geringen Aufwand sowohl bezüglich des Erlernens als auch der Durchführung aus.

Methode	Vorgabe antizipierbarer Zwischenziele	Umgang mit Nichtwissen	Vor- und Erfahrungswissen	Fakten- und episodisches Wissen	implizites Wissen	sozio-kulturelles und Alltagswissen	eomotionales und subjektives Wissen	Lernaufwand	Aufwand der Durchführung	Transfer und Akzeptanz
gestalt. Marktanalyse	o	o	o	−	o	+	+	o	o	+
Marktsegmentierung	−	−	o	o	o	+	+	−	−*	+*
Anforderungslisten	+	+	o	−	o	−	−	+	+	++
Brainstorming & Derivate	−	o	+	o	−	+	o	o	−	+
Wort-Assoziationen	—	+	+	+	+	+	+	+	+	+
Bild-Assoziationen	—	+	+	+	++	+	++	+	+	o
Entwurfshandeln	o	+*	o	o	+	o	+	o*	+*	++
Fragenkataloge	+*	+*	+	o*	o*	+*	+	+	+	o
***ad-hoc*-Narration**	+	+	+	++	++	++	++	+	o	o
datenbasierte Narration	+	o	+	+	+	+	o	+	—	−

Tabelle 6: Zusammenfassender Vergleich der dargestellten Methoden hinsichtlich ihrer Eignung die Akquise von Designwissen zu unterstützen
*abhängig vom konkreten Fall und Form der Methode

Um die ausgewählten Methoden für ihren spezifischen Einsatz anpassen und die erzielten Effekte prüfen zu können, sind empirische Untersuchungen notwendig. Diese werden in den folgenden Abschnitten dargestellt.

3 EMPIRISCHE UNTERSUCHUNGEN

Der empirische Teil dieser Arbeit umfasst vier unabhängig voneinander durchgeführte inhaltlich verbundene Untersuchungen, die im Folgenden einzeln dargestellt werden. Dabei werden für jede Untersuchung Problemlage, Aufbau und Durchführung der Untersuchung, die ermittelten Ergebnisse sowie eine jeweilige Interpretation und Diskussion dargestellt. Ein zusammenhängender Ausblick wird im Abschnitt 0 gegeben.

Um die als geeignet ausgewählten reflexiven und narrativen Methoden für den Einsatz am Beginn von Entwurfsprozessen anpassen zu können, muss zunächst das generelle Vorgehen in den frühen Entwurfsphasen (2.3.4) bestätigt sowie der bereits etablierte Einsatz von Methoden in den Entwurfsdisziplinen geklärt werden. Über den Einsatz von Methoden in der beruflichen Praxis von Konstrukteuren ist bereits geforscht worden (→ 2.5.10). Die Komplexität der zu entwerfenden Produkte lässt auch im Industriedesign kein rein intuitives Vorgehen mehr zu (Cross 2001b). Zwar gibt es auch für das Design Publikationen und Forschungsarbeiten, die zumindest einen punktuellen Einblick in die Verwendung von Methoden bei Praktikern gibt (z. B. Bastian 2009, Miaskiewicz & Kozar 2011 u. a.). Ein Überblick oder gar umfassende empirische Studien zur Anwendung expliziter Methoden in der Praxis des Industriedesigns, die einen Vergleich mit dem Methodeneinsatz in der Berufspraxis von Konstrukteuren zulassen, sind jedoch nicht bekannt. Bisher unbekannt sind ebenfalls vergleichende Untersuchungen zum Methodeneinsatz in den an der Produktentwicklung beteiligten Entwurfsdisziplinen. Abschnitt 3.1 beschreibt eine gemeinsam mit Psychologen der Arbeitsgruppe Wissen – Denken – Handeln durchgeführte Feldstudie zu generellem Vorgehen und Methodennutzung in der beruflichen Praxis von Konstrukteuren und Designern. Die daraus gewonnenen Erkenntnisse können die erarbeitete theoretische Basis für die Planung und Durchführung der in den Abschnitten 3.2 bis 3.4 dargestellten drei Untersuchungen mit experimentellem Charakter ergänzen.

Der Effekt fragenbasierter Selbstreflektion wurde bislang vorrangig in solchen Entwurfsphasen untersucht, in denen bereits erste Entwürfe vorlagen. Lässt sich der Effekt auch auf das Klären der Aufgabe übertragen – wo noch kein evaluierbarer Gegenstand vorliegt – und dort die Wissensakquise in Form der Anforderungsermittlung unterstützen? Die zweite Untersuchung (3.2) ermittelt in einem quasi-experimentellen Versuchsaufbau den Effekt der Frage-Antwort-Technik beim Ermitteln von Produktanforderungen in der konstruktionsmethodischen Ausbildung im Vergleich zu etablierten Checklisten unter Laborbedingungen.

Können die oben genannten narrativen Methoden trotz des nötigen Aufwands in eine Designausbildung, die auf der *Vorgehensplanung Designprozess* (→ 2.3.3) aufbaut, integriert werden und welcher Effekt lässt sich nachweisen? Die dritte Untersuchung (3.3) ermittelt den Effekt von *ad-hoc*-Personas und *ad-hoc*-Szenarien im Kontext des ersten Semesterprojekts bei einer kleinen Stichprobe in der Ausbildung von Designingenieuren.

Kann mittels Fragenlisten angeregte Selbstreflexion auch die Akquise von Designwissen unterstützen? In der letzten der dargestellten Untersuchungen (3.4) wird die aufwandsarme Frage-Antwort-Technik zur Unterstützung der Ermittlung nutzerzentrierter Anforderungen als Form der Akquise von Designwissen eingesetzt. Im Rahmen einer quasi-experimentellen Untersuchung wird unter Laborbedingungen untersucht, inwiefern eine auf der Persona- und Szenariomethode basierende designspezifische aufgabenunabhängige Fragenliste eine bessere Unterstützungsleistung bietet als eine inhaltlich entsprechend angepasste einfache Checkliste.

Mit Ausnahme der zweiten Untersuchung (3.2), die einem quantitativen Forschungsparadigma folgt, wurden sowohl qualitative als auch quantitative Untersuchungsmethoden angewendet. Nach dem *Mixed-Methods-Ansatz* stehen diese nicht (mehr) nebeneinander oder sich gar entgegen, sondern ergänzen einander (Creswell *et al.* 2003, Jick 1979 u.a.). Dieser Ansatz hat in den vergangenen Jahren sowohl in den Sozial- und Verhaltensforschung (Tashakkori & Teddlie 2003), in der Psychologie (Mayring *et al.* 2007) als auch in der Designforschung (Melles 2008) an Akzeptanz und Bedeutung gewonnen, erlaubt er doch gleichzeitig empirische Belege als auch inhaltliche Begründungen auf

Grundlage der erhobenen Daten. Auf die spezifischen eingesetzten Untersuchungsmethoden wird in den Abschnitten der einzelnen Untersuchungen separat eingegangen. Aus Gründen der Nachvollziehbarkeit werden die jeweiligen Ergebnisse zunächst unkommentiert dargestellt und in separaten Abschnitten innerhalb der Untersuchungskapitel diskutiert und interpretiert.

3.1 METHODENEINSATZ IN FRÜHEN ENTWURFSPHASEN IN DER PRAXIS VON DESIGNERN UND KONSTRUKTEUREN

3.1.1 Problem und Fragestellungen

Wie in Abschnitt 2.3 dargelegt wurde, ist die Konstruktionsausbildung im deutschsprachigen (bzw. europäischen) Raum durch die Methodik und Methoden von Pahl *et al.* (2005) dominiert. Zwar kann im Bereich des Industriedesign keine einheitlich akzeptierte Lehre mit entsprechenden Vorgehensplänen und Methoden benannt werden, jedoch ist bekannt, dass Industriedesignprozesse mit den Vorgehensmodellen von Pahl *et al.* (2005) bzw. der davon beeinflussten *VDI-Richtlinie 2221* nicht ohne Weiteres passfähig sind (z. B. Roozenburg & Cross 1991, Uhlmann 2005, Engeln *et al.* 2008).

Beachtet man außerdem, dass in der Konstruktion oft eine Diskrepanz zwischen methodischen Vorgaben in der Ausbildung und tatsächlicher Umsetzung in der Praxis existiert (Rückert 1997, Bender 2004, Jänsch 2007 u. a.), stellt sich die Frage, ob die Unterschiede und Widersprüche, die zwischen Konstruktionslehre und Industriedesignausbildung bestehen, in gleichem Maß in der Praxis zu beobachten sind. Im Rahmen der vorliegenden Arbeit ist dabei die Frage nach in der Praxis der unterschiedlichen Entwurfsdisziplinen bewährten unterstützenden Methoden besonders wichtig. Um zu ermitteln, wie sich das generelle Vorgehen, die verwendeten Unterstützungsmethoden sowie der Wert, der diesen beigemessen wird in der Praxis von Konstruktion und Industriedesign unterscheidet, wurde eine explorative Feldstudie durchgeführt.

Die Untersuchung wurde im Rahmen eines gemeinsamen Forschungsprojektes der Arbeitsgruppe Wissen – Denken – Handeln und der Professur für Kon-

STRUKTIONSTECHNIK/CAD der TECHNISCHEN UNIVERSITÄT DRESDEN von der VOLKSWAGEN-STIFTUNG gefördert (II/82 497). An der Vorbereitung, Durchführung und Auswertung waren entsprechend Wissenschaftler beider Einrichtungen beteiligt. Eine ausführliche Darstellung der Studie im Kontext des Forschungsprojekts ist bei DEBITZ, WÖLFEL, STEINBRECHER & PETERS (2011) zu finden. Dem Fokus der vorliegenden Arbeit entsprechend liegt hier der Schwerpunkt in der Auswertung und Diskussion der im Rahmen des *Klärens der Aufgabe* verwendeten Vorgehensweisen und Methoden in beiden Entwurfsdisziplinen.

Um die Verwendung bestimmter Methoden im Kontext des Entwurfsprozesses bewerten zu können, muss zunächst geklärt werden, welche generellen Vorgehensweisen sich für die frühen Phasen der Produktentwicklung in der Praxis von Industriedesignern und Konstrukteuren etabliert haben. Es wird geprüft, ob bestimmte Strategien besonders häufig genannt werden und diese oft in Verbindung mit bestimmten anderen Strategien eingesetzt werden. Lassen sich Cluster von Strategien bilden, die in verschiedenen Unternehmen immer wieder gemeinsam im Entwurfsprozess angewendet werden, kann festgestellt werden, inwiefern die Vorgehensmodelle in der Konstruktions- und Designpraxis mit denen der entsprechenden Lehre übereinstimmen.

— **Fragestellung 1:** Gibt es eine bevorzugte Vorgehensweise in frühen Phasen der Produktentwicklung?
Wie unterscheidet sich diese in der Konstruktion und im Industriedesign?

— **Hypothese 1:** Die Unterschiede zwischen dem Vorgehen in den frühen Phasen der Produktentwicklung in der Konstruktion und dem im Industriedesign sind vorhanden aber geringer als es in den Lehren der Entwurfsdisziplinen der Fall ist.

Die spezifischen Vorgehensweisen werden durch bestimmte kognitive und soziale Organisationsprinzipien (hier verkürzt als Methoden bezeichnet) unterstützt. Entsprechend der unterschiedlichen Zielstellungen von Konstruktion (technisch-funktionale Lösung) und Industriedesign (positives Erleben des

Nutzers mit der Lösung) gibt es bereits in der Lehre zwei unterschiedliche Schwerpunkte bei der Vermittlung von Methoden, deren Auswirkung in der beruflichen Praxis nachvollziehbar sein dürfte. Verbreitung, Umfang und Konsistenz der einheitlichen Konstruktionslehre nach Pahl *et al.* (2005) lassen zudem vermuten, dass Konstrukteure entsprechend mehr gelernte Methoden in der Praxis tatsächlich nutzen als es Industriedesigner tun.

— **Fragestellung 2:** Welche kognitiven und sozialen Organisationsprinzipien nutzen Konstrukteure und Industriedesigner in frühen Phasen der Produktentwicklung?

— **Hypothese 2:** Konstrukteure nutzen mehr kognitive und soziale Ordnungsprinzipien in frühen Phasen der Produktentwicklung als Industriedesigner

Die alleinige Sammlung verschiedener in der Entwurfspraxis angewendeter Methoden ist nicht ausreichend, da nicht geklärt wäre, ob Konstrukteure und Industriedesigner diese auch für relevant und nützlich erachten oder ob sie sie zwar anwenden, aber eigentlich für wenig hilfreich halten. Deshalb soll außerdem untersucht werden, welchen Methoden eine große Bedeutung für den Konstruktions- und Designprozess in frühen Phasen der Produktentwicklung beigemessen wird und welche eher weniger wichtig sind. Hierbei kann auch auf mögliche Widersprüche eingegangen werden, wenn beispielsweise bestimmte Methoden häufig eingesetzt werden, deren Nutzen aber als gering eingestuft wird und sich damit die Frage stellt, warum dennoch daran festgehalten wird. Dadurch kann außerdem festgestellt werden, ob Designer und Ingenieure bestimmte Methoden möglicherweise gleichermaßen verwenden, aber deren Relevanz für das eigene Entwerfen unterschiedlich bewerten.

— **Fragestellung 3:** Wie werden die eingesetzten kognitiven und sozialen Organisationsprinzipien von Konstrukteuren und Industriedesignern bewertet?

3.1.2 Aufbau und Durchführung der Untersuchung

Die Erhebung der Daten erfolgte in Form von Leitfadeninterviews (→ Anhang 3) mit einer Dauer von jeweils ca. 30 bis 60 Minuten. Die Interviewpartner wurden hinsichtlich ihres typischen Vorgehens in den frühen schöpferischen Phasen der Produktentwicklung befragt. Dabei wurde besonderer Wert auf die Nennung der Unterstützungsmethoden gelegt, die in den einzelnen Phasen in der Praxis zur Anwendung kommen. In diesem Zusammenhang wurde in *Analysephase* (*Aufgabe klären*), *Entwurfsphase* (*Ideenphase*) und *Auswahl* (*Bewertung von* [Zwischen-] *Lösungen*) unterteilt.

Zusätzlich wurden die Befragten während des Gesprächs gebeten, die Relevanz von Strategien, die sie in frühen Phasen der Produktentwicklung einsetzen, mittels einer fünfstufigen Bewertungsskala einzuschätzen.

An der Untersuchung nahmen 35 Konstrukteure und 15 Designer und Industriedesigner aus vorrangig klein- und mittelständischen Unternehmen sowie fünf Großunternehmen bzw. Forschungsinstituten mit eigener Entwicklungsabteilung teil. Dabei wurden sowohl Konstrukteure und Designer mit langjähriger Berufserfahrung als auch Berufsanfänger mit weniger als 5 Jahren Berufserfahrung befragt.

Zur Untersuchung der Fragestellungen wurden Konstrukteure und Designer überwiegend vor Ort in ihren Unternehmen (n=41) und telefonisch am Arbeitsplatz (n=9) befragt. Die Form der Untersuchung *im Feld* hat den Vorteil, dass die Natürlichkeit der Untersuchungssituation sowie die Repräsentativität der Stichprobe für den Untersuchungskontext die Generalisierbarkeit der Ergebnisse und Schlussfolgerungen erhöhen können. Gleichzeitig ist die Interpretierbarkeit der Untersuchungsergebnisse im Hinblick auf die zu untersuchenden Hypothesen durch die mangelnde Kontrollierbarkeit der Untersuchungssituation im Gegensatz zum Laborexperiment limitiert (→ Bortz & Döring 2006). Einschränkend ist die Untersuchungssituation beim

Telefoninterview weniger kontrollierbar, z.B. wenn die Befragten durch Nebentätigkeiten während des Telefoninterviews abgelenkt werden. Auch ist die Interaktivität der Gesprächssituation eingeschränkt, Kommunikation ist nur akustisch möglich, auf erklärende Gesten oder Skizzen durch den Befragten oder Interviewer muss verzichtet werden. Es wird empfohlen, bei Telefoninterviews eine Gesamtdauer des Gesprächs von 20 Minuten nicht zu überschreiten (→ Bortz & Döring 2006). Dies war in dieser Untersuchung nicht möglich, es konnte aber nicht festgestellt, dass sich dies oder andere der beschriebenen Nachteile von Telefoninterviews negativ auf die Interpretierbarkeit der Untersuchungsergebnisse im Vergleich zu den Vor-Ort-Gesprächen ausgewirkt hätten.

Anwesende Personen in der Interviewsituation waren der Befragte selbst, der Interviewer sowie bei den meisten Interviews (n=43) ein Protokollant, der den Interviewverlauf schriftlich festhielt. Die im Durchschnitt 45-minütige Befragung wurde als teilstandardisiertes Interview durchgeführt. Grundlage hierfür war ein Gesprächsleitfaden, der gezielte Fragen zu den im kooperativen Forschungsprojekt relevanten Themenbereichen enthielt (→ Anhang 3). Der Interviewer konnte nach eigenem Ermessen Fragen im Gespräch umformulieren, die Bezeichnung beispielsweise der Prozessphasen an die firmenspezifische Terminologie der Interviewpartner anpassen, den Fragenablauf ändern oder neue Fragen hinzufügen, wenn sich im Gesprächsverlauf neue Aspekte ergaben, die nicht durch Fragen des Leitfadens erfasst wurden (→ Scheuch 1973). Weiterhin kennzeichnend für das teilstandardisierte Interview ist der offene Antwortcharakter. Durch den Verzicht auf vorgegebene Antwortmöglichkeiten konnte der Interviewte seine Antworten frei formulieren und war nicht gezwungen, aus vorgegebenen Antworten zu wählen, die womöglich nicht vollständig seine Ansichten widergespiegelt oder auch die Vielfalt der Erkenntnisse eingeschränkt hätten.

Aus dem hohen Maß an Freiheit sowohl auf Seiten des Interviewers als auch auf Seiten des Befragten ergeben sich auch Nachteile. So sind der Grad der Vergleichbarkeit der einzelnen Interviews sowie die Zuverlässigkeit des Erhebungsinstruments durch die reduzierte Standardisierung im Vergleich zu vollstandardisierten Messinstrumenten eingeschränkt. Gleichzeitig ergibt sich allerdings gerade aus der Nähe des teilstandardisierten Interviews zum natürlichen Gespräch eine hohe Akzeptanz beim Befragten sowie eine hohe Aussagekraft der Untersuchungsergebnisse für die Anwendung in der Praxis.

- Recherche
  Recherchen zur Ermittlung relevanter Informationen
  - Analysen
    Systematisches Beschaffen von Informationen und Auswertung hinsichtlich eigener Kriterien
  - Fachdialog
    Wissensaustausch im persönlichen Dialog mit Externen
  - Informationszugriff
    Direkter Zugriff auf bereits aufbereitete Informationen
  - Sonstige
- Konkretisierung
  Konkretisieren eher unspezifischer Vorgaben
  - Strukturierungen *(u. a. Anforderungslisten)*
  - Narrative Techniken
  - Individuelle sprachliche Techniken
  - Visualisieren
  - Prüfmethoden
  - Sonstiges
- Erfahrung & Intuition
- Teamarbeit

Abbildung 52: Kategorien kognitiver und sozialer Ordnungsprinzipien (Methoden) in der Analysephase, zusammengefasste Darstellung. Das Kategoriensystem ist vollständig in Anhang 4 dargestellt.

Die qualitative Auswertung der erhobenen Daten erfolgte entsprechend der Fragestellungen hypothesengeleitet. Zusätzlich erfolgte eine statistische Auswertung bezüglich der absoluten Häufigkeit genannter Strategien, der mittleren Wichtigkeit der Strategien sowie der mittleren Anzahl eingesetzter Strategien, um Designer und Ingenieure bezüglich der genutzten Strategien vergleichen zu können.

Die einzelnen Methoden wurden in deduktiv erstellte und induktiv für jede der drei Phasen separat angepasste und erweiterte Kategorien eingeordnet und statistisch ausgewertet. Das Kategoriensystem wurde mit erfahrenen Konstruktionswissenschaftlern abgeglichen und ist vollständig im Anhang 4 abgebildet. Zur Veranschaulichung zeigt Abbildung 52 die obersten Ebenen der Kategorien für die Analysephase.

Die Interviews und deren Auswertung wurden im Rahmen des kooperativen Forschungsprojektes durch unterschiedliche Wissenschaftler durchgeführt. Um die Reliabilität der Untersuchung sicherzustellen, wurden exemplarisch sieben Interviewprotokolle von zwei Urteilern kodiert. Die Berechnung der Beurteilerübereinstimmung ergab einen Wert von $\kappa = 0,84$. Gemäß den Vereinbarungen nach Fleiss & Cohen (1973, → Wirtz & Caspar 2007) kann damit von einer sehr guten Beobachterübereinstimmung gesprochen werden. Die Auswertung weiterer Interviews wurde unter Nutzung des Kategoriensystems durchgeführt. Die Objektivität der Auswertung ist somit gewährleistet.

3.1.3 Ergebnisse der Untersuchung

3.1.3.1 Typische generelle Vorgehensweisen in den frühen Phasen

Die mindestens seit Jones' (1963) Strukturierung des Entwurfsprozesses bekannte, wenn auch nicht unumstrittene Gliederung in im Normalfall sequenziell ablaufende Phasen *Analyse*, *Synthese* und *Evaluation* erwies sich – in den Interviews branchenspezifisch unterschiedlich vorwiegend als *Analyse*, *Entwurf* und *Auswahl* bezeichnet – als Orientierung für die Interviews als hilfreich und allgemein passfähig zu den frühen Phasen der praktischen Entwurfs- und Entwicklungsprojekte. Das gilt sowohl für die Konstrukteure als auch für die Designer.

Analysephase:

Die ersten Schritte im Projekt werden bei den Konstrukteuren davon bestimmt, ob der Kunde ein konkretes Lastenheft vorlegt oder nur vage Vorstellungen vom zu entwickelnden Produkt hat. Im ersten Fall werden die Anforderungen nach Kriterien wie Machbarkeit, Aufwand, Kosten etc. geprüft und in ein Pflichtenheft übersetzt. Im zweiten Fall schließt sich eine teils langwierige Phase an, in der gemeinsam mit dem Kunden Produkteigenschaften und daraus folgende Anforderungen definiert werden. Erst nach mehrmaliger Rückmeldung und Abstimmung mit dem Kunden wird das Pflichtenheft erstellt und ggf. fortlaufend angepasst.

Auch bei den Industriedesignern steht am Beginn die Erarbeitung eines Pflichtenhefts. Auch hier ist es von Fall zu Fall unterschiedlich, ob der Kunde oder die Geschäftsführung bereits eine Liste von (technischen) Anforderungen vorgibt oder nicht. Im Gegensatz zur Konstruktion müssen die designspezifischen Anforderungen allerdings in der Regel vollständig selbst erarbeitet werden, was auch damit zusammenhängt, dass die externen Vorgaben fast ausschließlich von Nicht-Designern gemacht werden. Ein einheitliches Bild davon, wie mit den Pflichtenheften im Design umgegangen wird, konnte nicht eindeutig ermittelt werden. Während einige der Befragten angaben, dass die Anforderungslisten erarbeitet würden, um sie vom Kunden als verbindliches Lastenheft bestätigen zu lassen und den Entwurfsprozess zumindest generell danach auszurichten, gaben andere an, die Anforderungslisten einerseits allein als abrechnungsfähigen Meilenstein für die Auftraggeber anzufertigen oder andererseits die Anforderungslisten nur als Referenz für den internen Gebrauch im Rahmen des Entwurfsprozesses zu entwickeln. Im Zentrum der Analysephase der Designer steht das Gespräch mit dem Kunden und die Schaffung einer einheitlichen Kommunikationsebene, um designspezifische Ziele mit den Auftraggebern abstimmen zu können. Zur Entwicklung der Zielvorstellungen werden im Design häufig Workshops und Meetings veranstaltet. Verbunden damit ist auch die im Vergleich zu den Konstrukteuren häufiger durchgeführte Marktanalyse, aus der Ansätze zur Orientierung und Differenzierung von Wettbewerbern gewonnen werden. Dieser Unterschied hängt damit zusammen, dass die befragten Designer überwiegend mit Neuentwicklungen befasst sind, während die Konstrukteure Varianten und Anpassungen vorhandener Produkte entwickeln. Im Fall von Neuentwicklungen werden Marktanalysen (mit entsprechendem Fokus) auch in der Konstruktion als unabdingbar angesehen. Entsprechend der im Theorieteil dieser Arbeit dargestellten Bedeutung von Erfahrungswissen wird dieses von dem überwiegenden Teil der Designer für die Analysephase als Wissensquelle angegeben, während dies nur ein kleiner Teil der Konstrukteure für sich in Anspruch nimmt. Dabei bezieht sich das Erfahrungswissen nicht nur auf die Entwürfe an sich, sondern in einigen Fällen auch auf den Umgang mit bestimmten Kunden und die Erfassung von dessen impliziten Anforderungen an die Produktentwürfe.

Entwurfsphase:

In der Entwurfsphase werden in beiden Disziplinen grobe Lösungsvorschläge in verschiedenen Varianten erarbeitet. Dabei arbeiten oftmals mehrere Entwerfer parallel an einer identischen Aufgabe, was insbesondere in der Praxis von Designbüros eine der Hauptstrategien zur Erzeugung mehrerer Entwurfsvarianten ist. Die in der Analysephase ermittelten Anforderungen werden von einigen Designern als einzuhaltende Randbedingungen aufgefasst, von anderen eher als Startpunkt im Sinne eines Designkonzeptes. Explizit ausformulierte Designkonzepte wie sie im Theorieteil dieser Arbeit beschrieben wurden, werden kaum erstellt; Zeitdruck und Budgetierung lassen dies in nur wenigen Einzelfällen zu. Das Entwerfen von Varianten beginnt im Design quasi ausnahmslos in Form von Freihandskizzen. Diese werden je nach Projektform und -umfang in der Regel in Hand- oder Computerrenderings sowie andere Präsentationsdarstellungen weiterentwickelt. Neben der überwiegenden Weiterführung in CAD-Modellen nutzen insbesondere im Bereich der Medizintechnik und (Nutz-) Fahrzeugentwicklung einige Designer nach wie vor physische Modelle in der Entwurfsphase. Der

Zugriff auf frühere Entwürfe ist vielen Designern möglich, wird jedoch kaum systematisch genutzt.

Die Entwurfsphase in der Konstruktion lässt sich in zwei Varianten unterscheiden: Entweder es werden (teilweise von verschiedenen Konstrukteuren) verschiedene Varianten parallel erarbeitet oder es wurde bereits in der Phase der Anforderungsermittlung eine Grundvariante beschlossen, an der im Laufe des Entwicklungsprozesses immer wieder Anpassungen vorgenommen werden. Oftmals entscheidet allein die zur Verfügung stehende Zeit, ob überhaupt Varianten erarbeitet werden (können) oder nur auf vorhandene Lösungen zurückgegriffen wird. Zusätzlich können die im Lasten- bzw. Pflichtenheft festgelegten Anforderungen ebenfalls den Gestaltungsspielraum stark einschränken. Deshalb findet bei etwa einem Viertel der Befragten gar keine Variantenbildung in der Entwurfsphase statt.

Werden Varianten erarbeitet, wird in der Konstruktion häufig geprüft, ob frühere Lösungen aufgegriffen werden können. Diese Lösungen sind jedoch in sehr unterschiedlichem Grad dokumentiert. Existieren Archive, hängt es oft vom Erinnerungsvermögen der langjährig beschäftigten Konstrukteure ab, Lösungen aus früheren Projekten wiederzufinden. Mittlerweile werden immer häufiger systematische Projektdokumentationen vorgenommen, die das Wiederfinden über Suchalgorithmen erleichtern. In einigen Fällen gibt es Anweisungen, zuerst nach diesen Lösungen zu suchen, in anderen Fällen hängt es von dem einzelnen Konstrukteur ab, ob und wie er diese Informationen nutzt. Erarbeitete Varianten werden für den folgenden Schritt der Variantenauswahl als Papierskizze festgehalten oder als CAD-Layout mit Grobdimensionierung gespeichert. Teilweise werden Tabellen oder Dokumente mit Spezifikationen erstellt. Zur Erarbeitung von Varianten werden unterschiedliche Vorgehensweisen und Hilfsmittel genutzt. Im Vordergrund steht bei allen befragten Unternehmen der (freie) Austausch bzw. das *Brainstorming* mit Kollegen sowie auch mit Partnerfirmen. Mehrfach genannt wurden außerdem Marktanalysen, Patentrecherchen, Recherchen von Veröffentlichungen von Konferenzen. Spezifische zum konstruktionsmethodischen Kanon gehörende Methoden wie der

Morphologische Kasten, Fehlermöglichkeits- und Einflussanalyse (FMEA) oder Simulationen wurden hingegen nur vereinzelt angewandt.

Auswahlphase:

Im Design ist eine zweistufige Evaluationsphase üblich: während in einer ersten internen Präsentation und Diskussion von fünf oder mehr auf meist drei Varianten reduziert wird, werden diese anschließend oder nach Überarbeitung auch später oftmals vor dem externen Kunden oder den Entscheidungsträgern im eigenen Unternehmen vorgestellt. Diese werden dann in die Auswahl der Vorzugsvariante einbezogen oder treffen diese selbst. Findet diese externe Präsentation und Evaluation nicht statt, findet meistens eine weitere interne Diskussion statt. Insbesondere die interne Bewertung der Varianten im Team wird bei vielen der befragten Designer in organisierten Teamsitzungen durchgeführt. Dafür werden die Entwurfsvarianten auf Präsentationswänden teilweise geclustert und mittels Strichlisten, Punktevergabe und ähnlichen einfachen Bewertungssystemen quasidemokratisch bewertet und diskutiert. Kriterien sind dabei neben der Designqualität meistens auch die Herstellbarkeit, Marktpotenzial und untergeordnet, sofern vorhanden, Vorgaben des Lastenhefts. In der Regel trifft der Chef die endgültige Entscheidung, da er die Ergebnisse nach außen bzw. zur nächsten Instanz verantworten muss.

Auch in der Konstruktion werden die erarbeiteten Varianten meist vor einem Gremium aus Projektleiter, (beteiligten) Konstrukteuren, Vertriebsmitarbeitern und Geschäftsführern vorgestellt. Ziel ist es, die ggf. große Anzahl von Varianten im ersten Schritt zu bewerten und zu reduzieren. Die Entscheidung für eine dem Kunden zu verkaufende Variante wird nach den Kriterien Machbarkeit, Kosten- und Zeitaspekten, aber auch Potential am Markt, Fertigungsmöglichkeiten, Montagefreundlichkeit, Fehleranfälligkeit und Design getroffen. Die Forderungen des Pflichtenheftes werden mit den Varianten wiederholt abgeglichen und gehen ebenfalls in die Entscheidung ein. Auffällig ist, dass von den bekannten konstruktionsmethodischen Verfahren und Hilfsmitteln auch in dieser Phase insgesamt nur sehr wenige genutzt werden. Als Gründe dafür werden eher Zeitdruck, zu hoher Methodenaufwand und Zweifel am Effekt als Unkenntnis angeführt. Die freie, teils auch moderierte Diskussion der Teilnehmer im Gremium ist die dabei am häufigsten verwendete Vorgehensweise zur Variantenauswahl. Weitere Vorgehensweisen und Hilfsmittel wurden nur vereinzelnd genannt. Sie beziehen sich auf die Präsentation der ausgearbeiteten Varianten sowie die Bewertung der Varianten ähnlich wie bei den Designern. In den meisten Fällen wurde das über die Diskussion herbeigeführte Einigen auf eine Variante in den Vordergrund gestellt. In der Regel müssen alle Beteiligten der Lösung zustimmen. Sollte es trotz ausführlicher Diskussion nicht zu einer Einigung kommen, wird in einigen Unternehmen die Geschäftsführung aktiv und legt eine Variante fest. Dieses Vorgehen wird wiederum mit der knappen, für die Entwicklung zur Verfügung stehenden Zeit begründet. Nur in seltenen Fällen muss der Konstrukteur eine neue Variante erarbeiten, wenn keine Einigung erzielt wird.

Insgesamt kann festgestellt werden, dass die generellen Vorgehensweisen in den frühen schöpferischen Entwurfsphasen zwischen Design und Konstruktion trotz theoretischer Unterschiede (2.3.4) in der beruflichen Praxis in ihrer groben Abfolge übereinstimmen. Die Inhalte der sequenziell ablaufenden Phasen Analyse, Synthese und Evaluation unterscheiden sich aber erwartungsgemäß im Detail. Die deutlichen Unterschiede, die ein Vergleich der klassischen Konstruktionslehre beispielsweise nach Pahl *et al.* (2005) mit Lehrkonzepten zum Industriedesign (z.B. Heufler 2004, Bürdek 2005, Uhlmann 2005) zeigt, sind mit der vorliegenden Untersuchung nicht nachzuweisen. Das für das Design möglicherweise spezielle Designkonzept geht in der schnellen Abfolge der Projekte zwischen Analyse- und Entwurfsphase unter. Unterschiede zwischen Design- und Konstruktionspraxis innerhalb der drei Phasen resultieren einerseits aus der Zielstellung Produkterleben und technische Funktion, andererseits aber auch aus den typischen Projektformen. Während die befragten Konstrukteure oftmals mit der Entwicklung von Varianten und Anpassungen beschäftigt sind und ihre Aufträge hauptsächlich intern vertreten müssen, sind Designer fast ausschließlich mit Neuentwicklungen beschäftigt und müssen ihre Lösungen in der Regel vor Kunden oder Vertretern höherer Leitungsebenen, die selbst selten Designer sind, verantworten. Es ist anzunehmen dass diese Verteilung durchaus repräsentativ für die Gesamtheit der industriellen Praxis von Konstrukteuren und Designern ist. Hypothese 1 kann damit bestätigt werden.

3.1.3.2 Methodennutzung in den frühen Phasen

Die Befragung der fünfzig Ingenieure und Designer ergab insgesamt 701 Nennungen von Methoden im Sinne kognitiver und sozialer Ordnungsprinzipien (Analysephase 270, Entwurfsphase 294, Auswahlphase 137). Diese wurden in das in Anhang 4 dargestellte Kategoriensystem eingeordnet und ausgewertet. In diesem Zusammenhang wurde der Unterschied der Anzahl der Nennungen zwischen Designern und Konstrukteuren jeweils mittels zweiseitigen Mann-Whitney-Unterschiedstests (z. B. in Büning & Trenkler 1994) überprüft.

Es ist zunächst festzustellen, dass die befragten Designer in der Analysephase und in der Auswahlphase durchschnittlich mehr Methoden nannten als die Konstrukteure in der Stichprobe, während für die Entwurfsphase keine Unterschiede nachweisbar sind (→ Tabelle 7). Hypothese 2 muss damit insgesamt verworfen werden.

In der Analysephase gab es insgesamt 270 Nennungen bezüglich eingesetzter Strategien, wobei jeder Konstrukteur durchschnittlich 4,6 und jeder Designer durchschnittlich 7,3 Methoden nannte. Die von Designern und Konstrukteuren für die Analysephase genannten einzelnen Methoden sind in Abbildung 53 in der Häufigkeit ihrer Nennung entsprechender relativer Größe dargestellt.

Phase	Designer (n=15) M ± SD	Konstrukteure (n=35) M ± SD	Z	*p*	
Analysephase	7,27± 2,82	4,60± 1,96	-3,106	,002	•
Entwurfsphase	6,73± 3,08	5,51± 2,37	-1,535	,125	
Auswahlphase	3,87± 1,96	2,26± 1,70	-2,653	,008	•
Gesamt	17,87± 5,19	12,37± 3,91	-3,439	,001	•

Tabelle 7: Statistischer Vergleichstest (Mann-Whitney-Unterschiedstest) der von den befragten Designern und Ingenieuren durchschnittlich genannten Anzahl von Methoden. Die markierten Unterschiede sind statistisch hoch signifikant.

Abbildung 53: Von Konstrukteuren (links) und Designern (rechts) in der Analysephase benutzte Einzelmethoden. Quantitative Darstellung: relative Größe der Darstellung von der Häufigkeit der Nennung abhängig. Die exakte Anzahl der Nennungen ist für eine Auswahl in Tabelle 9 sowie vollständig in Anhang 5 zu finden.

Die 270 Nennungen kognitiver und sozialer Strategien verteilten sich auf mehr als 50 unterschiedliche Methoden. Um eine aussagekräftige Auswertung zu ermöglichen, wurden diese in dem in Abbildung 52 dargestellten Kategoriensystem zugeordnet. Mit Hilfe dieser Kategorien lässt sich zusammenfassend darstellen, welche Strategien im Design und in der Konstruktion genutzt werden. Dabei stehen bei beiden Disziplinen systematische Methoden zur Strukturierung von Anforderungen und Zielvorstellungen an erster Stelle. Designer setzen in nahezu gleichem Ausmaß auf Fachdialoge und individuelle Erfahrung, hier ist ein statistisch signifikanter Unterschied zu den Konstrukteuren nachweisbar, wie in Tabelle 8 dargestellt ist.

Zugriff auf aufbereitete Informationen, Visualisierungen und systematische Prüfmethoden werden in der Analysephase in beiden Disziplinen zu geringem Anteil genutzt, disziplinspezifische Unterschiede sind statistisch nicht nachweisbar. Sprachliche und narrative Methoden werden in beiden Disziplinen kaum benutzt. Immerhin gibt etwa ein Fünftel der Designer an, narrative Methoden einzusetzen, der Unterschied zu den Konstrukteuren, die diese gar nicht verwenden, ist in der untersuchten Stichprobe statistisch hoch signifikant. In einzelnen spezialisierten Designabteilungen werden sogar zur Veranschaulichung von Szenarien Filme produziert. Dies soll nach Angabe der Befragten dabei helfen, ein

»Gefühl für das [Produkt] zu bekommen« (Teilnehmer SK2H), wird von diesen aber weniger für den eigenen Entwurf als vielmehr zur Kommunikation mit anderen Abteilungen genutzt.

Während für nach Angaben von weniger als der Hälfte der Konstrukteure Teamarbeit eine Rolle spielt, ist die Quote bei Designern mit etwa 80% signifikant höher. Noch deutlicher unterscheidet sich die Häufigkeit der Nennung von Erfahrung oder Intuition als wichtige Basis für die Analysephase. Diese wird von etwa 80% der Designer, aber nur weniger als einem Viertel der Konstrukteure angeführt, der Unterschied ist statistisch hoch signifikant.

Besonders häufig genannte Einzelmethoden und solche, für die sich ein bedeutender Unterschied zwischen der Nutzung im Design und in der Konstruktion nachweisen ließ, sind in Tabelle 9 statistisch ausgewertet dargestellt. Die voll-

Methodenkategorie	Designer (n=15)	Konstrukteure (n=35)	Z	*p*
Recherche				
— Analysen	7 (47%)	6 (17%)	-2,159	,031•
— Fachdialog	12 (80%)	14 (40%)	-2,568	,010•
— Informationszugriff	5 (33%)	15 (43%)	-,624	,533
— Sonstige	1 (7%)	3 (9%)	-,225	,822
Konkretisierung				
— Strukturierungen	14 (93%)	32 (91%)	-,225	,822
— narrative Methoden	3 (20%)	0 (0%)	-2,701	,007•
— sprachliche Methoden	1 (7%)	5 (14%)	-,752	,452
— Visualisierungen	5 (33%)	6 (17%)	-1,254	,210
— Prüfmethoden	5 (33%)	14 (40%)	-,441	,660
— Sonstige	0 (0%)	8 (23%)	-2,000	,046•
Erfahrung und Intuition	12 (80%)	8 (23%)	-3,742	,000•
Teamarbeit	12 (80%)	15 (43%)	-2,391	,017•
Gesamt	109 M=7,3	161 M=4,6	-3,106	,002•

Tabelle 8: Statistische Auswertung kategorisierter Methoden in der Analysephase (statistisch signifikante markiert)

ständige statistische Auswertung aller einzelnen für die Analysephase genannten Methoden ist im Anhang 5 zu finden.

Die Kategorie Fachdialoge wird maßgeblich durch Kundengespräche gebildet. Die auch dazu zählenden Messebesuche und *Conterbriefing*-Verfahren sind durch ihre seltene Nennung ohne weiteren Einfluss.

Zu den genannten Strukturierungsmethoden wurden Anforderungslisten einschließlich Pflichtenheft, Lastenheft und allgemeine Randbedingungen sowie Mindmaps gezählt, wobei Pflichten- und Lastenhefte den Hauptteil der

Methode	Designer (n=15)	Konstrukteure (n=35)	Z	*p*
Marktanalyse	6 (40%)	5 (14%)	-1,991	,046•
Konkurrenzanalyse	2 (13%)	2 (6%)	-,901	,368
Zielgruppenanalyse	3 (20%)	0 (0%)	-2,701	,007•
Kundengespräch	11 (73%)	14 (40%)	-2,139	,032•
Zugriff auf frühere Projekte	5 (33%)	11 (31%)	-,131	,896
Pflichtenheft	7 (47%)	20 (57%)	-,674	,500
Lastenheft	10 (67%)	11 (31%)	-2,290	,022•
Anforderungsliste	1 (7%)	3 (9%)	-,225	,822
Mindmap	3 (20%)	1 (3%)	-2,027	,043•
Moodboard	5 (33%)	0 (0%)	-3,564	,000•
Checkliste	4 (27%)	9 (26%)	-,070	,944
wirtschaftliche Parameter	0 (0%)	6 (17%)	-1,692	,091
Erfahrung	10 (67%)	7 (20%)	-3,160	,002•
Mitarbeiterdiskussion	8 (53%)	10 (29%)	-1,655	,098
Vorgaben	5 (33%)	12 (34%)	-,064	,949
Workshop	6 (40%)	0 (0%)	-3,949	,000•
Brainstorming	5 (33%)	4 (11%)	-1,829	,067
Gesamt	109 M=7,3	161 M=4,6	-3,106	,002•

Tabelle 9: Statistische Auswertung ausgewählter Einzelmethoden in der Analysephase (besonders häufige und signifikant unterschiedliche [markiert] Nennungen). Die Auswertung aller Einzelmethoden in der Analysephase ist in Anhang 5 dargestellt.

Nennungen ausmachen. Mindmaps werden lediglich von einem geringen Teil der Designer verwendet – in der Regel um Anforderungen zu strukturieren, wenn keine »klassischen« Anforderungslisten erstellt werden. Ein statistisch signifikanter Unterschied ist bei der Verwendung von Lastenheften nachweisbar: während bei etwa zwei Drittel der Designer Lastenhefte eine Rolle in der Analysephase spielen, ist dies bei weniger als einem Drittel der Konstrukteure der Fall.

Zu *Visualisierungen* wurden *Moodboards* gezählt, die von einem Drittel der befragten Designer in der Praxis eingesetzt werden. Konstrukteure verwenden *Moodboards* gar nicht, der Unterschied ist statistisch hoch signifikant.

Das Klären wirtschaftlicher Parameter, im Kategoriensystem unter sonstigen Recherchemethoden eingeordnet, spielt im Design während der Analysephase offenbar keine Rolle, während es von immerhin 17% der Konstrukteure genannt wird. Allerdings ist dieser Unterschied statistisch nicht belegbar, die Irrtumswahrscheinlichkeit ist mit ca. 10% zwar gering, liegt aber deutlich über dem festgelegten (und üblichen) Signifikanzniveau von $\alpha = 5\%$.

Teamarbeit wurde aus den in etwa gleich häufigen Einzelnennungen zu *Mitarbeiterdiskussion, Vorgaben durch andere, Workshop* und *Brainstorming* gebildet. Hier ist der statistisch hoch signifikante Unterschied der Durchführung von (zum Beispiel im Vergleich zu *Brainstormings* umfangreicheren) Workshops bei etwa 40% der befragten Designer im Vergleich zu den Konstrukteuren hervorzuheben, die in der Analysephase den vorliegenden Daten zufolge gar keine Workshops durchführen. Einige Designabteilungen veranstalten teure gemeinsame Workshops in projektspezifisch ausgewähltem fremdem Umfeld fernab des Arbeitsplatzes, um das Klären der Aufgabe zu unterstützen.

In wenigen Fällen wurden rationale Methoden wie Checklisten von den Befragten genannt. Teils wurde der damit verbundene Aufwand bemängelt oder Checklisten als zu unflexibel kritisiert, zum Teil waren derartige Verfahren aber auch in Planung. Weitere genannte Strategien bezogen sich unter anderem auf das Konkretisieren von Anforderungen, etwa durch die Erarbeitung von *Moodboards* oder bewusstes Hinterfragen bestimmter Anforderungen.

Zur Entwurfsphase gab es mit insgesamt 294 geringfügig mehr Nennungen bezüglich eingesetzter Strategien als zur Analysephase, wobei Konstrukteure und Designer mit durchschnittlich 6,7 bzw. 5,5 in etwa gleich viele Methoden nannten.

Die einzelnen Methoden wurden in das bereits beschriebene Kategoriensystem eingeordnet und statistisch ausgewertet, wie in Tabelle 10 dargestellt ist. Besonders häufig genannte Einzelmethoden und solche, für die sich ein bedeutender Unterschied zwischen der Nutzung im Design und in der Konstruktion nachweisen ließ, sind in Tabelle 11 statistisch ausgewertet dargestellt. Eine vollständige Darstellung der einzelnen von Designern und Konstrukteuren für die Entwurfsphase genannten Methoden ist im Anhang 5 zu finden.

Methodenkategorie	**Designer (n=15)**	**Konstrukteure (n=35)**	**Z**	***p***
Recherche und Datenmanagement				
— Analysen	6 (40%)	16 (46%)	-,369	,712
— Fachdialog	1 (7%)	1 (3%)	-,624	,533
— Informationszugriff	2 (13%)	11 (31%)	-1,323	,186
— Datenmanagement	9 (60%)	27 (77%)	-1,225	,221
Rationale Methoden				
— Systematisierung	2 (13%)	4 (11%)	-,188	,851
— Visualisierung	13 (87%)	20 (57%)	-1,999	,046•
— Modellierung und Simulation	9 (60%)	23 (66%)	-,382	,703
— Prüfmethoden	4 (27%)	9 (26%)	-,070	,944
— Sonstiges	7 (47%)	5 (14%)	-2,432	,015•
Erfahrung und Intuition	8 (53%)	11 (31%)	-1,448	,148
Teamarbeit	11 (73%)	24 (69%)	-,333	,739
Gesamt	101 M=6,7	193 M=5,5	-1,535	,125

Tabelle 10: Statistische Auswertung kategorisierter Methoden in der Entwurfsphase (statistisch signifikante markiert)

Methode	Designer (n=15)	Konstrukteure (n=35)	Z	p
keine Varianten	0 (0%)	9 (26%)	-2,147	,032•
Marktrecherche	2 (13%)	8 (23%)	-,764	,445
frühere Lösungen	9 (60%)	21 (60%)	,000	1,000
Visualisierung	4 (27%)	11 (31%)	-,333	,739
Handskizzen	12 (80%)	17 (49%)	-2,043	,041•
physische Modelle	4 (27%)	2 (6%)	-2,068	,039•
CAD-Modelle	6 (40%)	21 (60%)	-1,287	,198
Erfahrungswissen	5 (33%)	8 (23%)	-,766	,444
Teambesprechung	8 (53%)	16 (46%)	-,489	,625
Präsentation	3 (20%)	2 (6%)	-1,528	,127
Brainstorming	7 (47%)	8 (23%)	-1,667	,096
Gesamt	101 M=6,7	193 M=5,5	-1,535	,125

Tabelle 11: Statistische Auswertung ausgewählter Einzelmethoden in der Entwurfsphase (besonders häufige und signifikant unterschiedliche Nennungen, letztere markiert). Die Auswertung aller Einzelmethoden in der Entwurfsphase ist in Anhang 6 dargestellt.

Als wichtigste Methoden wurden Visualisierungen, hier vorrangig Handskizzen, genannt. Wenngleich der Detailgrad und die Anzahl der Skizzen (z.B. »furchtbar viele Zeichnungen« bei Teilnehmer ABJJ) zwischen den Befragten variierten, gab es bei den Designern statistisch signifikant mehr Nennungen. Daneben wurde der Zugriff auf frühere Projekte, Computermodellierung und Teamarbeit vom überwiegenden Teil der Befragten beider Disziplinen gleichermaßen genannt. Etwas weniger als ein Drittel der befragten Designer gab an, physische Modelle in der Entwurfsphase zu nutzen, während dies mit nur zwei Nennungen bei den Konstrukteuren fast nicht vorkommt. Der Unterschied ist statistisch signifikant. Neben der Unterstützung durch den Modellbau als gegenständliches Entwurfshandeln wird dieser von einzelnen Befragten auch genutzt, den Entwurfsstand zu kommunizieren und »Sachen [durchzudrücken], weil sich dann auch alle sicherer werden« (Teilnehmer HTVO).

Anzumerken ist, dass etwas mehr als der Hälfte der befragten Designer für die Entwurfsphase Erfahrung und Intuition nennen, was ein geringerer Anteil ist als für die Analysephase. Im Gegenzug nennen Konstrukteure Strategien dieser Kategorie mit fast einem Drittel häufiger als sie es für die Analysephase taten. Dadurch verringert sich der Unterschied zwischen Designern und Ingenieuren bezüglich der Nennung von Erfahrung und Intuition, er ist für die Entwurfsphase statistisch nicht mehr signifikant (Irrtumswahrscheinlichkeit bei 15%).

Insbesondere bei den Designern (hier 53%) wird das Prinzip »viele Köpfe – viele Varianten« (Teilnehmer WGSM) genutzt. Einzelne der befragten Designer sprachen von der Möglichkeit, den frischen Blick externer Dienstleister einzubinden um die Variantenvielfahl zu erhöhen.

In der Auswahlphase einer Lösungsvariante gab es mit insgesamt 137 deutlich weniger Nennungen hinsichtlich eingesetzter Strategien als in den beiden vorangegangenen Phasen. Dabei ist mit der durchschnittlichen Nennung von 3,9 Methoden bei den Designern und 2,3 bei den Konstrukteuren wieder ein statistisch hoch signifikanter Unterschied nachweisbar (→ Tabelle 7).

Die Anzahl der im Kategoriensystem vorgesehenen Kategorien ist zum Einen durch die Art der zu bewältigenden Aufgaben, aber auch durch die geringere Anzahl von Nennungen verschiedener kognitiver und sozialer Ordnungsprinzipien begründet. Tabelle 12 zeigt die statistische Auswertung der kategorisierten Methoden in der Auswahlphase bei Designern und Konstrukteuren. Auf der Ebene der Methodenkategorien ist lediglich die nahezu vollständige Nennung von Teamarbeit bei den Designern hervorzuheben, die sich von der immer noch sehr verbreiteten Nennung von ca. zwei Dritteln der Konstrukteure statistisch signifikant unterscheidet.

Auf der Ebene der Einzelmethoden (→ Tabelle 13 und Anhang 6) ist festzustellen, dass die Auswahl von Entwurfsvarianten bei etwa zwei Dritteln der Designer unter anderem im Rahmen von Präsentationen erfolgt; etwa die Hälfte der Designer gibt an, dass Auswahlentscheidungen im Rahmen von Kundengesprächen getroffen werden. Beides ist bei den befragten Konstrukteuren eher unüblich. Die Unterschiede sind statistisch signifikant. Von beiden Disziplinen wurde die Teamdiskussion als Mittel bei der Variantenauswahl genannt (Designer 47 %, Konstrukteure 63 %, Unterschied statistisch nicht signifikant). Ein großer, wenn auch nicht überwiegender Teil der Designer gab an, dass die Vorzugsvariante durch den Chef ausgewählt wird – in der Konstruktion ist auch das eher unüblich, der Unterschied ist statistisch hoch signifikant.

Methodenkategorie	**Designer (n=15)**	**Konstrukteure (n=35)**	**Z**	***p***
Rationale Methoden				
— Strukturierung	8 (53 %)	17 (49 %)	-,306	,760
— Bewertung	5 (33 %)	12 (34 %)	-,064	,949
Erfahrung und Intuition	7 (47 %)	10 (29 %)	-1,225	,220
Teamarbeit	14 (93 %)	23 (66 %)	-2,020	,043•
Gesamt	58 M=3,9	79 M=2,3	-2,653	,008•

Tabelle 12: Statistische Auswertung kategorisierter Methoden in der Auswahlphase (statistisch signifikante markiert)

Methode	**Designer (n=15)**	**Konstrukteure (n=35)**	**Z**	***p***
Abgleich Anforderungen	4 (27 %)	4 (11 %)	-1,333	,182
— Anforderungsliste	0 (0 %)	1 (3 %)	-,655	,513
— Pflichtenheft	2 (13 %)	2 (6 %)	-,901	,368
— Lastenheft	3 (20 %)	1 (3 %)	-2,027	,043•
Strichlisten	3 (20 %)	0 (0 %)	-2,701	,007•
Erfahrungswissen	4 (27 %)	8 (23 %)	-,286	,775
Intuition	3 (20 %)	6 (17 %)	-,239	,811
Teamdiskussion	7 (47 %)	22 (63 %)	-1,052	,293
Kundengespräch	7 (47 %)	5 (14 %)	-2,432	,015•
Präsentation	10 (67 %)	4 (11 %)	-3,946	,000•
Entscheidung durch Chef	6 (40 %)	3 (9 %)	-2,624	,009•
Gesamt	58 M=3,9	79 M=2,3	-2,653	,008•

Tabelle 13: Statistische Auswertung ausgewählter Einzelmethoden in der Auswahlphase (besonders häufige und signifikant unterschiedliche Nennungen). Die Auswertung aller Einzelmethoden in der Auswahlphase ist in Anhang 7 dargestellt.

Immerhin ein Fünftel der Designer gibt an, die Entwurfsergebnisse mit dem mit dem Kunden abgestimmten Lastenheft abzustimmen. Dass dies deutlich häufiger der Fall ist als bei den Konstrukteuren (ca. 6%, Unterschied statistisch signifikant), ist unter anderem im Zusammenhang mit der typischen Konstellation der Designdienstleister zu sehen, die ihre Ergebnisse vor Nicht-Designern verantworten müssen.

Erfahrungswissen und Intuition werden von ähnlich vielen Befragten beider Disziplinen als Grundlage für die Variantenauswahl genannt. Im Vergleich zu den vorangegangenen Phasen wird Erfahrung von jeweils grob einem Viertel der Befragten und damit seltener genannt, während Intuition mit jeweils etwa einem Fünftel häufiger genannt wurde als in den Phasen der Analyse und Entwurfserstellung.

Etwa 80% der eingesetzten Strategien wurden als wichtig bis sehr wichtig eingeschätzt, etwa 5% der eingesetzten Strategien wurden als wenig wichtig eingeschätzt, keine Strategie wurde als unwichtig eingeschätzt. Auch bei genauerer Betrachtung innerhalb der einzelnen Phasen wurden die verwendeten Strategien als überwiegend wichtig bis sehr wichtig bewertet.

3.1.3.3 Bewertung der einzelnen Methoden durch die Befragten

Die bei der Anforderungsklärung häufig eingesetzten Kundengespräche wurden auf einer Skala von 0=unwichtig bis 4=sehr wichtig als »wichtig« bis »sehr wichtig« bewertet (M = 3,75). Erfahrungswissen wurde ebenso als sehr wichtig eingeschätzt wie auch Mitarbeiterdiskussionen (M = 4,0), Pflichtenhefte (M = 4,0) und Lastenhefte (M = 4,0).

Hervorzuheben ist, dass die ohnehin nur vereinzelt von Designern genannten Szenarien als sehr wichtig (M = 4,0), übrige narrativen Methoden (Film und *Storytelling*) als verhältnismäßig unwichtig (M = 1,5) eingeschätzt wurden.

Ein Vergleich der Bewertung der einzelnen kognitiven und sozialen Ordnungsprinzipien durch Designer und Konstrukteure zeigt tendenzielle Unterschiede, die allerdings bis auf eine Ausnahme statistisch nicht nachweisbar sind (→ Anhang 7). Lediglich der Unterschied der Bewertung der Marktanalyse in der Analysephase durch die Designer als »von mittlerer Wichtigkeit« (M=2,0) im Vergleich zu »sehr wichtig« (M = 4,0) durch die Konstrukteure ist mit p = ,012 statistisch signifikant.

3.1.4 Interpretation und Diskussion

Die im Vergleich zu Konstrukteuren signifikant häufigere Verwendung von Lastenheften bei Designern kann durch die Einbindung als externe Dienstleister und die Notwendigkeit der Schaffung einer gemeinsamen kommunikativen Ebene begründet sein. Oftmals werden bereits mit dem Auftrag Anforderungslisten übergeben. Insbesondere dann, wenn Kunden und Ansprechpartner häufig wechseln oder neuartige Produkte entworfen werden müssen, ist eine verbindliche gemeinsame Kommunikationsbasis notwendig, um sich gegenüber Auftraggebern abzusichern, so dass auch die Designer selbst Anforderungslisten erarbeiten. Da die Einbindung als externe Dienstleister innerhalb der Stichprobe bei den Designern häufiger der Fall ist, kann nicht ausgeschlossen werden dass dies die häufigere Verwendung von Lastenheften beeinflusst hat. Aus der Untersuchung kann nicht geschlossen werden, ob und inwiefern das Erstellen von und Arbeiten mit Anforderungslisten die Wissensakquise oder das Entwerfen an sich tatsächlich unterstützen. Es lässt sich aber daraus schließen, dass weitere Unterstützungsmethoden organisatorisch und inhaltlich an das Erstellen von Anforderungslisten anknüpfen könnten, da diese offensichtlich in der Praxis beider untersuchter Entwurfsdisziplinen verbreitet und akzeptiert sind.

Dass die genannten in der Praxis eingesetzten Methoden überwiegend als wichtig oder sehr wichtig eingeschätzt wurden, ist wenig erstaunlich. Die befragten Designer und Konstrukteure haben in der Regel die Möglichkeit, diejenigen kognitiven und sozialen Ordnungsprinzipien einzusetzen, von deren Effekt für den eigenen Entwurfsprozess sie überzeugt sind. Nur dann sind sie auch bereit, im Rahmen des in der Regel sehr knappen Zeitbudgets gegebenenfalls den entsprechenden Aufwand dafür zu betreiben. Ausnahme bilden dafür Methoden, die von außen »aufgezwungen« werden. Ein Beispiel dafür ist das Lastenheft, welches insbesondere bei einem großen Teil der befragten Designer als eine verbindliche Vereinbarung zwischen Dienstleister und Kunde dient. Die sehr positive Bewertung der Relevanz der Lastenhefte ist entsprechend ein Indiz dafür, dass sie, fiele der äußere Zwang weg, möglicherweise dennoch eingesetzt würden, weil sie für die jeweiligen Entwurfsprozesse als hilfreich eingeschätzt werden.

Ein genereller Unterschied der durch die Befragte getroffenen Bewertungen der Methoden war zumindest auf der Basis der vorliegenden Daten nicht nachweisbar. Dass kein Unterschied gemessen wurde, bedeutet aber nicht zwangsläufig, dass keiner existiert (z.B. SCHNELL, HILL & ESSER 1999). Um zielgerichtet zu überprüfen, ob einzelne Methoden von Vertretern der beiden Entwurfsdisziplinen unterschiedlich bewertet werden, würde sich eine Umfrage mittels standardisiertem Fragebogen anbieten, in dem die Befragten gewisse Methoden bewerten sollen. Die Zusammenstellung der zu bewertenden Methoden könnte auf Grundlage der vorliegenden Arbeit erfolgen. Um statistisch signifikante Ergebnisse erzielen zu können, ist dafür zum Einen eine größere Anzahl an Teilnehmern und zum Anderen die Verwendung von Intervallskalen zur Beantwortung der Fragen in Betracht zu ziehen. Letzteres würde die Anwendung parametrischer Auswerteverfahren erlauben, die eine bessere *power* zum statistischen Nachweis von Unterschieden bieten.

Der einzige nachweisbare Unterschied zur Einschätzung der Nützlichkeit einzelner Methoden betrifft statistisch signifikant schlechtere Bewertung der Marktanalyse in der Analysephase durch die Designer. Diese steht im Gegensatz zur statistisch signifikant häufigeren Angabe der Nutzung im Vergleich zu den Konstrukteuren. Über Gründe kann nur spekuliert werden. Eine mögliche Erklärung ist, dass die Designer bevorzugt ihr eigenes individuelles Wissen in den Entwurf einbringen. Konstrukteure können entsprechend ihrer Zielstellungen im Entwurfsprozess oftmals auch objektiv bewertbare Anforderungen aus einer Marktanalyse ableiten, während eine Marktanalyse für das Design vorrangig subjektiv zu bewertende gestalterische Trends aufdecken kann, die aber selten grundlegend neue Erkenntnisse liefern.

Während in der Konstruktion unter anderem aus Zeit- und Kostengründen in vielen Fällen auf das Entwerfen in Varianten verzichtet wird, ist das beim Design quasi immer der Fall. Der überwiegende Teil der Designer insbesondere bei den Dienstleistern nutzt dafür die Möglichkeit, mehrere Designer gleichzeitig an einer identischen Aufgabe arbeiten zu lassen, um im Rahmen von Zwischenpräsentationen die entstandenen Ansätze zu diskutieren und gegebenenfalls kombinieren zu können. Auch dieses Phänomen kann damit erklärt werden, dass die Industriedesigner ihr individuell vorhandenes Wissen in die Entwürfe einbringen und diese dadurch prägen, andererseits dieses Wissen aber nicht direkt zugänglich ist sondern nur durch persönliches Entwerfen nutzbar gemacht werden kann. Im Umkehrschluss bedeutet das auch, dass ein einzelner Designer, der auf Basis seines eigenen Wissens in Varianten entwirft, dabei eine geringere Vielfalt erzeugt als es eben durch mehrere Designer der Fall wäre.

Bezug nehmend auf die Spezifik von Entwurfswissen, wie es in Abschnitt 2.4 charakterisiert wurde, bestätigt diese Untersuchung für Konstrukteure und Designer, dass das Erfahrungswissen eine bedeutende Rolle spielt. Auch wird bestätigt, dass dies bei den Designern insbesondere beim Klären der Aufgabe deutlicher oder zumindest deutlicher bewusst ist als bei den Konstrukteuren. Dass ein wesentlicher Teil des Entwurfswissens nur implizit vorliegt, wurde in den Interviews nicht thematisiert. Jedoch kann der extensive Gebrauch von Externalisierungstechniken wie das Skizzieren und Modellieren in der Entwurfsphase bei Designern und Ingenieuren (mit unterschiedlicher Schwerpunktsetzung) als weitere Bestätigung dafür gewertet werden, dass implizites individuell verfügbares Wissen in diesen Phasen in entscheidendem Maß in den Entwurf einfließt.

Narrative Methoden wurden nur vereinzelt von Designern angewendet, insbesondere das Szenario aber als sehr wichtig eingeschätzt. Damit kann nicht nur implizites, sondern vor allem auch soziokulturelles und Alltagswissen für den

Entwurfsprozess akquiriert werden. Weitere Belege konnten für diesen Aspekt von Entwurfswissen nicht herangezogen werden. In welchen Bereichen beispielsweise das Erfahrungswissen gesammelt wurde, ist nicht angegeben. Es kann also beispielsweise nicht festgestellt werden, ob dies entsprechend der theoretischen Erkenntnisse aus Abschnitt 2.4 bei den Konstrukteuren hauptsächlich in der beruflichen Praxis geschah.

Ähnlich kann bezüglich der Kategorien des deklarativen und prozeduralen Wissensbestandes argumentiert werden. Natürlich sind für viele der von den Befragten angegebenen Methoden bestimmte Fähigkeiten und Fertigkeiten gefragt, die unter anderem als prozedurales Wissen in den Entwurfsprozess einfließen. In welchem Verhältnis aber insbesondere episodische und semantische Anteile des deklarativen Wissens bedeutsam sind, kann im Rahmen dieser Untersuchung nicht diskutiert werden.

Abschließend muss auf die Einschränkungen der Stichprobe hingewiesen werden. Es wurden lediglich 35 Konstrukteure und nur 15 Designer befragt. Durch den Umfang und die Tiefe der Leitfadeninterviews konnten wertvolle Erkenntnisse gewonnen werden. Es kann jedoch nicht davon ausgegangen werden, dass die Befragten als repräsentativ für die Grundgesamtheit ihrer Berufsgruppe sind. Um generelle Aussagen über Vorgehensweisen und Methodennutzung von Designern und Konstrukteuren in frühen Entwurfsphasen treffen zu können, könnte auf Grundlage der vorliegenden Ergebnisse eine quantitative oder teilstandardisierte Befragung einer deutlich größeren Teilnehmerzahl durchgeführt werden. Dabei müssten zusätzliche Variablen erhoben werden, die es erlauben festzustellen, ob die Stichprobe repräsentativ für die Grundgesamtheit ist.

3.2 UNTERSTÜTZUNG DER ANFORDERUNGSERMITTLUNG DURCH FRAGENBASIERTE SELBSTREFLEXION

3.2.1 Problem und Fragestellungen

Die im vorangegangenen Abschnitt dargestellte explorative Feldstudie hat für die untersuchte Stichprobe gezeigt, dass in der Analysephase (in der Terminologie von Pahl *et al.* [2005] *Aufgabe Klären*) das Erstellen von *Anforderungslisten* in Form von *Pflichtenheften* und *Lastenheften* und deren weitere Benutzung in den folgenden Phasen sowohl bei Ingenieuren als auch bei Industriedesignern eines der meist genutzten und als sehr wichtig eingestuften Hilfsmittel ist.

Wie in Abschnitt 2.5.6 zusammenfassend dargestellt wurde, können Entwurfsprozesse durch sprachliche Mittel unterstützt werden. Als pragmatisch handhabbare Methode wurde dabei die für konstruktive Entwurfsprozesse entwickelte *Frage-Antwort-Technik* angeführt. Dabei wird den Entwerfenden eine aufgaben- und produktunspezifische Liste generischer Fragen zur Verfügung gestellt, die eine Reflexion der aktuellen Situation im Entwurfsprozess, beispielsweise die Aufgabenanalyse oder die Bewertung von Zwischenlösungen unterstützen können. Der ohnehin reflexive Entwurfsprozess (Schön 1992) kann damit durch die Anwendung sprachlicher Mittel, die von den Entwerfenden als natürlich empfunden werden ohne die Notwendigkeit des Methodenlernens und ohne besonderen organisatorischen, finanziellen oder zeitlichen Aufwand eingesetzt werden. Entsprechende Untersuchungen (insbesondere Wetzstein 2004 und Winkelmann 2005) konnten das Unterstützungspotenzial dieser reflexiven Methode beim Bewerten von Zwischenlösungen und Entwurfsergebnissen im konstruktiven Entwurfsprozess bereits belegen.

Es ist daher von Interesse nachzuprüfen, inwiefern die Anforderungsermittlung in Entwurfsprozessen durch die Frage-Antwort-Technik weiter unterstützt werden kann. Zu diesem Zweck wurde eine quasi-experimentelle Untersuchung durchgeführt, in deren Rahmen der Effekt einer aufgabenunspezifischen, generischen Fragenliste auf die Anzahl ermittelter Anforderungen für eine Beispielaufgabe im konstruktiven Entwurfsprozess ermittelt wurde. Dabei wurde der Zusatznutzen der Fragenliste zum Einsatz der konstruktionsspezifischen Checkliste nach PAHL *et al.* (2005, → Tabelle 4 in Abschnitt 2.5.2) untersucht. Letztere stellt eine Struktur und inhaltliche Anregungen für die Erstellung technisch-funktionaler Anforderungslisten zur Verfügung und hat zumindest in der Ausbildung von Konstrukteuren einen festen Platz. In der beruflichen Praxis tritt dort, wo mit Anforderungslisten gearbeitet wird, an deren Stelle in der Regel eine jeweils branchen- und firmenspezifische Vorgabe von Struktur und Inhalten, die in ihrer Funktion der Checkliste der *Pahl/Beitz Konstruktionslehre* im Wesentlichen entspricht. Ein Zusatznutzen der aufgabenunspezifischen Fragenliste zu den Checklisten ist die Voraussetzung für die Empfehlung und potenzielle Akzeptanz der unterstützenden Methode.

Folgende Fragestellungen sollen im Rahmen der Untersuchung beantwortet werden:

— **Fragestellung 1:** Welchen Einfluss hat der Einsatz einer aufgabenunspezifischen Fragenliste auf die Anzahl ermittelter Anforderungen bei gleichzeitigem Einsatz der Checkliste nach PAHL *et al.* (2005) beim Klären der Aufgabe im konstruktiven Entwurfsprozess?

— **Hypothese 1:** Die Verwendung der Fragenliste führt zur Ableitung einer signifikant höheren Anzahl von Anforderungen im Vergleich zur Erstellung einer Anforderungsliste ohne Verwendung dieser Liste.

— **Fragestellung 2:** Wie wird der Unterstützungswert der Fragenliste durch Maschinenbaustudenten bewertet?

— **Fragestellung 3:** Wie gut sind die Versuchspersonen im Allgemeinen mit der Fragen-Checkliste zurechtgekommen?

Die Untersuchung wurde ebenfalls im Rahmen des bereits erwähnten von der Volkswagen-Stiftung geförderten gemeinsamen Forschungsprojektes der Arbeitsgruppe Wissen – Denken – Handeln und der Professur für Konstruktionstechnik/CAD der Technischen Universität Dresden durchgeführt.

Die Ergebnisse der Untersuchung sind einschließlich der statistischen Auswertung aus kognitionswissenschaftlicher Sicht bereits von Winkelmann & Hacker publiziert worden (Winkelmann & Hacker 2010). Um diskutieren zu können, inwiefern die Unterstützungsleistung der Frage-Antwort-Technik für die Entwurfsdisziplinen relevant sein kann, muss neben der Feststellung statistischer Signifikanz im Sinne geringer Irrtumswahrscheinlichkeit auch die Größe der Effekte ermittelt und diskutiert werden (Cohen 1988, Cohen 1994, Bortz & Döring 2006, Lind 2010 u. a.).

Die große Anzahl der Untersuchungsteilnehmer lässt den Nachweis statistisch signifikanter Unterschiede auch für kleine Effekte zu (Lind 2010 u. a.). Um den praktischen Wert der statistisch nachgewiesenen Verbesserungen bewerten zu können ist es deshalb hilfreich, zusätzlich die von der Anzahl der Probanden unabhängige Effektgröße zu bestimmen. Anhand dessen kann das Verhältnis von Aufwand und Nutzen der Methode eingeschätzt werden. Wenn die Betrachtung der absoluten Effektgröße – beispielsweise der Differenz der Mittelwerte der Anzahl ermittelter Anforderungen in den einzelnen Kategorien – nicht einfach zielführend ist – beispielsweise weil über den konkreten Einfluss einer bestimmten Anzahl einzelner Anforderungen im Entwicklungsprozess keine verallgemeinerten Erkenntnisse vorliegen – kann das Bestimmen relativer Effektgrößen vorteilhaft sein. Dieses Maß ist vom Umfang der Stichprobe relativ unabhängig (Bortz & Döring 2006). Das von Cohen (z. B. in 1988) vorgeschlagene *relative Effektmaß d*, welches sich über den Quotienten der *Mittelwertdifferenz* und der *gepoolten (gemeinsamen) Varianz* errechnen lässt, liefert eine leichter handhabbare Grundlage zur Diskussion der praktischen Relevanz.

3.2.2 Aufbau und Durchführung der Untersuchung

Die Untersuchung wurde in Form eines Quasi-Experiments mit 174 Studierenden der Technischen Universität Dresden, welche an der Lehrveranstaltung *Konstruktiver Entwicklungsprozess* teilnahmen, durchgeführt. Die Teilnehmer waren 19 bis 33 Jahre alt ($M = 22{,}4 \pm SD = 1{,}4$), überwiegend männlich (88 %) und Studierende des 5. Semesters (71 %) des *allgemeinen und konstruktiven Maschinenbaus* (37 %), der *Kraftfahrzeug- und Schienentechnik* (20 %), der *Verarbeitungs- und Verpackungstechnik* (12 %), der *Mechatronik* (12 %) sowie der *Arbeitsgestaltung*, des *Wirtschaftsingenieurwesens* und anderer technischer Studienrichtungen (zusammen 17 %).

Die Teilnehmer wurden einer Interventions- ($n = 61$) und einer Kontrollgruppe ($n = 113$) zugeordnet. Alle Teilnehmer erhielten die Aufgabe, eine Anforderungsliste für die Entwicklung eines Fallobstsammlers zu erarbeiten. Dafür wurden den Studierenden 45 Minuten zur Verfügung gestellt. Als Hilfsmittel wurde allen Teilnehmern die Leitlinie mit Hauptmerkmalen zum Aufstellen einer Anforderungsliste nach Pahl *et al.* (2005, Tabelle 4 auf Seite 115) vorgelegt. Darüber hinaus erhielten die Teilnehmer der Interventionsgruppe die aufgabenunspezifische Liste generischer Fragen, die ebenso wie die Aufgabenstellung im Anhang 9 vollständig abgebildet ist.

Zur Wirkung des Einsatzes einer Fragen-Checkliste bei der Aufgabenanalyse wurden von den Teilnehmern erarbeiteten Anforderungslisten ausgewertet. Die abgeleiteten Anforderungen wurden in ein aus einer Musterlösung (Anhang 10) entnommenes Kategoriensystem (Anforderungskategorien in Tabelle 15) eingeordnet und quantifiziert. Zusätzlich wurde der durch die Teilnehmer der Untersuchung erlebte Unterstützungswert anschließend mit Hilfe eines teilstandardisierten Fragebogens ermittelt. Der Fragebogen ist ebenfalls im Anhang dieser Arbeit zu finden (Anhang 11).

Gruppe	Prämessung	Intervention	Postmessung
Interventionsgruppe (n = 61)	Y11	X1	Y12
Kontrollgruppe (n = 113)	Y21	—	Y22

Tabelle 14: Versuchsplan Untersuchung Wirkung konstruktionsspezifischer Fragenkatalog

Da die Teilnehmer den Untersuchungsgruppen nicht zufällig zugeordnet werden konnten, wurden Kontrollvariablen erhoben, um mögliche Unterschiede der Voraussetzungen in Interventions- und Kontrollgruppe feststellen zu können. Dazu wurden in einem Pretest konstruktionsmethodisches Vorwissen und der persönliche *Handlungsstil bei beruflichen Aufgaben* nach HEISIG (1996) ermittelt.

3.2.3 Ergebnisse der Untersuchung

Für valide Ergebnisse müssen gleiche Voraussetzungen in den Untersuchungsgruppen nachgewiesen werden. Bezüglich der Variablen Alter ($t\ (172) = 0.16$, $p > .05$) und Geschlecht ($\chi^2\ (1, N = 174) = 0.03$, $p > .05$) sind Interventions- und Kontrollgruppe als gleich anzusehen. Die Auswertung des Wissenstests bezüglich konstruktionsmethodischer Vorkenntnisse zeigte ebenso keine signifikanten Unterschiede ($t\ (87) = 4.31$, $p > .05$). Die Persönlichkeitsmerkmale bezüglich des Handlungsstils *Planungsneigung* ($z = -0.71$, $p > .05$; HEISIG 1996) *und Flexible Zielanpassung* ($z = -1.08$, $p > .05$) können auch als homogen angesehen werden. Allerdings sind die Teilnehmer der Interventionsgruppe signifikant hartnäckiger in der *Zielverfolgung* ($z = -2.95$, $p \leq .05$), bezüglich dieser Variable können also keine gleichen Voraussetzungen für Interventions- und Kontrollgruppe angenommen werden.

Die statistische Auswertung mittels t-Test (z. B. in BÜNING & TRENKLER 1994) zeigt, dass die Teilnehmer der Interventionsgruppe mit durchschnittlich $M=17.92 \pm SE=0.73$ insgesamt signifikant mehr Anforderungen abgeleitet haben als die Teilnehmer der Kontrollgruppe mit $M=12.61 \pm SE=0.59$ (→ Tabelle 15). Bei differenzierter Betrachtung der abgeleiteten Einzelanforderungen kann eine signifikant höhere Anzahl bei der Interventionsgruppe in

Bezug auf die Anforderungen in den Kategorien *Geometrie, Gewicht, Energie, Funktion, Stoff, Ergonomie, Transport, Instandhaltung, Kosten, Recycling* und *Design* nachgewiesen werden.

Die gemessenen relativen Effektgrößen (COHENS *d*) sind allerdings überwiegend Teil *klein* ($0,2 \leq d < 0,5$), also praktisch kaum relevant. Mittlere Effektgrößen konnten für die Anzahl der durchschnittlich ermittelten Anforderungen in den Kategorien *Gewicht, Transport* und *Kosten* nachgewiesen werden ($0,5 \leq d < 0,8$). Ohne genauere Betrachtung des Kontexts ist es für diese Kategorien also nicht möglich, die praktische Relevanz der Ergebnisse zu bewerten. Große

Anforderungs-Kategorie	**Interventions-gruppe (n=61) M ± SEM**	**Kontrollgruppe (n=113) M ± SEM**	**t-Test t**	***p***	**Cohens d**
Geometrie	0,7 ± 0,09	1,04 ± 0,09	-2,29	,012 •	-,365
Kinematik	1,54 ± 0,16	1,66 ± 0,15	-0,54	,297	-,086
Gewicht	0,79 ± 0,08	0,34 ± 0,06	4,59	,000••	,735 •
Energie	1,13 ± 0,13	0,71 ± 0,08	2,99	,002••	,478
Funktion	4,69 ± 0,32	3,66 ± 0,20	2,87	,002••	,459
Stoff	1,74 ± 0,18	0,75 ± 0,08	4,98	,000••	,904••
Sicherheit	0,46 ± 0,09	0,6 ± 0,08	-1,09	,139	-,174
Ergonomie	2,87 ± 0,21	1,49 ± 0,13	5,86	,000••	,936••
Kontrolle	0,23 ± 0,06	0,21 ± 0,05	0,19	,423	,031
Montage	0,18 ± 0,05	0,19 ± 0,04	-0,09	,461	-,016
Transport	0,66 ± 0,10	0,27 ± 0,05	3,87	,000••	,618 •
Instandhaltung	0,95 ± 0,11	0,62 ± 0,08	2,52	,006••	,403
Kosten	1,41 ± 0,13	0,86 ± 0,08	3,70	,000••	,622 •
Recycling	0,25 ± 0,06	0,13 ± 0,03	1,97	,026 •	,315
Design	0,33 ± 0,06	0,12 ± 0,03	2,91	,001••	,518 •
Gesamt	17,92 ± 0,73	12,61 ± 0,59	5,51	,000••	,882••

Tabelle 15: Unterschiede der von Teilnehmern Interventions- und Kontrollgruppe dargestellten Anforderungen (einfache Markierung: statistisch signifikant bzw. mittlere Effektgröße; doppelte Markierung: statistisch hoch signifikant bzw. große Effektgröße)

Effektgrößen konnten für die Anzahl der ermittelten Anforderungen in den Kategorien *Stoff*, *Ergonomie* sowie für die Gesamtanzahl ermittelt werden, weshalb hier eine praktische Bedeutung angenommen werden kann.

Die Auswertung der zusätzlichen teilstandardisierten Befragung im Anschluss an die Erarbeitung der Anforderungsliste ergab, dass die Untersuchungsteilnehmer der Interventionsgruppe nach eigenen Angaben besser mit der Ableitung der Anforderungen zurechtgekommen sind (51%) als die Teilnehmer der Kontrollgruppe (28%). Dieser Unterschied ist deutlich und auch statistisch signifikant ($D = 23\% > D_{\text{eins., 0.05}} = 16.4$). Die Bewertung der Nützlichkeit der Fragenliste durch die Teilnehmer der Interventionsgruppe hingegen ist gemischt. Während die gute Hälfte der Teilnehmer *mittel*, *nützlich* oder *sehr nützlich* ankreuzte, entschieden sich die verbleibenden 49% für *weniger nützlich* oder *nicht nützlich*. Keiner der Befragten gab an, dass die Fragenliste für die Anforderungsermittlung *hinderlich* gewesen sei.

3.2.4 Diskussion und Interpretation

Die Stichprobe von 174 Teilnehmern ermöglicht den statistischen Nachweis selbst kleiner und mittlerer Effekte mit teilweise hoher Signifikanz. Diese Angaben stellen die Irrtumswahrscheinlichkeit der Unterschiede dar. Die praktische Bedeutung der Unterschiede der in der Mehrzahl der Kategorien höheren Anzahl von ermittelten Anforderungen lässt sich nicht allein dadurch bewerten, sondern muss im Zusammenhang mit der jeweiligen Effektgröße diskutiert werden. Diese ist zwar in einigen der Kategorien, in denen eine statistisch signifikante Erhöhung der ermittelten Anforderungen gemessen werden konnte, nur gering und somit praktisch weniger bedeutsam. Allerdings ist die hohe Effektstärke der insgesamt ermittelten Anforderungen ebenso wie die hohe und mittlere Effektstärke einiger Anforderungskategorien ein Beleg dafür, dass der Einsatz aufgabenunspezifischer Listen generischer Fragen in der Praxis empfehlenswert sein kann. Dies ist auch im Zusammenhang mit dem geringen Lern- und Durchführungsaufwand der Methode zu sehen. Weiterhin muss eingeräumt werden, dass einige Autoren für den Nachweis großer Effekte noch größere Stichproben empfehlen (310 je Versuchsgruppe, → Bortz & Döring 2006), während für den Nachweis mittlerer Effektgrößen auch der vorliegende Stichprobenumfang als ausreichend angesehen wird.

Einschränkend müssen die Bedingungen des Laborexperiments gesehen werden. Ebenso bewegt sich die Anzahl der ermittelten Anforderungen in den einzelnen Kategorien insgesamt auf relativ niedrigem Niveau, was eine differenzierte Einschätzung der praktischen Relevanz erschwert. Es ist durchaus möglich, dass unter Feldbedingungen andere Umstände wie Ergebnisse von durchgeführten Recherchen, persönliche Erfahrung, Form und Ausmaß von Kommunikation im Team und mit Auftraggebern einen wesentlich größeren Einfluss auf das Übernehmen, Ermitteln und Beachten technischer und funktionaler Randbedingungen und Anforderungen ausüben. Eine ebenfalls im Kontext des von der Volkswagen-Stiftung geförderten gemeinsamen Forschungsprojektes der Arbeitsgruppe Wissen – Denken – Handeln und der Professur für Konstruktionstechnik/CAD der Technischen Universität Dresden durchgeführten Untersuchung lässt dies vermuten (Debitz, Hacker & Winkelmann 2009). Dort wurde die Frage-Antwort-Technik zusammen mit fünf weiteren sogenannten Unterstützungsmodulen in der Ausbildung zusätzlich zu den etablierten Methoden der klassischen Konstruktionslehre eingesetzt. Die Studierenden, welche die Unterstützungsmodule im Rahmen der Bearbeitung eines konstruktiven Entwicklungsprojekts einsetzten, zeigten letztlich keine nachweislich besseren Entwurfsergebnisse. Dort ist es jedoch wiederum nicht einfach zu klären, ob die Unterstützungsmethoden an sich keinen Effekt hatten oder ob andere Einflüsse schlicht bedeutender waren, die aber wiederum möglicherweise in der beruflichen Praxis nicht zum Tragen kämen.

Die Einschätzung der Nützlichkeit der Fragenliste durch die Teilnehmer der Untersuchung streute sehr, jedoch wurde sie von keinem der Befragten als hinderlich empfunden. In Übereinstimmung mir den Ergebnissen der statistischen Auswertung der Anzahl ermittelter Anforderungen gaben die Teilnehmer der Interventionsgruppe an, besser mit der Ermittlung der Anforderungen zurecht gekommen zu sein.

Die Liste generischer Fragen konnte die Akquise entwurfsrelevanten Wissens – in Form von vorrangig technisch-funktionalen Produktanforderungen – aus dem individuellen Wissensbestand der Untersuchungsteilnehmer verbessern. Für die Beantwortung der zentralen Fragestellung dieser Arbeit lassen sich zwei Erkenntnisse hervorheben:

1. Die Anforderungsermittlung als Form der Wissensakquise in den frühen Phasen konstruktiven Entwerfens kann mit der Frageliste in der vorliegenden Form unterstützt werden. Eine gründliche und möglichst vollständige Anforderungsklärung ist mit der Leistung von Produktentwicklern – also der Qualität der Entwurfsergebnisse und dem entsprechenden wirtschaftlichen Erfolg – in Zusammenhang zu sehen (GÖRNER 1994 u.a.). Ohne die Notwendigkeit besonderer technischer oder organisatorischer Rahmenbedingungen, separaten Erlernens oder aufgabenspezifischer Anpassung der Methode konnte diese auf pragmatische Weise das Kombinieren expliziter und impliziter Wissensanteile unterstützen. Damit bestätigt die Untersuchung die Ergebnisse von Untersuchungen zum Einsatz der Methode bei der Bewertung von Zwischenergebnissen (z.B. WETZSTEIN 2004 und WINKELMANN 2005) im Laborkontext nun auch im Vergleich mit etablierten Methoden wie der Checkliste zur Erstellung von Anforderungslisten, die von PAHL *et al.* (2005) zur Verfügung gestellt wird.

2. Die Frage-Antwort-Technik konnte im Rahmen des quasi-experimentellen Aufbaus der Untersuchung nachweislich die Akquise individueller entwurfsrelevanter Wissensanteile *ad hoc* unterstützen. Im Kontext der vorliegenden Arbeit ist weiterhin zu klären, inwiefern sich die Methode und der entsprechende Effekt auf die Akquise individuellen (industrie-) designspezifischen Wissens übertragen lassen. Dazu ist es notwendig, unter Beibehaltung der Struktur der Frage-Antwort-Technik entsprechende designspezifische Fragen und Formulierungen zu erarbeiten.

3.3 UNTERSTÜTZUNG DER AKQUISE VON DESIGNWISSEN DURCH NARRATIVE METHODEN

3.3.1 Problem und Fragestellungen

Um eine methodische Unterstützung für die Akquise entwurfsrelevanten Wissens im Industriedesign geben zu können, müssen dessen Spezifika berücksichtigt werden. Im Theorieteil dieser Arbeit wurde in Abschnitt 2.4 dargelegt und durch die Erkenntnisse der beiden in den Abschnitten 3.1 und 3.2 dargestellten Untersuchungen unterstützt, dass Designwissen zu großem Teil individuell aus dem Gedächtnis der Entwerfenden akquiriert wird. Es wurde berichtet, dass diese Akquise insbesondere Novizen Schwierigkeiten bereitet, nicht zuletzt weil sich das Entwurfsrelevante Wissen einerseits aus dem gesamten individuellen Weltwissen speist, andererseits aber stark subjektiv und emotional geprägt ist und nicht zuletzt großenteils nur unbewusst vorliegt.

Nur wenige der in den Produktentwicklungsdisziplinen etablierten Methoden berücksichtigen diese Eigenschaften von Designwissen und können somit dessen Akquise unterstützen. Wesentlich zur Nutzbarmachung unbewusster Wissensanteile können visuelle, sprachliche und narrative Methoden beitragen, wobei insbesondere die visuellen Methoden im Industriedesign bereits extensiv und intensiv genutzt werden (→ 3.1). Sprachliche Methoden sind, wenn auch selten explizit als solche wahrgenommen, in der Regel ebenso verbreitet (*ibd.*). Dazu zählen Kundengespräche, Mitarbeiterdiskussionen und Präsentationen, aber in einer erweiterten Auffassung auch *Brainstorming, Brainwriting* und weniger verbreitet zur Anwendung kommende Check- und Fragenlisten. Narrative Methoden sind im Industriedesign bisher noch wenig verbreitet (*ibd.*), haben in angrenzenden Fachgebieten wie dem Interaktionsdesign aber bereits eine gewisse Verbreitung und Anerkennung erreicht (COOPER, REIMANN & CRONIN 2007, PRUITT & ADLIN 2006 u.a.).

Basierend auf der im theoretischen Teil dieser Arbeit dargestellten Spezifik von individuell verfügbarem (präskriptivem Objekt-) sowie der Eignung bestimmter Einzelmethoden zur Akquise ebensolcher Wissensarten wurde ein zweitägiger Workshop entwickelt, welcher die Wissensakquise zu Beginn des Designprozesses unterstützen soll. Inhalt des Workshops ist die Entwicklung und Analyse narrativer Szenarien, in denen prototypische Zielgruppenvertreter die zu entwerfenden Produkte nutzen. Der Workshop wird im Folgenden verkürzt als narratives Szenario bezeichnet. Wichtige Komponenten sind dabei das Brainwriting (2.5.3), Storytelling (2.5.7), bestimmte (narrative) Szenariomethoden (2.5.9), die Persona-Methode (2.5.8) und die Visualisierung (wie in Abschnitt 2.5.4 beschrieben). Die Teilnehmer erarbeiten in einem Wechsel ausindividueller und Gruppenarbeit drei *ad-hoc*-Personas und entwickeln ein narratives Szenario zu einem typischen Tagesablauf (*user story*) der primären

Abbildung 54: Abgeleitete Begriffe und ausgewählte Bilder als Vorstufe zum Designkonzept

Persona ohne Nutzung externer Datenquellen, wobei die Produktnutzung im Mittelpunkt steht. Anschließend werden Begriffe abgeleitet und Bilder aus einem zur Verfügung gestellten Pool ausgewählt, welche in einfacher Form eine abstrakte Zieldefinition darstellen (Abbildung 54). Der zeitliche Ablauf des zweitägigen Workshops ist im Anhang 13 dargestellt.

Um eine systematische Untersuchung der Unterstützungsleistung der narrativen Szenarien zu ermöglichen, müssen messbare Kriterien bestimmt werden. Neben der Messung der empfundenen Unsicherheit der Novizen, sollten auch Variablen auf der Entwurfsebene erfasst werden. Das unter Umständen nahe liegende Messen der Güte der Entwurfslösungen ist kaum oder nicht möglich (→ Prescher 2008, Wölfel & Prescher 2008), auch ist die Zahl der unkontrollierbaren Variablen zu groß. Die Benotung der individuellen Leistungen in dem Lehrfach können nicht als Kriterium herangezogen werden, da sie auf Grundlage einer Vielzahl von Faktoren gebildet werden, die durch den Einsatz bestimmter Unterstützungswerkzeuge auch nicht beeinflusst werden dürften.

Es mussten messbare Kriterien gefunden werden, die in einem direkteren Zusammenhang mit der Intervention stehen, aber dennoch Rückschlüsse auf den Effekt für den gesamten Designprozess zulassen. Dazu wurde das Netzwerk der beeinflussenden Faktoren (Blessing & Chakrabarti 2009) angewendet. Es kann ein Zusammenhang zwischen der Güte von Designkonzepten mit der Qualität der Entwurfsergebnisse angenommen werden. Folglich werden die relevanten Messungen in dieser Untersuchung in den Phasen *Aufgabe klären* und *Designkonzept* (→ Uhlmann 2005) durchgeführt.

Abbildung 55: Netzwerk der beeinflussenden Faktoren

— **Fragestellung 1:** Welchen Einfluss hat die Erarbeitung und Auswertung von narrativen Nutzungsszenarien auf das akquirierte Wissen?
— **Hypothese 1:** Die Erarbeitung und Auswertung narrativer Nutzungsszenarien führt zur Akquise einer signifikant höheren Anzahl von erlebensrelevanten Anforderungen an das zu entwerfende Objekt.
— **Fragestellung 2:** Welchen Einfluss hat die Erarbeitung und Auswertung auf die Vollständigkeit der im Entwurfsprojekt entwickelten Designkonzepte?
— **Hypothese 2:** Die Erarbeitung und Auswertung narrativer Nutzungsszenarien führt zur Akquise einer signifikant höheren Anzahl von vollständigen Designkonzepten.
— **Fragestellung 3:** Wie wird die Unterstützung der Wissensakquise durch narrative Szenarien empfunden?
— **Hypothese 3:** Die Unterstützungsleistung wird überwiegend als positiv empfunden.

3.3.2 Aufbau und Durchführung der Untersuchung

Die Untersuchung wurde als *post-ex-facto*-Untersuchung in einem Interventions-Kontrollgruppen-Aufbau durchgeführt. Es nahmen insgesamt 23 Studierende der Technischen Universität Dresden teil. Sie haben sich für die Studienrichtung *Technisches Design* entschieden und den entsprechenden Eignungstest erfolgreich absolviert. Bei den 21 männlichen und zwei weiblichen Studierenden handelte es sich überwiegend (95,7 %) um Studierende

Gruppe	Prämessung	Intervention	Postmessung
Interventionsgruppe (n = 10)	—	X1	Y11
Kontrollgruppe (n = 13)	—	—	Y21

Tabelle 16: Versuchsplan Voruntersuchung Wirkung narrative Szenarien

des sechsten Semesters. Die Untersuchung wurde im Rahmen des ersten Design-Entwurfsprojektes der Studierenden durchgeführt. Die Teilnehmer hatten zum Zeitpunkt der Untersuchung bereits ein viersemestriges Maschinenbau-Grundstudium sowie eine theoretische Designlehrveranstaltung und gestalterische Grundlagenausbildung im Freihandzeichnen und in der Grafikgestaltung absolviert. Die Teilnehmer können demnach als Semi-Experten auf dem Gebiet der Ingenieurwissenschaften (insbesondere im Maschinenbau) und als aufgeschlossene Novizen auf dem Gebiet des Industriedesigns eingeordnet werden.

Die Studierenden bearbeiteten im Rahmen des Entwurfsprojektes eine jeweils individuell erarbeitete Designaufgabe zu den Themen *Kleben* (Interventionsgruppe) und *Müll* (Kontrollgruppe). Beide Aufgaben waren in ihrer Struktur gleich: es war ein Themenkomplex vorgegeben, in welchem ein konkretes Produkt für den privaten oder gewerblichen Bereich entworfen werden sollte. Der Ablauf des Semesterprojekts war bis auf die Intervention (Erarbeiten von Personas und Szenarien) identisch.

Die Bearbeitung der Designaufgabe erfolgte über die Zeit eines Semesters und im Wesentlichen nach der *Vorgehensplanung Designprozess* (UHLMANN 2005) also gegliedert in *Aufgabe klären, Designkonzept, Hypothetischer Gesamtentwurf* und *Ausarbeitung*. Die Studierenden erarbeiteten neben dem Entwurf und den dazugehörigen Veranschaulichungsmitteln wie Modelle, Zeichnungen und Renderings auch jeweils eine schriftliche Dokumentation, in welcher die erarbeitete Designaufgabe, der Entwurfsprozess und das Entwurfsergebnis dargestellt sind. Die Erarbeitung der individuellen Designaufgabe wurde in Teamarbeit mit Brainstorming und ähnlichen Methoden begonnen und unter Betreuung durch die Lehrenden individuell fortgeführt. Die Interventionsgruppe führte am Beginn des Entwurfsprojektes einen zweitägigen angeleiteten Workshop zur Erarbeitung und Auswertung von *ad-hoc*-Personas und narrativer normativer *ad-hoc*-Szenarien in Form von *user stories* als typische Tagesabläufe der Primär-Personas durch. Der Aufbau des Workshops ist im Anhang 13 dargestellt. Die Kontrollgruppe wurde nach der Untersuchung in einem weiteren Designprojekt mit den narrativen Szenarien vertraut gemacht.

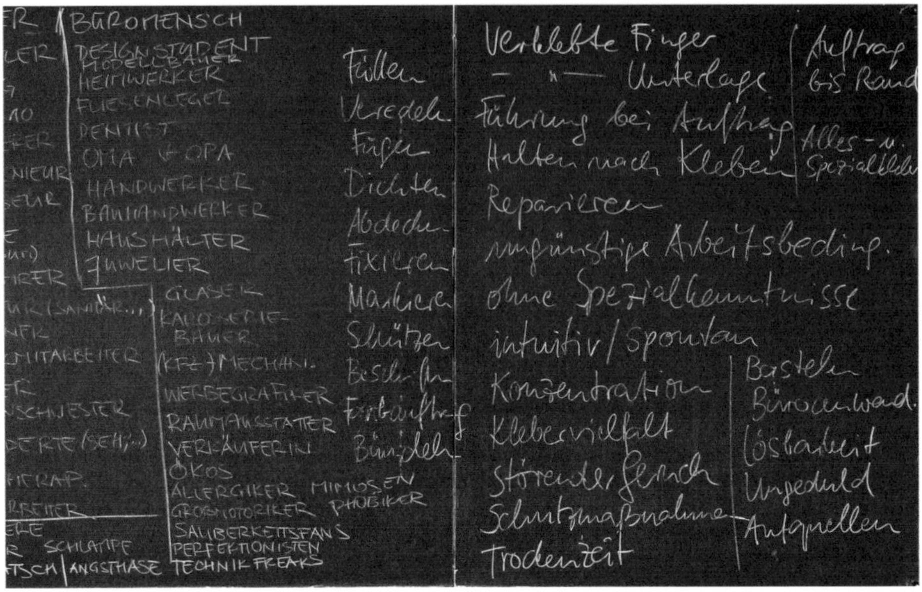

Abbildung 56: In mehreren Brainwriting- und Brainstorming-Phasen erarbeitete Begriffe an einer Tafel zusammengetragen (Ausschnitt)

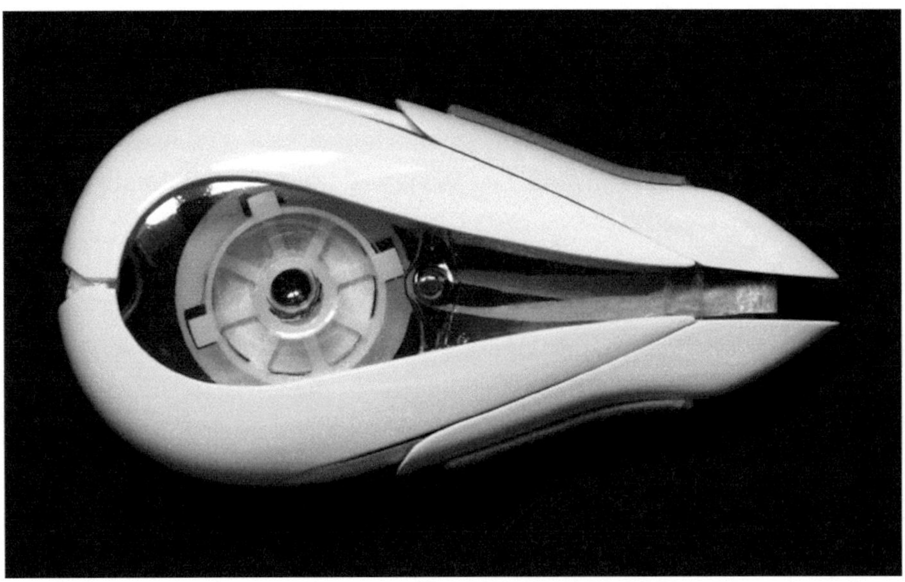

Abbildung 57: Beispiel eines Ergebnisses in der Interventionsgruppe (Entwurf: WOLF 2008)

Die Teilnehmer der beiden Gruppen konnten nicht zufällig verteilt werden. Das Ergebnis möglicherweise beeinflussende persönliche Eigenschaften der Teilnehmer konnten nicht erfasst werden. Aus diesem Grund ist die Untersuchung als *ex-post-facto*-Untersuchung zu bezeichnen und die Ergebnisse entsprechend zu werten (→ 3.3.4).

Zur Wirkung der narrativen Szenarien wurden als *abhängige Variablen* die Art und Anzahl der abgeleiteten Anforderungen sowie das Vollständigkeitslevel der erstellten Designkonzepte inhaltsanalytisch ermittelt. Erlebte Hilfestellung, Handlungssicherheit, Zielvorstellung und andere »weiche Kriterien« wurden mit einem standardisierten Fragebogen erhoben.

Die Dokumentationen der Entwurfsprojekte wurden mittels qualitativer Inhaltsanalyse nach Mayring (2007, Abbildung 58) ausgewertet. Zur Beantwortung von

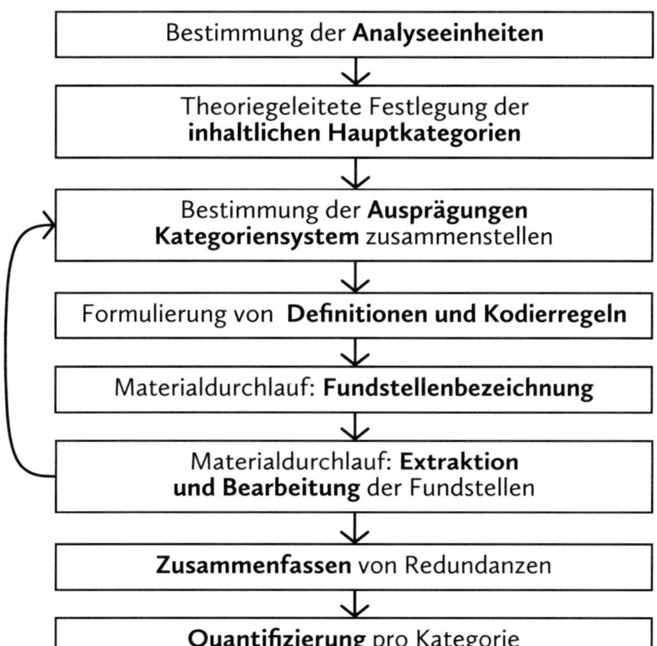

Abbildung 58: Strategie der qualitativen Inhaltsanalyse mit abschließender Quantifizierung, in Anlehnung an (Mayring 2007)

Fragestellung 1 wurden die in den Dokumentationen dargestellten Anforderungen an die zu entwerfenden Objekte in ein Kategoriensystem (Anhang 12) überführt und quantifiziert. Entsprechend der Fragestellung nach der Anzahl erlebensrelevanter Anforderungen wurde ein Kategoriensystem gebildet, in welchem *technisch-funktionale Anforderungen* undifferenziert zusammenfasst sind. Der Fokus auf *menschbezogen-subjektive Anforderungen* führte zur Bildung der Unterkategorien *Persona*, *Szenario* und *Produktcharakter*. Daneben wurde die Kategorie *menschbezogen-objektiv* gebildet, in welche insbesondere allgemeine objektiv überprüfbare menschbezogene Anforderungen sortiert wurden (Beispielsweise ergonomische Aspekte). Die zwei weiteren Kategorien *wirtschaftlich* und *organisatorisch* vervollständigen das System.

Für die Ermittlung der Vollständigkeit der Designkonzepte wurde mittels qualitativer Inhaltsanalyse überprüft, ob wesentliche Komponenten enthalten sind. Die Kriterien dafür wurden aus dem Ebenenmodell von Designkonzepten von UHLMANN (2005) in Übereinstimmung mit dem Komponentenmodell von KRZYWINSKI (2011) abgeleitet. Demnach sind Designkonzepte mehr oder weniger verdichtete Zieldefinitionen in einer noch nicht gegenständlichen Form, die sowohl funktionale (Elementarebene), formale (Basisebene) als auch wesensbestimmende (Oberebene) Eigenschaften der zu entwerfenden Produkte festlegen.

Rubrik	Beschreibung	Level
fehlendes Designkonzept	keine der Konzeptebenen hinreichend beschrieben	1
marginales Designkonzept	eine der Konzeptebenen hinreichend beschrieben	2
unvollständiges Designkonzept	eine der Konzeptebenen vollständig beschrieben	3
wirksames Designkonzept	alle Konzeptebenen hinreichend beschrieben	4
vollständiges Designkonzept	alle Konzeptebenen vollständig beschrieben	5

Tabelle 17: Einteilung der Vollständigkeit der Designkonzepte in ordinale Daten

Die Konzeptdarstellungen der Entwurfsdokumentationen wurden analysiert und den drei Ebenen zugeordnet. Anschließend konnte bewertet werden, ob das Entwurfsziel auf den einzelnen Ebenen hinreichend oder vollständig antizipiert wurde. Auf dieser Grundlage wurden die Designkonzepte entsprechend Tabelle 17 in *fehlend*, *marginal*, *unvollständig*, *wirksam* und *vollständig* eingeteilt.

Untersucht wurde als *unabhängige Variable* die Wirkung des Erstellens und Analysierens narrativer Szenarien zum Umgang prototypischer Zielgruppenvertreter mit den zu entwerfenden Produkten in typischem Nutzungsumfeld in einem zweitägigen Workshop auf die o. g. abhängigen Variablen. Die unabhängige Variable ist zweifach gestuft, d. h. während die Interventionsgruppe an dem Workshop teilnahm, führte die Kontrollgruppe das Entwurfsprojekt ohne einen solchen Workshop durch.

Die Kodierung erfolgte durch einen Urteiler. Zur Erhöhung der Reliabilität führte derselbe Gutachter die Kodierung mit zeitlichem Abstand erneut durch. Die Intra-Rater-Reliabilität konnte als ausreichend bestimmt werden.

3.3.3 Ergebnisse der Untersuchung

3.3.3.1 Anzahl ermittelter erlebensrelevanter Anforderungen

Abbildung 59 veranschaulicht die Menge der durchschnittlich ermittelten Anforderungen in den genannten Kategorien in einer grafischen Darstellung. In Tabelle 18 ist die Auswertung des entsprechenden statistischen Unterschiedstests (t-Test, zweiseitig) dargestellt, dort finden sich auch die exakten Angaben zu arithmetischem Mittelwert (M) und Standardfehler (SEM) sowie die relative Effektstärke (d) des Unterschieds der Anzahl der Anforderungen für die jeweiligen Kategorien.

Der Mittelwertvergleich wurde mittels t-Test durchgeführt (Voraussetzung dafür ist die Varianzhomogenität der Gruppen, welche mittels F-Test nachgewiesen wurde [Signifikanzniveau 5 %], lediglich für die Kategorie *menschbezo-*

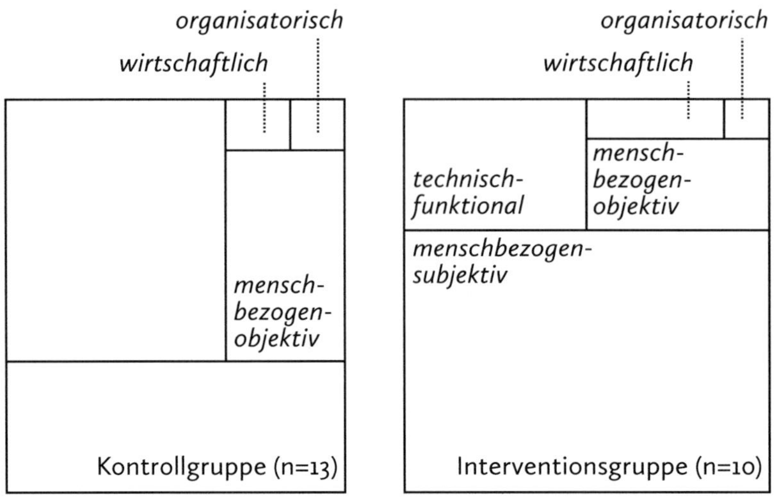

Abbildung 59: Grafische Darstellung der der Mittelwerte der Anzahl ermittelter Anforderungen je Kategorie in der Kontroll- und Interventionsgruppe

Anforderungs-kategorie	Interventions-gruppe (n=10) M ± SEM	Kontrollgruppe (n=13) M ± SEM	F-Test *p*	t-Test *p*	Cohens d
technisch-funktional	2,70±0,52	6,38±0,80	,093	,002··	-,558·
wirtschaftlich	0,60±0,16	0,38±0,14	,927	,327	,826··
organisatorisch	0,20±0,13	0,31±0,17	,233	,647	-,334
menschbezogen-objektiv	1,80±0,49	2,62±0,65	,227	,351	-,186
menschbezogen-subjektiv	10,40±1,62	4,85±0,71	,027	,008··	,311
—Persona	3,30±1,03	0,62±0,29	,001	,030·	,381
—Szenario	3,00±0,73	1,92±0,40	,130	,184	,281
—Produktcharakter	4,10±0,69	2,31±0,49	,468	,040·	,461
gesamt	15,70±2,12	14,54±1,33	,278	,633	,034

Tabelle 18: statistische Auswertung der Unterschiede zwischen Interventions- und Kontrollgruppe in der Anzahl der dargestellten Anforderungen

gen-subjektiv und deren Unterkategorie *Persona* musste der t-Test für inhomogene Vergleichsgruppen durchgeführt werden). Demnach haben die Teilnehmer der Interventionsgruppe in der Kategorie *menschbezogen-subjektiv* – und hier in den Unterkategorien Persona und Produktcharakter – hoch signifikant mehr und in der Kategorie *technisch-funktional* hoch signifikant weniger Anforderungen dargestellt. Hypothese 1 kann damit bestätigt werden. In den übrigen Kategorien sind keine signifikanten Unterschiede gemessen worden. Die Gesamtanzahl der dargestellten Anforderungen ist nahezu gleich (ebenfalls kein signifikanter Unterschied). Die Effektgröße wurde mittels Cohens d geschätzt. Demnach kann für die Kategorie *technisch-funktional* eine mittlere Effektgröße und für die übrigen statistisch signifikanten Anforderungskategorien lediglich eine kleine Effektgröße angegeben werden.

Abbildung 60 illustriert die Unterschiede der Beschreibung des angestrebten Produktcharakters in den Dokumentationen von Kontroll- und Interventionsgruppe. Neben der größeren Menge (Vielfalt und Häufigkeit der Nennung der einzelnen Begriffe) in der Interventionsgruppe fällt auf, dass dort mehr designrelevante Begriffe wie *Vertrauen*, aber auch *fröhlich* oder *ruhig* genannt wurden, während in der Kontrollgruppe objektive Zielkritieren wie *klein* und *preiswert* überwiegen.

Abbildung 60: Grafische Darstellung der verwendeten Begriffe zum Produktcharakter in den Dokumentationen der Kontroll- (links) und Interventionsgruppe (rechts). Quantitative Darstellung: die dargestellte Größe entspricht Häufigkeit. Die genaue Anzahl der Nennungen ist in Anhang 14 und Anhang 15 zu finden.

3.3.3.2 Vollständigkeit der Designkonzepte

Zur Beantwortung der Fragestellung 2 wurden die in den Dokumentationen dargestellten Designkonzepte auf Vollständigkeit geprüft. Beispielhaft zeigen die folgenden Abbildungen Konzeptposter, die im Rahmen des Entwurfsprojekts durch die Teilnehmer erarbeitet wurden. Abbildung 61 zeigt die normative Beschreibung des Produktcharakter in Form eines mit Wortmarken ergänzten *Moodboards* (→ 2.5.4), während das Konzeptposter in Abbildung 62 beeinflusst durch die narrativen Methoden eher das Nutzungsszenario illustriert. Als Kontrast dazu zeigt Abbildung 63 einen Ausschnitt einer Konzeptdarstellung der Kontrollgruppe – diese ist weniger kompakt und verdichtet, beinhaltet aber auch wesensbestimmende Elemente. Dies war nicht bei allen Teilnehmern der Fall.

Abbildung 61: »Konzeptposter« für ein Klebegerät, Interventionsgruppe (Hahn 2008)

Abbildung 62: »Konzeptposter« für ein Klebegerät, Interventionsgruppe (Bühner 2008)

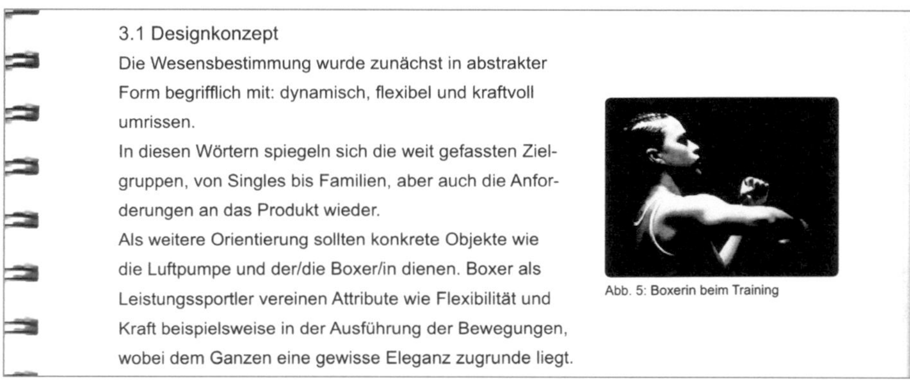

3.1 Designkonzept

Die Wesensbestimmung wurde zunächst in abstrakter Form begrifflich mit: dynamisch, flexibel und kraftvoll umrissen.
In diesen Wörtern spiegeln sich die weit gefassten Zielgruppen, von Singles bis Familien, aber auch die Anforderungen an das Produkt wieder.
Als weitere Orientierung sollten konkrete Objekte wie die Luftpumpe und der/die Boxer/in dienen. Boxer als Leistungssportler vereinen Attribute wie Flexibilität und Kraft beispielsweise in der Ausführung der Bewegungen, wobei dem Ganzen eine gewisse Eleganz zugrunde liegt.

Abb. 5: Boxerin beim Training

Abbildung 63: Konzeptdarstellung für einen Müllbehälter, Kontrollgruppe (Mühlbauer 2007)

Wie in Abbildung 64 dargestellt, ist der Anteil vollständiger Designkonzepte in der Interventionsgruppe zwar nur geringfügig höher als in der Kontrollgruppe. Bedeutender ist die deutlich geringere Anzahl von fehlenden Designkonzepten in der Interventionsgruppe. Der Unterschied der Vollständigkeit der Designkonzepte ist entsprechend einer Überprüfung mittels Mann-Whitney-Unterschiedstest (z.B. in Büning & Trenkler 1994) *statistisch signifikant*. Hypothese 2 konnte somit bestätigt werden.

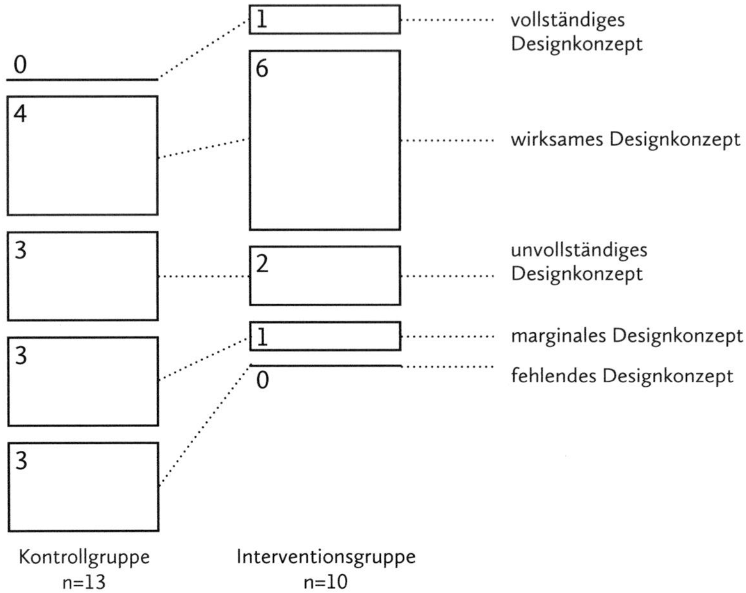

Abbildung 64: Unterschiede zwischen Interventions- und Kontrollgruppe bezüglich der Vollständigkeit der Designkonzepte

	N	Rangmittel	U	Z	p
Interventionsgruppe	13	9,42	31,50	-2,188	,029·
Kontrollgruppe	10	15,35	98,50		

Tabelle 19: MANN-WHITNEY-Unterschiedstest zur Vollständigkeit der Konzepte

3.3.3.3 Korrelation erlebensrelevanter Anforderungen und Vollständigkeit Designkonzept

Obwohl es keine Fragestellung zur Motivation der Untersuchung war, ließen die Daten eine Auswertung des Zusammenhangs von der Anzahl ermittelter Anforderungen in erlebensrelevanten Kategorien mit der Vollständigkeit der Designkonzepte zu. Zur Überprüfung des Zusammenhangs der Vollständigkeit der Konzepte mit der Anzahl der ermittelten Anforderungen in den einzelnen Anforderungskategorien wurde der SPEARMAN-Rangkorrelationskoeffizient berechnet. Für die Kategorie menschbezogen-subjektiv ist der Zusammenhang *statistisch hoch signifikant*.

Anforderungskategorie	N	ρ	p	
technisch-funktional	23	-0,17	,224	
wirtschaftlich	23	0,22	,155	
organisatorisch	23	0,03	,441	
menschbezogen-objektiv	23	-0,07	,374	
menschbezogen-subjektiv	23	0,64	,000	··
— Persona	23	0,47	,012	·
— Szenario	23	0,35	,052	
— Produktcharakter	23	0,52	,005	·

Tabelle 20: Korrelation der Vollständigkeit der Konzepte
(Statistische Auswertung mittels SPEARMANS Rangkorrelationskoeffizient)

3.3.3.4 Erlebte Hilfestellung

In der Interventionsgruppe wurden Verlauf des Workshops, zu den Meilensteinen *Designkonzept* und *Hypothetischer Gesamtentwurf* sowie am Ende des Entwurfsprojektes an insgesamt neun Zeitpunkten Messungen zur erlebten Hilfestellung, empfundenen Handlungsfähigkeit usw. mittels standardisiertem Fragebogen (Anhang 16 bis Anhang 18) erfasst.

Wie in Abbildung 67 dargestellt ist, wird die Unterstützungsfunktion von den Teilnehmern der Interventionsgruppe durchweg tendenziell positiv bewertet. Hypothese 3 konnte damit bestätigt werden. *Zielvorstellung* (Abbildung 66) und *empfundene Handlungsfähigkeit* (Abbildung 65) steigen im Lauf des Workshops, was durch vermehrt akquiriertes Wissen und dadurch entstehende Vorstellung vom Entwurfsziel erklärt werden kann. Der Kurvenabfall an den Messpunkten 3 und 7 ist dadurch zu erklären, dass die Studierenden kurz vor diesen Messungen aufgefordert waren, ihnen bisher unbekannte Methoden anzuwenden (→ Ablauf des Workshops in Anhang 13, z. B. Zeitpunkt *C* nach Szenarioerstellung).

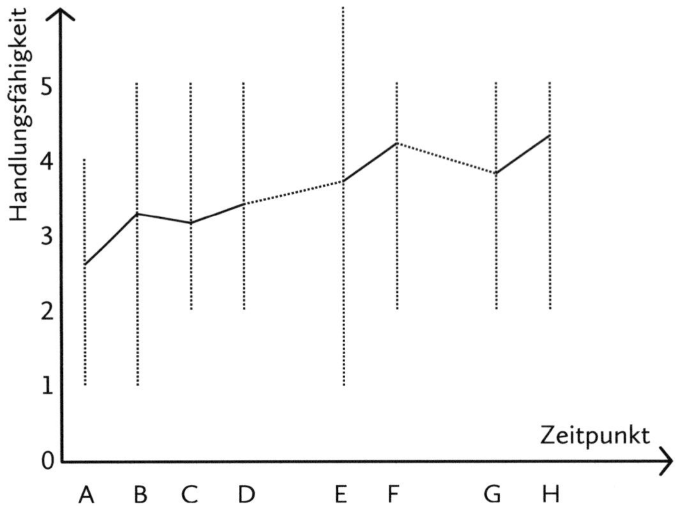

Abbildung 65: Einschätzung der eigenen Handlungsfähigkeit über den Verlauf des Workshops (0=keine, 6=ganz konkrete Handlungsfähigkeit, Mittelwerte und Standardabweichung)

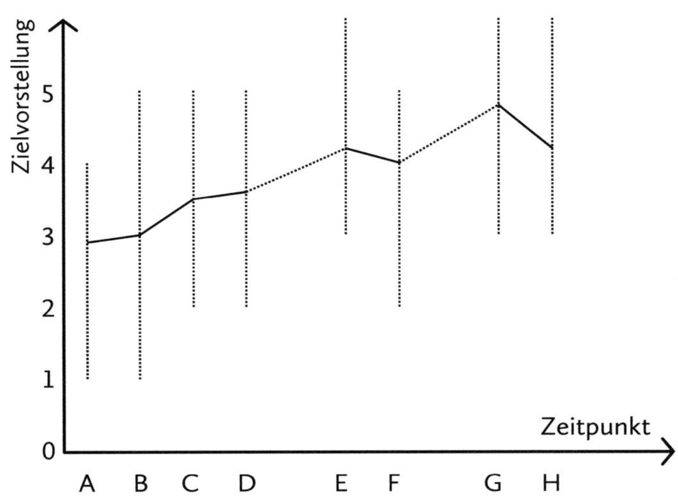

Abbildung 66: Entwicklung der Zielvorstellung über den Verlauf des Workshops (0=keine, 6=ganz konkrete Zielvorstellung, Mittelwerte und Standardabweichung)

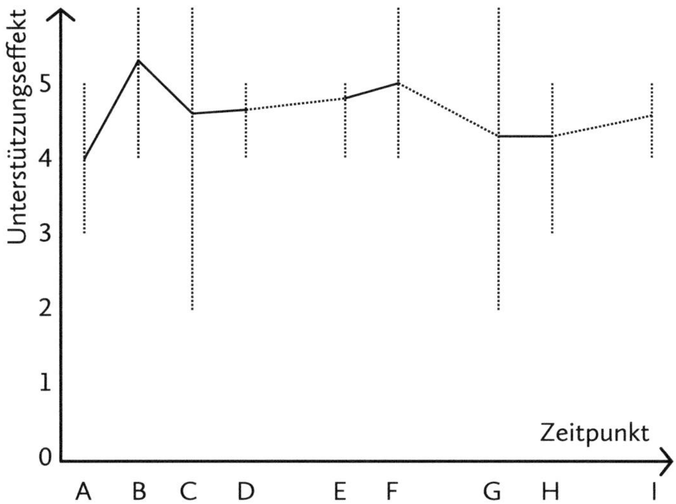

Abbildung 67: Entwicklung der erlebten Unterstützungsfunktion über den Verlauf des Workshops (0=kein, 6=sehr großer Unterstützungseffekt, Mittelwerte und Standardabweichung)

3.3.4 Interpretation und Diskussion der Ergebnisse

Die Untersuchung wurde mit insgesamt nur 23 Teilnehmern durchgeführt. Für eine statistische Auswertung ist das zu wenig: um große Effekte für die ermittelten Anforderungen nachweisen zu können wird ein optimaler Umfang der Interventions- und Kontrollgruppe von jeweils mindestens 20 Teilnehmern empfohlen (Bortz & Lienert 2008, Bortz & Döring 2006). Die dargestellte Untersuchung konnte nur für die Kategorie *menschbezogen-subjektiv* eine große Effektstärke statistisch signifikant erhöhter Anzahl von Anforderungen belegen. Dass dies für die anderen Kategorien nicht möglich war, kann am geringen Stichprobenumfang liegen, andererseits ist nicht auszuschließen, dass die geringe Wirkung der Intervention ursächlich für die überwiegend kleinen Effektgrößen ist.

Eine Untersuchung kann als Experiment nur gewertet werden, wenn sie erstens eine Hypothese prüft, zweitens diese Prüfung durch eine kontrollierte

Intervention durchführt und drittens die Versuchsbedingungen mit Hilfe von *Elimination*, *Konstanthaltung* und *Randomisierung* kontrolliert werden (SCHNELL, HILL & ESSER 1999). Der dritte Punkt ist für diese Untersuchung zu diskutieren: die Versuchsbedingungen in der Interventionsgruppe unterschieden sich von denen der Kontrollgruppe insofern, als dass die Probanden zwar organisatorisch im gleichen Studienprojekt, jedoch in unterschiedlichen Jahrgängen mit unterschiedlichen Aufgabenstellungen bedacht und, wie anzunehmen ist, anderen von außen einwirkenden Randbedingungen ausgesetzt waren. Auch konnten die Teilnehmer den Versuchsgruppen nicht zufällig zugeordnet werden, eine Randomisierung war also nicht möglich. Eine Konstanthaltung war in gewissen Grenzen möglich: die Teilnehmer wurden von den gleichen Lehrenden bei der Bearbeitung einer ähnlich strukturierten Designaufgabe betreut; Lehrinhalte und Semesterablauf sowohl innerhalb als auch über das Entwurfsprojekt hinaus waren grundsätzlich gleich. Die Elimination von äußeren Störfaktoren war nur bedingt möglich, da den Teilnehmern nur während der Lehrangebote weitgehend gleiche Bedingungen geboten werden konnten, sich jedoch ihre gesamte Lern- und Lebenssituationen auf die Entwurfsprozesse auswirken, wie bereits im Theorieteil dieser Arbeit erklärt wurde.

Die Kontrollgruppe wurde im Nachhinein mit der Interventionsgruppe verglichen. Die Untersuchung ist also zumindest teilweise *ex post facto* durchgeführt worden, woraus sich untersuchungsmethodische Probleme ergeben, welche die praktische Aussagekraft der Ergebnisse schmälern. Auch RAITHEL (2008) führt unter anderem die für den vorliegenden Fall relevanten Probleme der Kontrolle von Drittvariablen an, die weiter oben bereits in Bezug zu den Problemen Elimination und Konstanthaltung erörtert wurden. Leider war es, da die Kontrollgruppe nachträglich ausgewertet wurde, nicht möglich, zusätzliche Variablen zu erheben, wie es im Rahmen der in Abschnitt 3.2 dargestellten quasi-experimentellen Untersuchung möglich war. Mit Hilfe dieser zusätzlichen Variablen hätte geprüft werden können, inwiefern in den Untersuchungsgruppen gleiche Ausgangsbedingungen vorherrschten oder ob dies eben nicht der Fall war und die erhobenen Daten und damit die Ergebnisse der Untersuchung dadurch beeinflusst wurden.

Die Daten wurden nur durch einen Gutachter analysiert und kodiert. Nach erneuter Analyse einer Auswahl der Daten konnte eine ausreichende Intra-Koder-Reliabilität festgestellt werden. Gerade bei qualitativer Analyse von Material, welches per Definition subjektiv geprägt ist (→ *Designwissen* in 2.4) wäre eine Analyse durch mehrere unabhängige übereinstimmende Gutachter vorzuziehen. Bei einer Wiederholung oder Weiterführung der Untersuchung sollte dies berücksichtigt werden.

Die Bewertung der Vollständigkeit der Designkonzepte erfolgte theoriegeleitet nach dem Ebenenmodell von Uhlmann (2005). Alternative Modelle, die sich für die Beschreibung der Vollständigkeit von Designkonzepten eignen würden, waren zum Zeitpunkt der Vorbereitung und Durchführung der Untersuchung nicht verfügbar. Mittlerweile sind allerdings bereits neue Erkenntnisse und theoretische Modelle entstanden. So stellt eine aktuelle Untersuchung von Krzywinski (2011) auf der Grundlage einer umfassenden qualitativen Studie zu Designkonzepten im *transportation design* ein alternatives Modell zur Verfügung, anhand dessen Komponenten *funktional*, *formal* und *wesensbestimmend* die Vollständigkeit der Konzepte überprüft werden könnte. Dadurch würden möglicherweise auch auf Basis zugrundeliegender Daten der hier beschriebenen Untersuchung andere Ergebnisse ermittelt werden. Ein mögliches Weiterverfolgen des Untersuchungsansatzes müsste in jedem Fall die aktuellen Forschungsarbeiten zu Designkonzepten einbeziehen, um geeignete Messkritieren herauszufiltern.

Die Interventionsgruppe ermittelte in der erlebensrelevanten Kategorie *menschbezogen-subjektiv* eine hoch signifikant höhere Anzahl von Anforderungen. Hypothese 1 konnte damit bestätigt werden. Während die Kontrollgruppe geringfügig mehr Anforderungen in der Kategorie *technisch-funktional* als in der Kategorie *menschbezogen-subjektiv* darstellte, liegt in der Interventionsgruppe der Schwerpunkt eindeutig bei erlebensrelevanten Anforderungen.

Offensichtlich wurde dieser Effekt von einer niedrigeren Anzahl von dargestellten Anforderungen der Kategorie *technisch-funktional* begleitet.

Die nur geringe bzw. mittlere Effektstärke schränkt die Überzeugungskraft der statistischen Nachweise ab. Die Betrachtung der im Wesentlichen halbierten bzw. verdoppelten Mittelwerte legt eine praktische Relevanz der Unterschiede nahe; die relativ hohe Varianz der gemessenen Daten verringert jedoch das Maß der Effektgröße (Cohens d). Eine größere Anzahl von Teilnehmern könnte eine homogene und dem Effektmaß zuträgliche Varianz bewirken.

Hypothese 2, die einen Zusammenhang zwischen den narrativen Methoden und der Vollständigkeit der Designkonzepte unterstellt, konnte trotz der kleinen Stichprobe ebenfalls bestätigt werden. Dies bestätigt auch die Erkenntnisse von Krzywinski (2011), der in einem anderen Kontext die Elemente Produktcharakter, Persona und Szenario als konstituierende Elemente von Designkonzepten identifiziert hat. Der zur Überprüfung von Hypothese 2 genutzte Mann-Whitney-Unterschieds-Test zeichnet sich durch eine relativ hohe Toleranz (Robustheit) gegenüber großen Streuungen der Daten aus, was im vorliegenden Fall zum Tragen kommt. In einer vorläufigen Auswertung mittels Median-Test konnte der Zusammenhang statistisch nicht entdeckt werden (Wölfel & Bastian 2010, Wölfel 2010). Als Ursache dafür kann angeführt werden dass der hier angewendete Mann-Whitney-Unterschiedstest im Vergleich zum Mediantest eine wesentlich höhere Teststärke aufweist, unter anderem weil er die Ranginformationen, die in den Daten liegen, vollständig nutzt (Bortz & Lienert 2008).

Die erhobenen Daten ließen es zu, Zusammenhänge zwischen der Vollständigkeit der Designkonzepte mit den ermittelten Anforderungen in den einzelnen Kategorien zu überprüfen. Dabei konnte ein hoch signifikanter Zusammenhang zwischen den Anforderungen der Kategorie menschbezogen-subjektiv mit der Vollständigkeit der Designkonzepte nachgewiesen werden. Diese Erkenntnis ist insofern nicht erstaunlich und in ihrer Tragweite zu relativieren, als dass die Kriterien beider im Rahmen der Untersuchung durch den gleichen Urteiler inhaltsanalystisch ermittelten Daten auf weitgehend übereinstimmenden theoretischen Konzepten beruhen. Die dokumentierten Anforderungen stellen im Kontext dieser Untersuchung eine detailliertere Aufschlüsselung der darauf aufbauenden Designkonzepte dar. Die Aufschlüsselung bietet die Möglichkeit, auf der Basis quantitativer Daten nicht nur statistische Signifikanz, sondern auch Effektgrößen zu bestimmen, die für eine Interpretation durch Außenstehende hilfreich sein kann.

Es kann also behauptet werden, dass auch unabhängig von den eingesetzten Methoden die Unterstützung der Ermittlung erlebensrelevanter Anforderungen das Erstellen geeigneter Designkonzepte und somit den Entwurfsprozess mittelbar mit hoher Wahrscheinlichkeit unterstützen kann. Diese Erkenntnis ist insofern wichtig, als dass es für weitere Untersuchungen unter Umständen ausreichend ist, die Anzahl ermittelter Anforderungen in bestimmten Kategorien zu bestimmen, was es ermöglicht, die Akquise von Designwissen auch in Laboruntersuchungen zu messen. Da die Korrelation über die Teilnehmer von Interventions- und Kontrollgruppe als einer Datenmenge errechnet wurde, spielen die Einschränkungen der Auswertungsvoraussetzungen der *ex-post-facto*-Untersuchung bei der Bewertung des Zusammenhangs von Anzahl ermittelter Anforderungen in erlebensrelevanten Kategorien mit dem Level der Vollständigkeit der Designkonzepte keine Rolle.

Die Einschränkungen der quasi-experimentellen Untersuchungsanordnung sowie die geringen gemessenen Effektgrößen lassen es nicht zu, von »harten Fakten« zu sprechen, die als Argument für den Einsatz der narrativen Methoden bzw. des darauf aufgebauten Workshops herangezogen werden könnten. Eine Durchführung der Untersuchung unter kontrollierteren Bedingungen und mit einer größeren Stichprobe wäre nötig, um alternative Erklärungsansätze für die gemessenen und beschriebenen Unterschiede sicher ausschließen zu können. Es sollte geprüft werden, inwiefern es möglich ist, qualitativ nachzuvollziehen, welche Aspekte mittels Persona und Szenario erarbeitet werden und inwiefern diese den Entwurfsprozess beeinflussen und sich in den Meilensteinen (*Designkonzept, Gesamtentwürfe*) des Entwurfsprozesses identifizieren lassen.

Als Erkenntnisgewinn kann festgehalten werden, dass die narrativen Methoden Persona und Szenario bzw. *User Story* im Industriedesign gut einsetzbar sind und von den Studierenden gern angenommen werden. Sowohl Funktion als auch Effekt der Methoden sind demzufolge vom Bereich des Interaktionsdesigns auf das Industriedesign übertragbar. Die Akzeptanz in der Ausbildung ist sowohl bei Lehrenden als auch bei Studierenden groß: nahezu alle Studierenden haben in Folgeprojekten – in unterschiedlichem Umfang – Personas und Szenarien genutzt, ohne explizit dazu aufgefordert worden zu sein. Dies komplementiert die in explorativen Untersuchungen in der Ausbildung im *transportation design* gewonnenen Erkenntnisse von Krzywinski (2011), der dort Persona und Szenario als zentrale Werkzeuge zur Erstellung erlebensbezogener Designkonzepte identifiziert hat.

Die in Abschnitt 1.1 beschriebene Problematik der Wissensakquise bei Novizen in der Ausbildung von Designingenieuren konnte durch den Einsatz narrativer Methoden reduziert werden. Ob und welchen spezifischen Charakteristika von Designwissen – beispielsweise episodisches oder implizites Wissen – die Methoden besonders gerecht wurden, konnte nicht untersucht werden. Dies wäre auch zumindest teilweise ein tautologischer Schluss, da die Methoden gerade wegen ihrer Eignung, die Akquise dieser Formen von Wissen besonders unterstützen zu können, ausgewählt und eingesetzt wurden.

3.4 UNTERSTÜTZUNG DER AKQUISE VON DESIGNWISSEN DURCH FRAGENBASIERTE SELBSTREFLEXION

3.4.1 Problem und Fragestellungen

In der im vorangegangenen Abschnitt 3.3 dargestellten Untersuchung konnte das Potenzial der narrativen Methoden Persona und Szenario für die Unterstützung der Wissensakquise im Industriedesign gezeigt werden. Damit kann der weitere Einsatz in der Ausbildung gerechtfertigt werden. Die explorative Feldstudie zur Nutzung sozialer und kognitiver Strategien in der beruflichen Entwurfspraxis (→ 3.1) zeigte allerdings, dass narrative Methoden heute in der Praxis kaum Anwendung finden. Um dort Akzeptanz finden zu können, muss zunächst nach einer stark vereinfachten, schnell und aufwandsarm einsetzbaren Variante gesucht werden. Entsprechend der in Abschnitt 3.2 dargestellten Untersuchung im konstruktiven Kontext kann für die Unterstützung der Akquise entwurfsrelevanten Wissens in der nutzerzentrierten Produktentwicklung ein sprachlich-reflexives Instrument abgeleitet werden, welches im Vergleich zu Persona und narrativem Szenario weniger Aufwand und keine erzählerische Fähigkeiten erfordert, aber auch einen größeren Effekt als reine Checklisten verspricht.

Auf der Grundlage der dargestellten Untersuchungen wurde ein designspezifischer Fragenkatalog erstellt, welcher mit aufgabenunspezifischen offenen W-Fragen die Akquise von Designwissen als Zwischenschritt zur Ermittlung erlebensrelevanter Anforderungen (als frühe Vorstufe von Designkonzepten) unterstützen soll. Die Fragen wurden auf der Grundlage der Inhalte des Workshops zur Erarbeitung und Analyse narrativer Szenarien sowie ergänzender Literaturquellen (→ 2.5.6) zusammengestellt. Die Fragenliste wurde in einer Voruntersuchung mit Studierenden des Industriedesigns auf Verständlichkeit und Anwendbarkeit überprüft und überarbeitet. Die in der Untersuchung eingesetzte Frageliste ist im Anhang 20 dargestellt.

Dieser Abschnitt beschreibt eine quasi-experimentelle Untersuchung zum Effekt des designspezifischen aufgabenunspezifischen Fragenkatalogs auf die Menge erlebensrelevanten präskriptiven Objektwissens und ermittelter Produktanforderungen bei Design-Novizen (vorwiegend Studierenden des Maschinenbaus). Folgende Fragenstellungen werden untersucht:

- **Fragestellung 1:** Welchen Einfluss hat der Einsatz einer designspezifischen aufgabenunspezifischen Fragenliste beim Erstellen einer Anforderungsliste auf die Menge akquirierten design/erlebensrelevanten Wissens?
- **Hypothese 1:** Die Verwendung der designspezifischen aufgabenunspezifischen Fragenliste führt zur Ableitung einer signifikant höheren Anzahl von Anforderungen in erlebensrelevanten Kategorien im Vergleich zur Erstellung einer Anforderungsliste ohne Verwendung dieser Fragenliste.
- **Fragestellung 2:** Wie wird der Unterstützungswert der Fragenliste durch Maschinenbaustudenten (im Vergleich zur Erweiterung der Hauptmerkmalsliste) bewertet?
- **Hypothese 2:** Der Unterstützungswert wird überwiegend positiv bewertet.
- **Fragestellung 3:** Welchen Einfluss hat die designspezifische Fragenliste auf die von den Versuchspersonen erlebte Schwierigkeit bei der Ermittlung erlebensrelevanter Anforderungen?
- **Hypothese 3:** Die Verwendung der designspezifischen Fragenliste führt zu einer geringeren erlebten Schwierigkeit bei der Ermittlung erlebensrelevanter Anforderungen.

3.4.2 Aufbau und Durchführung der Untersuchung

Die Untersuchung wurde in Form eines Quasi-Experiments mit insgesamt 80 Studierenden des allgemeinen und konstruktiven Maschinenbaus, der Mechatronik und der Wirtschaftswissenschaften im Rahmen einer Übung zum konstruktiven Entwicklungsprozess durchgeführt. Die Teilnehmer waren 20 bis 31 Jahre alt (M = 22,3; SD = 1,76), überwiegend männlich (91 %) und Studierende des 5. Semesters (78 %). Anders als bei der im vorangegangenen Abschnitt 3.3 dargestellten Untersuchung handelt es sich dabei nicht um Studierende, die ihren Studienschwerpunkt auf Design legen wollen. Es handelt sich also um Novizen, die gegenüber dem Thema Design nicht zwangsläufig aufgeschlossen sind.

Die Teilnehmer wurden einer Interventions- (n = 39) und einer Kontrollgruppe (n = 41) zugeordnet. Zur Überprüfung der Wirksamkeit des Einsatzes einer designspezifischen Fragenliste bei der Anforderungsanalyse erhielten alle Probanden die Aufgabe sämtliche Anforderungen an die Entwicklung eines Fallobstsammlers zu ermitteln. Die Instruktion lautete wie folgt:

> Das Aufsammeln von abgefallenen Früchten von Obstbäumen ist eine mühsame und zeitaufwändige Arbeit. Bleiben die Früchte länger liegen, können zudem Belästigungen und Gefährdungen entstehen.
> Entwerfen Sie eine Maschine, mit der die Sammlung von Fallobst leicht und schnell möglich ist. Das Obst soll soweit möglich verwertbar bleiben. Die Maschine ist für den Einsatz in Kleinstbetrieben, z. B. auf Streuobstwiesen vorgesehen.
> Erstellen Sie eine Liste aller in der Konstruktion und beim Design zu berücksichtigenden Anforderungen (auch Rückseite benutzen)!

Dazu stand allen Teilnehmern die Hauptmerkmalsliste (Pahl *et al.* 2005, Tabelle 21 in Abschnitt 2.5.2) zur Verfügung. Nach ca. 30 Minuten wurde unterbrochen.

Die Interventionsgruppe erhielt anschließend eine Liste designspezifischer generischer Fragen (Anhang 20), die sie auf einem Faltblatt in dafür vorgesehenem Platz beantworten sollten. Dafür wurden ca. 30 Minuten eingeräumt.

Die Kontrollgruppe erhielt nach der ersten wie die Interventionsgruppe nach der zweiten Unterbrechung die Aufgabe, die Anforderungsliste um nutzerzentrierte Anforderungen zu ergänzen. Dafür wurde beiden Gruppen eine kurz gefasste Checkliste in Form einer Ergänzung der Hauptmerkmalsleitlinie von

Pahl *et al.* (2005) ausgehändigt (→ Tabelle 21). Beide Gruppen haben zuvor eine Vorlesung zum Industriedesign im Rahmen der Lehrveranstaltung gehört. Zur Motivation wurde im Rahmen des Experiments nochmals kurz auf die Nutzerzentrierung eingegangen (→ Anhang 19). Für die Ermittlung nutzerzentrierter Anforderungen standen der Kontrollgruppe etwa 15, der Interventionsgruppe etwa 10 Minuten zur Verfügung.

Als Daten wurden die von den Teilnehmern schriftlich festgehaltenen technisch-funktionalen Anforderungslisten, die beantworteten Frage-Listen sowie die Erweiterungen um nutzerzentrierte Anforderungen separat aufgenommen. Die verschiedenen Unterlagen konnten mittels anonymisierter Codes zugeordnet werden.

Hauptmerkmal	Beispiele
Endnutzer	Eigenschaften typischer Zielgruppenvertreter, zu befriedigende Bedürfnisse und Interessen der Endnutzer, Erleben des Produkts durch den Nutzer
Einsatzszenario	Umfeld der Produktnutzung, Umstände der Produktnutzung, Wahrnehmung, Integration und Differenzierung im Umfeld, Besonderheiten der Produktnutzung
Produkt-charakter	Wesen des Produkts, Angestrebte und zu vermeidende Charaktereigenschaften des zu entwickelnden Produkts, nach außen zu zeigende Eigenschaften des Produkts, Stil, Formsprache, Wirkung von Materialien, Oberflächen, und Verarbeitung
Marke	Werte und Image von Hersteller und Marke, aus Produktportfolio abgeleitete Eigenschaften, erkennbare Familienzugehörigkeit, Wahrnehmbare Abgrenzung vom Wettbewerb

Tabelle 21: Leitlinie zur Erweiterung der Anforderungsliste um nutzer-zentrierte Anforderungen

Um die Wirkung der designspezifischen Fragenliste ermitteln zu können wurden die Unterlagen inhaltsanalytisch ausgewertet. Dafür wurde das bereits in der in Abschnitt 3.3 dargestellten Untersuchung entwickelte und eingesetzte Kategoriensystem von Anforderungen erweitert und eingesetzt. Die ermittelten Anforderungen wurden unter Berücksichtigung inhaltlicher Redundanzen und Überschneidungen für jede Kategorie quantifiziert. Zusätzlich wurde die durch die Teilnehmer erlebte Schwierigkeit bei der Ermittlung nutzerzentrierter Anforderungen sowie der Unterstützungswert des Fragenkatalogs (Interventionsgruppe) bzw. der Erweiterung der Hauptmerkmalsleitlinie (Kontrollgruppe) mittels standardisierter Fragebögen ermittelt. Die Fragebögen sind im Anhang 26 (Interventionsgruppe) und Anhang 27 (Kontrollgruppe) enthalten.

Die unabhängige Variable ist zweifach gestuft, d.h. während der Interventionsgruppe die designspezifische Fragenliste zur Verfügung gestellt wurde, leitete die Kontrollgruppe die Anforderungen ohne die Liste ab (Tabelle 22).

Den jeweiligen Fragen wurde in dem Faltblatt ein bestimmter Raum für Antworten eingeräumt, um anzudeuten, in welchem Umfang auf die einzelnen Fragen eingegangen werden sollte. Das Faltblatt ist vollständig im Anhang 20 dargestellt.

Zentrale Fragen des Katalogs sind:

- Wie stellen Sie sich den typischen Endnutzer vor?
- Wie stellen Sie sich einen typischen Tag des Nutzers mit Benutzung des zu entwickelnden Produkts vor?
- Über welches Wissen, welche Kompetenzen, welche Fähigkeiten und Fertigkeiten verfügt der Nutzer? Warum will er das Produkt nutzen? Welche Ziele will er damit (außerdem) erreichen?
- Worüber wäre/ist der Nutzer beim Umgang mit dem Produkt frustriert?
- Welche Charaktereigenschaften soll es haben? Welche Charaktereigenschaften sollen vermieden werden?
- Was soll das Produkt über den Nutzer aussagen?

	Prämessung	Intervention 2	Zwischenmessung	Intervention 2	Postmessung
Interventionsgruppe (n = 41)	Y_{11}	X_1	Y_{12}	X_2	Y_{13}
Kontrollgruppe (n = 39)	Y_{21}	–	–	X_2	Y_{22}

Tabelle 22: Versuchsplan Wirkung designspezifischer Fragenkatalog

— Welche Stärken soll das Produkt nach außen zeigen?
Wie soll das Produkt in seinem Benutzungsumfeld wirken?
— Wie soll das Produkt den Nutzer beeinflussen?
— Wie soll sich das Produkt anfühlen?
— Welche Produkte können als Vorbild herangezogen werden?
Welche Charaktereigenschaften haben diese?

3.4.3 Ergebnisse der Untersuchung

3.4.3.1 Auswertungsvoraussetzungen

Interventions- und Kontrollgruppe können bezüglich der Variablen *Alter* und *Geschlecht* als gleich angesehen werden. Die Teilnehmer der Kontrollgruppe sind Studierende höherer Semester. Dieser Unterschied ist *statistisch signifikant*, es handelt sich dabei aber um eine noch *kleine Effektgröße* (→ Tabelle 23). Weiterhin wurden Persönlichkeitsmerkmale ermittelt, welche in Zusammenhang mit Entwerfen gebracht werden und zur Absicherung der Aussagekraft quasi-experimenteller Untersuchungen herangezogen werden können (→ Hacker, Winkelmann & Stelzer 2009). Die Variablen *Planungsneigung*, *Hartnäckigkeit der Zielverfolgung* und *Flexibilität der Zielanpassung* wurden nach Heisig (1996) erhoben und ausgewertet. Die in Tabelle 23 dargestellte statistische Auswertung zeigt, dass die Untersuchungsgruppen hinsichtlich der genannten Variablen als gleich angesehen werden können.

Merkmal	Interventions-gruppe (n=41) M ± SEM	Kontrollgruppe (n=39) M ± SEM	F-Test *p*	t-test *p*	Cohens d
Alter	22,39 ± 0,25	22,23 ± 0,31	,314	,690	0,09
Geschlecht (männliche in %)	90,24 ± 4,69	92,31 ± 4,32	,510	,748	0,07
Semester	5,25 ± 0,10	5,67 ± 0,17	,003	,045·	-0,47
Planungsneigung*	4,15 ± 0,12	4,08 ± 0,13	,906	,699	0,09
Hartnäckigkeit der Zielverfolgung*	5,00 ± 0,18	4,97 ± 0,21	,599	,926	0,02
Flexibilität der Zielanpassung*	5,20 ± 0,17	5,13 ± 0,20	,330	,800	0,06

Tabelle 23: Statistische Auswertung der erhobenen individuellen Merkmale der Untersuchungsteilnehmer (*Stanine)

Die Normalverteilung der erhobenen Daten wurde für jede Variable einzeln geprüft und das entsprechende statistische Prüfverfahren angewendet.

Die Inhaltsanalyse wurde von mehreren Gutachtern durchgeführt. Die Übereinstimmung der Gutachter wurde mittels *Gutachter-Korrelationskoeffizient* nach Cohen überprüft und als ausreichend bewertet (κ = .7, → Wirtz & Caspar 2007). Im ersten Abschnitt der Untersuchung waren Interventions- und Kontrollgruppe gleichermaßen aufgefordert, eine Anforderungsliste für die Entwicklung des Fallobstsammlers mit Hilfe der Hauptmerkmalsleitlinie aus Pahl *et al.* (2005) zu erarbeiten. Da dies vor der Intervention stattfand, können die in dieser Phase erhobenen Daten zur Klärung der Vergleichbarkeit der Teilnehmergruppen herangezogen werden. Die Inhaltsanalyse dieser Anforderungslisten zeigte, dass in den für diese Untersuchung besonders wichtigen Kategorien *technisch-funktional*, und *menschbezogen-subjektiv* gleich viele Anforderungen erarbeitet wurden. In der Kategorie *organisatorisch* zeigte sich hingegen ein statistisch signifikanter Unterschied bei mittlerer Effektgröße, der bei der Auswertung und Interpretation der Ergebnisse berücksichtigt werden muss, da sich Interventions- und Versuchsgruppe hinsichtlich dieses Merkmals offensichtlich unterscheiden. (→ Tabelle 24).

Anzahl ermittelter Anforderungen in den Kategorien	Interventions-gruppe (n=41) M ± SEM	Kontroll-gruppe (n=39) M ± SEM	F-Test *p*	t-test *p*	Cohens d
technisch-funktional	14,71 ± 0,75	13,97 ± 0,70	,566	,479	0,16
wirtschaftlich	1,22 ± 0,15	1,08 ± 0,22	,056	,592	0,12
organisatorisch	2,95 ± 0,30	1,54 ± 0,29	,599	,001 ··	0,76 ·
menschbezogen-objektiv	4,05 ± 0,24	3,67 ± 0,38	,009	,400	0,19
menschbezogen-subjektiv	0,73 ± 0,23	0,54 ± 0,16	,012	,487	0,16
—Persona	0,05 ± 0,03	—	—	—	—
—Szenario	0,20 ± 0,07	0,13 ± 0,05	,062	,459	0,17
—Produktcharakter	0,17 ± 0,08	0,36 ± 0,14	,004	,254	-0,26
—Unternehmensbild	—	0,03 ± 0,03	—	—	—
ohne Zuordnung	0,71 ± 0,17	1,15 ± 0,32	,000	,218	-0,29
Gesamt	24,37 ± 0,95	21,95 ± 1,13	,398	,122	0,36

Tabelle 24: Statistische Auswertung der ermittelten Anforderungen auf der Basis der Checkliste von PAHL *et al.* (2005) vor der Intervention.

3.4.3.2 Wirkung des Fragenkatalogs auf ermittelte Anforderungen

Es konnte festgestellt werden, dass die Teilnehmer der Interventionsgruppe mit der Beantwortung des Fragenkatalogs deutlich mehr erlebensrelevantes Wissen erarbeiten als die Teilnehmer der Kontrollgruppe bei der bloßen Formulierung von designspezifischen Anforderungen mit Hilfe der Ergänzungsleitlinie. Auf Basis der Inhaltsanalyse mit anschließender Quantifizierung der Funde in den Kategorien konnte für alle Unterkategorien von *menschbezogen-subjektiv* (*Persona, Szenario, Produkt, Marke*) gezeigt werden, dass die Interventionsgruppe statistisch hoch signifikant mehr Anforderungen formulieren konnte (→ Tabelle 25).

Es muss herausgestellt werden dass trotz Aufforderung und dafür vorgesehenem Zeitbudget mehr als ein Drittel (36,6 %) der Teilnehmer der Interventionsgruppe nach Beantworten der designspezifischen Fragenliste keine entsprechenden Ergänzungen in der Anforderungsliste vornahmen. Ob bzw. zu welchem Teil es sich dabei um eine bewusste inhaltlich begründete Entscheidung handelte (die betreffenden Teilnehmer also keine Erkenntnisse aus der Beantwortung der Fragenliste als für die Entwicklungsaufgabe relevant einstuften) lässt sich aus den vorliegenden Daten leider nicht sicher entnehmen. Weitere Gründe dafür können unter anderem Erschöpfung, fehlende Motivation und die Annahme, wenn die Anforderungen in den Antworten formuliert seien, müssten sie nicht in die Liste übertragen werden, sein. Insbesondere letzteres Problem ließe sich durch eine bessere Vorbereitung der Teilnehmer sowie diesbezüglich präzisere Instruktionen reduzieren.

Da nicht ausgeschlossen werden kann, dass sich ein großer Teil der Interventionsgruppe inhaltlich begründet bewusst dagegen entschieden hat, kann dieser nicht wegen unvollständiger Daten von der Auswertung ausgeschlossen werden. Inwiefern hingegen die Teilnehmer der Kontrollgruppe die ermittelten designspezifischen Anforderungen letztlich für tatsächlich relevant halten und auch verfolgen würden, lässt sich auf Grundlage der vorliegenden Daten ebenso wenig klären.

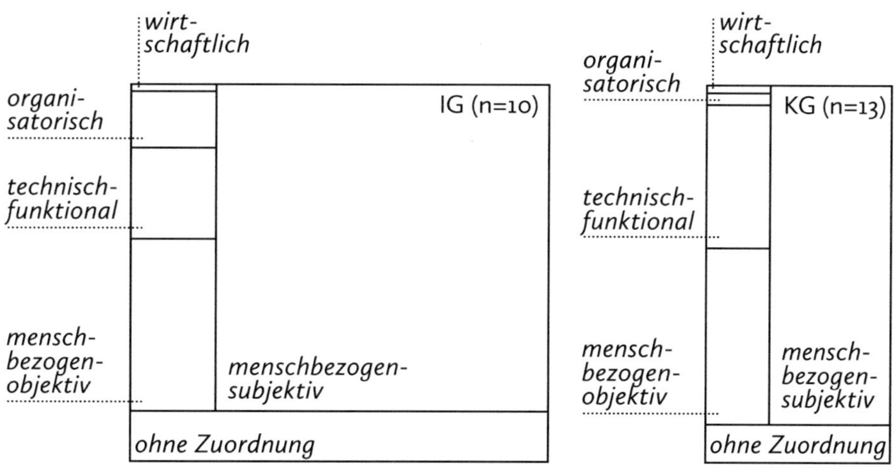

Abbildung 68: Grafische Darstellung der Menge durchschnittlich ermittelter Anforderungen in den Kategorien der Inhaltsanalyse des Fragebogens (Interventionsgruppe, links) und der nutzerzentrierten Checkliste (Kontrollgruppe, rechts)

Anzahl ermittelter Anforderungen in den Kategorien	Interventions-gruppe (n=41) M ± SEM	Kontroll-gruppe (n=39) M ± SEM	F-Test *p*	t-test *p*	Cohens d
technisch-funktional	1,54 ± 0,19	1,82 ± 0,34	,001	,472	-0,17
wirtschaftlich	0,95 ± 0,14	0,15 ± 0,07	,000	,000 ··	1,14 ··
organisatorisch	0,12 ± 0,05	0,10 ± 0,05	,644	,787	0,06
menschbezogen-objektiv	2,90 ± 0,26	2,26 ± 0,25	,600	,076	0,41
menschbezogen-subjektiv	21,59 ± 1,35	8,28 ± 0,77	,000	,000 ··	1,92 ··
—Persona	8,12 ± 0,53	1,79 ± 0,35	,010	,000 ··	2,24 ··
—Szenario	2,80 ± 0,33	1,38 ± 0,22	,008	,001 ··	0,80 ··
—Produktcharakter	7,88 ± 0,76	3,15 ± 0,40	,000	,000 ··	1,23 ··
—Unternehmensbild	2,78 ± 0,33	1,79 ± 0,25	,076	,021 ·	0,53 ·
ohne Zuordnung	4,15 ± 0,39	1,41 ± 0,27	,015	,000 ··	1,30 ··
Gesamt	31,24 ± 1,59	14,03 ± 0,93	,001	,000 ··	2,09 ··

Tabelle 25: Statistische Auswertung der ermittelten Anforderungen auf der Basis des Fragenkatalogs (Interventionsgruppe) im Vergleich zur nutzerzentrierten Checkliste (Kontrollgruppe).

Anzahl ergänzter Anforderungen in den Kategorien	Interventions-gruppe (n=41) M ± SEM	Kontroll-gruppe (n=39) M ± SEM	F-Test *p*	t-test *p*	Cohens d
technisch-funktional	0,66 ± 0,16	1,82 ± 0,34	,000	,003 ··	-0,71 ·
wirtschaftlich	0,02 ± 0,02	0,15 ± 0,07	,000	,084	-0,41
organisatorisch	0,07 ± 0,04	0,10 ± 0,05	,340	,648	-0,10
menschbezogen-objektiv	0,85 ± 0,18	2,26 ± 0,25	,059	,000 ··	-1,06 ··
menschbezogen-subjektiv	4,85 ± 0,81	8,28 ± 0,77	,632	,003 ··	-0,69 ·
—Persona	1,29 ± 0,28	1,79 ± 0,35	,201	,268	-0,25
—Szenario	0,76 ± 0,16	1,38 ± 0,22	,068	,023 ·	-0,53 ·
—Produktcharakter	1,68 ± 0,32	3,15 ± 0,40	,198	,005 ··	-0,66 ·
—Unternehmensbild	1,05 ± 0,24	1,79 ± 0,25	,757	,035 ·	-0,49
ohne Zuordnung	0,20 ± 0,11	1,41 ± 0,27	,000	,000 ··	-0,97 ··
Gesamt	6,66 ± 0,96	14,03 ± 0,93	,703	,000 ··	-1,25 ··

Tabelle 26: Statistische Auswertung der übertragenen Anforderungen aus den Antworten des Fragenkatalogs (Interventionsgruppe) im Vergleich zur Anzahl ermittelter Anforderungen mittels Checkliste (Kontrollgruppe).

Anzahl ergänzter Anforderungen in den Kategorien	Interventions-gruppe (n=27) M ± SEM	Kontroll-gruppe (n=39) M ± SEM	F-Test *p*	t-test *p*	Cohens d
technisch-funktional	1,04 ± 0,22	1,82 ± 0,34	,001	,058	-0,44
wirtschaftlich	0,04 ± 0,04	0,15 ± 0,07	,000	,150	-0,33
organisatorisch	0,12 ± 0,06	0,10 ± 0,05	,731	,873	0,04
menschbezogen-objektiv	1,35 ± 0,23	2,26 ± 0,25	,149	,009 ··	-0,66 ·
menschbezogen-subjektiv	7,65 ± 0,89	8,28 ± 0,77	,799	,600	-0,14
—Persona	2,04 ± 0,37	1,79 ± 0,35	,419	,635	0,12
—Szenario	1,19 ± 0,21	1,38 ± 0,22	,179	,527	-0,16
—Produktcharakter	2,65 ± 0,39	3,15 ± 0,40	,223	,373	-0,22
—Unternehmensbild	1,65 ± 0,32	1,79 ± 0,25	,896	,730	-0,09
ohne Zuordnung	0,31 ± 0,17	1,41 ± 0,27	,001	,001 ··	-0,80 ·
Gesamt	10,50 ± 0,85	14,03 ± 0,93	,133	,007 ··	-0,68 ·

Tabelle 27: Statistische Auswertung der übertragenen Anforderungen aus den Antworten des Fragenkatalogs im Vergleich zur Anzahl ermittelter Anforderungen mittels Checkliste (Kontrollgruppe) bei Ausschluss der Teilnehmer die gar keine Anforderungen übernommen haben.

Durch die Berücksichtigung der »leeren« Ergänzungen der Anforderungslisten entsteht ein statistisch hoch signifikanter Unterschied der Anzahl der als menschbezogen-subjektiv kategorisierten Anforderungen. Demnach werden in der Interventionsgruppe mit M=4.85 (SEM=0.81) deutlich weniger designspezifische Aspekte in die Anforderungslisten übernommen als in der Kontrollgruppe (M=8.28, SEM=0.77). *Hypothese 1*, welcher zufolge die Unterstützung durch einen designspezifischen Fragenkatalog zu einer erhöhten Anzahl ermittelter erlebensrelevanter Anforderungen führe, muss also verworfen werden.

Würde man die Datensätze mit fehlenden Anforderungs-Ergänzungen aus der Auswertung ausschließen (Tabelle 27), ergäbe sich kein statistisch belegbarer Unterschied in dieser Kategorie (Interventionsgruppe n=27 M=7.65 SEM=0.89, Kontrollgruppe unverändert M=8.28, SEM=0.77, t-Test zweiseitig p=.60). Es blieben signifikant mehr dokumentierte Anforderungen in den Kategorien *menschbezogen-objektiv* und *ohne Zuordnung* bei den Teilnehmern der Kontrollgruppe. Da in der für die Überprüfung der in Abschnitt 3.4.1 formulierten

Hypothese 1 besonders relevanten Kategorie *menschbezogen-subjektiv* keine signifikanten Unterschiede gemessen werden könnten, wenn die Teilnehmer, die gar keine Anforderungen aus der Beantwortung der Fragenliste übernommen, von der Auswertung ausgeschlossen würden, müsste diese dennoch verworfen werden.

Wie bereits im Rahmen der in Abschnitt 3.3 dargestellten Voruntersuchung zur Unterstützung der Wissensakquise im Industriedesign durch narrative Methoden argumentiert wurde, ist neben der quantitative Auswertung ein qualitativer Blick auf die erhobenen Daten – hier die Antworten auf die generischen Fragen sowie die in den Listen dokumentierten Anforderungen – sinnvoll, um die Wirkung des Unterstützungsinstruments verstehen zu können.

Zentral für die erlebensrelevanten Anforderungen sind die Angaben zum angestrebten Produktcharakter des zu entwickelnden Produkts. Hier sind qualitative Unterschiede feststellbar. Während die Teilnehmer der Kontrollgruppe durchaus erlebensrelevante Charaktereigenschaften wie *ernst*, *fröhlich*, oder *natürlich* formulieren, auf deren Basis ein Entwurf bearbeitet und bewertet werden könnte, liegt der Schwerpunkt auf Formulierungen wie *zuverlässig*, *robust*, *einfach*, *leise* und *benutzerfreundlich*. Diese sind zwar auch erlebensrelevant und können als erlebbare Eigenschaften gezielt gestaltet werden, jedoch meinen die meisten Teilnehmer, dass das Produkt beispielsweise robust **sein** soll, nicht aber dass man bewusst daran arbeiten muss, dass es so auch von potenziellen Nutzern **erlebt** wird. Die angestrebten von der Kontrollgruppe auf der Basis der Checkliste für die Ermittlung nutzerzentrierter Anforderungen formulierten Charaktereigenschaften des zu entwickelnden Fallobstsammlers sind in Abbildung 69 links dargestellt. Dabei entspricht die Größe der Darstellung der Häufigkeit der Nennung. Diese Quantifizierung dient dabei illustrativen Zwecken. Eine statistische Auswertung wäre für einzelne häufig auftretende Begriffe möglich, jedoch wäre die Aussagekraft gering, da nicht nachvollzogen werden kann, was die Untersuchungsteilnehmer mit den jeweiligen Begriffen verbinden und auf welcher Ebene sie diese Anforderungen erfüllt sehen möchten.

Betrachtet man die von der Interventionsgruppe aus der Beantwortung der generischen Fragen in die Anforderungsliste übernommenen angestrebten Eigenschaften des Produktcharakters, so reduziert sich einerseits die Vielfalt der Begriffe zugunsten einer klaren Priorisierung von *zuverlässig*, *benutzerfreundlich*, *robust* und *hochwertig*, wobei designtypische Zielbeschreibungen, wie sie bei der Kontrollgruppe zumindest vereinzelt zu finden waren, nahezu völlig fehlen (→ Anhang 23).

Abbildung 69: Vergleich Produktcharakter in Kontrollgruppe (links, ergänzte Anforderungsliste) und Interventionsgruppe (rechts, Fragenliste), Quantitative Darstellung: Größe entspricht relativer Häufigkeit.
Die genaue Anzahl der Nennungen ist in Anhang 22 und Anhang 24 dargestellt.

Ein Blick wiederum in die Beantwortung der generischen Fragen zeigt dort deutlich differenziertere Angaben zum anzustrebenden Produktcharakter. Zwar wurden auch hier die Begriffe *zuverlässig* und *robust* am meisten genannt (und das sicher nicht zu Unrecht). Jedoch wurde eine Vielzahl von Begriffen genannt, auf deren Basis ein Industriedesigner seinen Entwurf entwickeln könnte. Mehrfach wurden beispielsweise *fleißig*, *treu*, *sorgsam*, *gutmütig* oder *ruhig* genannt. Allerdings ist auch hier nicht eindeutig zu klären, was die Teilnehmer darunter verstanden wissen wollen. Dass das Produkt nach Ansicht einzelner Teilnehmer beispielsweise *selbstlos* oder *gutaussehend* sein soll lässt vermuten, dass diese die Beantwortung der generischen Fragen nicht mit dem Ernst betrieben, wie es in der Praxis nötig wäre (→Abbildung 69).

3.4.3.3 Beurteilung durch die Teilnehmer

Zu der in diesem Abschnitt dargestellten statistischen Auswertung der standardisierten Fragebögen (zusammengefasst in Tabelle 28) werden einige Kommentare in den Fragelisten (Unterstützungsmittel) und Fragebögen (Evaluationsmittel) zur Auswertung herangezogen. Dabei muss berücksichtigt werden, dass selten ungefragt Lob geäußert wird, Kritik dagegen schon. Kritische Anmerkungen gab es insgesamt nur von wenigen Teilnehmern (unter 5%), jedoch muss diese beachtet und bewertet werden. Sie werden im Folgenden im Zusammenhang mit den mittels standardisierten Fragebogens erhobenen Einschätzungen durch die Teilnehmer wiedergegeben.

Die Skalen der Fragenbögen sind nur an den Enden beschriftet worden. Entsprechend können jeweils gleiche Bedeutungsabstände zwischen den Ankreuzmöglichkeiten angenommen werden. Die erhobenen Daten können mittels statistischer Prüfverfahren für metrische Daten ausgewertet werden.

Die Hilfestellung durch den Fragenkatalog wurde von den Teilnehmern der Interventionsgruppe neutral bewertet (1 = *sehr hilfreich*, 6 = *völlig sinnlos*; M = 3,32; SEM = 0,26). Die von der Kontrollgruppe bewertete Ergänzung der Hauptmerkmalsleitlinie wurde hingegen tendenziell als hilfreich empfunden (M = 2,23; SEM = 0,16). Der Unterschied ist statistisch hoch signifikant und mit einer großen Effektstärke verbunden. Entsprechend wurde der generelle Einsatz des Fragenkatalogs im Entwicklungsprozess von der Interventionsgruppe deutlich weniger stark befürwortet als der Einsatz der Ergänzung der Hauptmerkmalsleitlinie durch die Kontrollgruppe (Interventionsgruppe M = 2,95; SEM = 0,22; Kontrollgruppe M = 1,95; SEM = 0,14; 1 = *sehr hilfreich*, 6 = *sehr störend*). Auch dieser Unterschied ist statistisch hoch signifikant und die Effektgröße ist als groß einzuschätzen.

Nach eigenem Empfinden wurden die Teilnehmer der Interventionsgruppe und Kontrollgruppe für neue Aspekte zur Entwurfsaufgabe gleichermaßen stark für neue Aspekte der Entwurfsaufgabe sensibilisiert. Die Teilnehmer der Interventionsgruppe schätzen die Menge dessen, was sie aus den nutzerzentrierten Anforderungen für die Lösung der Entwicklungsaufgabe entnehmen könnten scheinbar kleiner als die Kontrollgruppe ein (Interventionsgruppe M = 3,29 ± SEM = 0,21; Kontrollgruppe M = 2,87 ± SEM = 0,20; 1 = sehr viel; 6 = nichts). Allerdings ist dieser Unterschied statistisch nicht belegbar (→ Tabelle 28).

Hypothese 2 muss also ebenso verworfen werden. Der Unterstützungswert der generischen designspezifischen Fragenliste wird von den Untersuchungsteilnehmern nicht überwiegend positiv bewertet; die durch die Teilnehmer der Kontrollgruppe bewertete Checkliste hingegen schon.

Frage	Interventions-gruppe (n=41) M ± SEM	Kontroll-gruppe (n=39) M ± SEM	F-Test *p*	t-test *p*	Cohens d
Das Ermitteln nutzerzentrierter Anforderungen war für mich ...					
(1: völlig einfach; 6: unmöglich)	3,32 ± 0,15	3,08 ± 0,14	,821	,245	0,27
Die Frageliste/ Leitlinie ... war für mich ...					
(1: sehr hilfreich; 6: völlig sinnlos)	3,32 ± 0,26	2,23 ± 0,16	,003	,001 ··	0,80 ·
Das Beantworten der Fragen/ Berücksichtigen der einzelnen Punkte war für mich ...					
(1: sehr einfach; 6: unmöglich)	3,56 ± 0,16	3,33 ± 0,14	,413	,294	0,24
Ich finde den Umfang ...					
(1: viel zu groß; 6: zu knapp)	2,39 ± 0,14	3,08 ± 0,12	,250	,000 ··	-0,85 ··
Meine Vorstellungen vom potenziellen Nutzer sind ...					
(1: konkreter; 6: schlechter)	2,65 ± 0,16	2,49 ± 0,13	,175	,445	0,17
Die Formulierung ... ist für mich ...					
(1: sehr gut ~; 6: völlig unverständlich)	3,51 ± 0,18	3,10 ± 0,18	,706	,110	0,37
Für neue Aspekte zur Entwurfsaufgabe wurde ich durch ...					
(1: sehr stark ~; 6: gar nicht sensibilisiert)	2,85 ± 0,18	2,95 ± 0,16	,245	,694	-0,09
Für die Lösung der Entwicklungsaufgabe könnte ich aus ...					
(1: sehr viel ~; 6: nichts entnehmen)	3,29 ± 0,21	2,87 ± 0,20	,483	,149	0,33
Ich halte den Einsatz von ... im konstruktiven Entwicklungsprozess generell für ...					
(1: sehr hilfreich; 6: sehr störend)	2,95 ± 0,22	1,95 ± 0,14	,003	,000 ··	0,87 ··

Tabelle 28: Vergleich der erlebten Unterstützung in Interventions- und Kontrollgruppe

Der erlebte Schwierigkeitsgrad hinsichtlich des Ermittelns nutzerzentrierter Anforderungen wurde von den Teilnehmer der Interventionsgruppe mit M = 3,32 (SEM = 0,15; 1 = völlig einfach; 6 = unmöglich) ähnlich hoch angegeben wie von den Teilnehmern der Kontrollgruppe (M = 3,08; SEM = 0,14). Das Beantworten der generischen Fragen und das Berücksichtigen der Punkt der Checkliste wurde als gleich schwierig eingeschätzt (Interventionsgruppe M = 3,56; SEM = 0,16; Kontrollgruppe M = 3,33; SEM = 0,14; 1 = sehr einfach; 6 = unmöglich). *Hypothese 3* muss somit verworfen werden.

Die Verständlichkeit der Formulierung der Fragen wurde von der Interventionsgruppe als nur begrenzt verständlich empfunden (1 = sehr gut verständlich, 6 = völlig unverständlich; M = 3,51; SEM = 0,18). Dabei müssen zwei Aspekte unterschieden werden: zum Einen können sprachliche/begriffliche Verständnisschwierigkeiten auftreten, zum Anderen können inhaltliche Verständnischwierigkeiten auftreten, wie folgender Kommentar illustriert: »Zielstellung der Fragen manchmal unklar → Was haben Geschlecht, Religion oder ethnische Zugehörigkeit für Einfluss auf das Produkt!?« (Teilnehmer SU27)

Einige der kritischen Äußerungen bezogen sich auf die Datensammlung im Rahmen des Seminars im Allgemeinen. Einige Teilnehmer fühlten sich als »Versuchskaninchen« missbraucht und erlebten die Veranstaltung als »schlechteste/sinnloseste Übung« (Teilnehmer KT31), verlangten die Zeit stattdessen »sinnvoll« zu nutzen. Hierzu ist zu bemerken dass die Untersuchung im Rahmen einer Übung in der Lehrveranstaltung *Konstruktiver Entwicklungsprozess* durchgeführt wurde, die ohnehin Bestandteil des Lehrplans war. Weiterhin wurde der Sinn, Designanforderungen für ein technisches Produkt zu ermitteln, von einigen Teilnehmern angezweifelt. Dies deutet unter anderem darauf hin, dass die der Übung vorangegangene Vorlesung zum Design technischer Produkte möglicher Weise nicht ausreichte, um die Studierenden dafür zu sensibilisieren dass auch vermeintlich rein technisch-funktionale Produkte gezielt so gestaltet werden können, dass die (absatzrelevanten) Qualitäten auch erlebbar werden.

So beantwortete beispielsweise ein Proband die Frage nach den angestrebten Charaktereigenschaften des zu entwickelnden Produkts mit: »... jetzt wirds aber albern ... [*sic*]« (Teilnehmer CH29). Ein anderer Teilnehmer erklärte sein Unverständnis freundlicher und ausführlicher:

> »Die Anwendung des Produkts ist ›zu technisch‹ als das sich je ein Anwender über diese Dinge Gedanken macht. Ein solches Gerät ist kein Statussymbol. Simple Effizienz und Wirtschaftlichkeit entscheidet! [*sic*]«
>
> —Teilnehmer CK19

Der Umfang des Fragenkatalogs erscheint etwas zu groß (1 = viel zu groß, 6 = zu knapp; M = 2,35; SD = 0,95; n = 52). In schriftlichen Ergänzungen zum Fragebogen wurde explizit auf Doppelungen hingewiesen (Probanden CJ29, BB15). Weiterhin wurde angemerkt, dass die Zeit für die Bearbeitung zu knapp gewesen sei (Teilnehmer AL04), was auch daran zu erkennen ist, dass, wie im vorangegangenen Abschnitt bereits dargestellt, bei einigen Teilnehmern die mit Hilfe der PAHL/BEITZ-Leitlinie erarbeitete Anforderungsliste nur den ersten Teil der Hauptmerkmale umfasst. Das Gleiche gilt für die in einem separaten Zeitabschnitt erarbeitete Erweiterung der Anforderungsliste um die designspezifischen Kategorien Endnutzer, Einsatzszenario, Produktcharakter und Unternehmensbild, wobei die Unvollständigkeit hier nicht allein durch den Zeitdruck zu erklären ist.

3.4.4 Interpretation und Diskussion der Ergebnisse

Die in Abschnitt 3.4.1 formulierten Hypothesen mussten alle verworfen werden. Die erfolgte Absicherung der Untersuchungsbedingungen und auch die Deutlichkeit der statistischen Auswertung der erhobenen Daten lassen es nicht zu, davon auszugehen dass die Ergebnisse zufällig zustande kamen. Es ist also notwendig, die Ergebnisse kritisch zu diskutieren, Erklärungsmöglichkeiten aufzuzeigen und die Bedeutung zu bewerten.

Die Untersuchung wurde mit Studierenden vorwiegend technischer Studienrichtungen im Rahmen der Lehrveranstaltung *Konstruktiver Entwicklungsprozess* durchgeführt. Diese wurden hinsichtlich des Industriedesigns korrekt als Novizen, also ohne nennenswerte Vorkenntnisse, eingestuft. Allerdings ist trotz der Relevanz im belegten Lehrfach nicht sicher, ob zumindest ein Interesse an Industriedesign oder nutzerzentrierter Produktentwicklung im Allgemeinen vorliegt. Immerhin steht in der Konstruktionsausbildung nach wie vor – und für Spezialisten durchaus berechtigt – die technische Funktion als primäres Ziel im Mittelpunkt. Es ist deshalb möglich, dass die gleiche Untersuchung, würde sie mit *aufgeschlossenen Novizen* wie beispielsweise mit Bewerbern oder Anwärtern für ein Designstudium durchgeführt, andere Ergebnisse hervorbringen würde.

Die erhobenen Daten bezüglich der Anzahl designspezifischer, erlebensrelevanter Anforderungen zeigt, dass auch Studierende konstruktiver Studienrichtungen prinzipiell an der Klärung von Anforderungen für den Industriedesignprozess – beispielsweise in interdisziplinären Teams – mitarbeiten können und wollen. Eine einfache Checkliste (in Form der in der Konstruktionslehre nach Pahl *et al.* (2005) bekannten Leitlinie zur Erstellung von Anforderungslisten) zur Ermittlung nutzerzentrierter Anforderungen ist dafür hilfreich und wird auch als nützlich bewertet.

Mit Hilfe einer deutlich umfangreicheren Liste generischer Fragen, die unter anderem Inhalte betreffen, wie sie bei der Erstellung von Personas und narrativen Szenarien bedeutsam sind, konnte von den Teilnehmern der Interventionsgruppe nachweislich mehr designspezifisches Wissen individuell akquiriert werden. Allerdings wurde die Anwendung dieses Unterstützungsinstruments nicht durchweg als positiv, sondern im Gegenteil teilweise als Belästigung empfunden. Mehr als ein Drittel der Teilnehmer der Interventionsgruppe erachtete offenbar gar keine mit Hilfe des Fragenkatalogs ermittelten Aspekte für wichtig genug um sie in die Anforderungsliste zu übernehmen. Auch unabhängig davon konnte die generische Fragenliste nicht dazu verhelfen, dass mehr nutzerzentrierte Anforderungen in die erweiterte Anforderungsliste übernommen wurden als mit Hilfe der entsprechenden einfachen Checkliste.

Im Gegenteil: es wurden von den Teilnehmern der Interventionsgruppe sogar weniger nutzerrelevante Anforderungen als Entwicklungsziel festgehalten als in der Kontrollgruppe. Damit ist das Hauptanliegen des Unterstützungsinstruments nicht erreicht worden. Mehrere Erklärungen sind dafür möglich, die in ihrer Kombination die Deutlichkeit des negativen Effekts ausmachen könnten.

Dass es im Vorfeld und im Rahmen der Übung nicht gelungen ist, das Potenzial von Design auch bei stark technisch determinierten Objekten zu vermitteln, ist eine mögliche Erklärung für das äußerst zurückhaltende Übertragen von ermittelten Anforderungen aus der Beantwortung des designspezifischen Fragenkatalogs in die Anforderungsliste. Die Einsicht dass auch beispielsweise die Effizienz und Wirtschaftlichkeit eines technischen Produkts von (potenziellen) Käufern und Nutzern spontan und intuitiv beurteilt wird und dieses Urteil durch designerische Maßnahmen schon in frühen Phasen der Entwicklung beeinflusst werden könnte ist eine Voraussetzung dafür, dass angebotene Unterstützungsmittel auch genutzt werden.

Die Teilnehmer der Kontrollgruppe nutzten die Checkliste zur Ermittlung nutzerzentrierter Anforderungen zugleich zur Dokumentation der Anforderungen. Wären sie dazu angehalten gewesen, wie die Interventionsgruppe anschließend an die eigentliche Ermittlung die für relevant erachteten Anforderungen nochmals zu übertragen, hätte sich die Anzahl möglicherweise deutlich reduziert.

Da die Liste der generischen Fragen deutlich umfangreicher war und deren Beantwortung entsprechend mehr Zeit in Anspruch nahm, war die Aufforderung zum Übertragen der relevanten Anforderungen in die Anforderungsliste eine weitere Zusatzbelastung für die Teilnehmer der Interventionsgruppe. Es ist nicht auszuschließen, dass dieser Umstand sowohl die Leistungsfähigkeit im Allgemeinen als auch die Motivation im Besonderen negativ beeinträchtigt hat.

Auf Basis der im Rahmen dieser Arbeit dargestellte Untersuchung zur Wirkung generischer Fragen bei der (konstruktiven) Anforderungsermittlung zusätzlich zu einfachen Checklisten (→ 3.2), der Untersuchung zur Erarbeitung und Analyse narrativer Szenarien (→ 3.3) und einer Voruntersuchung zum Einsatz der designspezifischen generischen Fragenliste im zweiten Studienprojekt von Studierenden des Technischen Designs wurde angenommen, dass ein positiver Effekt des Einsatzes dieser designspezifischen Fragenliste im Rahmen einer Untersuchung mit Studierenden vorrangig technischer Studienrichtungen statistisch nachgewiesen werden kann. Dies ist nicht gelungen.

Insbesondere die qualitative Analyse der Untersuchungsdaten lässt jedoch die Annahme zu, dass die designspezifische Frageliste einen qualitativen Unterschied des akquirierten Wissens ermöglicht.

Die Untersuchung ist als *proof-of-concept* zu werten (→ Blessing & Chakrabarti 2009: 170): die Implementation in der Situation Lehrveranstaltungsübung bot kontrollierte Untersuchungsbedingungen, entspricht aber nicht in vollem Umfang dem intendierten sinnvollen Einsatz in der Lehre oder Praxis. Entsprechend war beispielsweise das Beschaffen von extern verfügbarem Wissen nicht möglich, was für eine erfolgreiche Produktentwicklung als auf die individuelle Wissensakquise folgender Schritt unabdingbar wäre (z.B. Uhlmann 2005).

Andererseits zeigen die Ergebnisse, dass es auch Novizen möglich ist, mit Unterstützung der Fragenliste entwurfsrelevantes Wissen aus ihrem individuellen Wissensreservoir zu akquirieren. Diese Feststellung ist nur möglich, weil externe Wissensquellen aufgrund des Untersuchungsaufbaus ausgeschlossen werden können.

Um den Einsatz als Instrument der nutzerzentrierten Produktentwicklung empfehlen zu können müssen mehrere Voraussetzungen erfüllt werden:

— Der Fragenkatalog muss inhaltlich überarbeitet und je nach Einsatzzweck im Umfang reduziert werden.
— Voraussetzung sind umfangreichere Grundkenntnisse zu Zielen und Zweck von Industriedesign – die Anwender müssen mindestens von der Notwendigkeit der Ermittlung

nutzerzentrierter Anforderungen überzeugt und dafür motiviert sein.

- Ähnlich wie für die narrativen Methoden Persona und Szenario muss für die Beantwortung der generischen Fragen eine ausreichende Datengrundlage zur Verfügung stehen. Das ist zum großen Teil das Wissen des Designers selbst, jedoch muss dieses beispielsweise durch belastbare Daten zur Eingrenzung der Zielgruppe ergänzt werden. Das entspricht auch dem in Abbildung 24 auf Seite 65 dargestellten Schema zum Klären der Aufgabe von Uhlmann (2005). Entsprechend ist ein Einsatz des Unterstützungsinstruments *ad hoc* schwierig – ein Wechsel zwischen dem Fragenkatalog und anderen Methoden beispielsweise zur Recherche notwendiger Daten ist notwendig. Entsprechend muss das Korrigieren, Ergänzen und Detaillieren von Antworten möglich sein. Weitere Untersuchungen könnten dies berücksichtigen und entsprechende Möglichkeiten gewähren – wären dadurch aber unter Umständen durch zusätzliche Variablen schlechter kontrollierbar. Eine gezielte und effektive Unterstützung der Akquise extern verfügbaren Designwissens könnte den Fragenkatalog komplementieren. Dafür wären zunächst theoretische und explorative Untersuchungen zu empfehlen.
- Es ist ein sinnvoller Übergang von der Beantwortung der Fragen zur Festlegung von nutzerzentrierten (designspezifischen) Anforderungen zu finden, der dem iterativen Prozess gerecht wird. Nur so kann sichergestellt werden, dass das mittels Beantwortung der Fragen akquirierte Wissen letztlich auch zielführend verarbeitet oder genutzt werden kann.

4 ZUSAMMENFASSUNG

Wie in Abschnitt 1.1 (*Wissenschaftliche Problemlage*) dargelegt wurde, ist es anzustreben Designer ebenso wie Ingenieure und andere Beteiligte in frühe Phasen von Innovations- und Entwicklungsprozessen gemeinsam einzubinden. Unterschiedliche Ausbildungsformen, Begriffe, Methoden und Fachkulturen von Designern und den traditionell in Technologieentwicklung involvierten Ingenieuren und Naturwissenschaftlern erschweren oder verhindern in der Praxis oftmals eine effektive Zusammenarbeit. Ein Ansatz, die Barrieren zu überwinden ist die Integration von Design, Ingenieurwissenschaften und anderen an der Produktentwicklung beteiligten Disziplinen in der Ausbildung.

Entsprechend haben sich die integrierte und befähigende Ausbildung von Ingenieurwissenschaftlern auf dem Gebiet des Design in den vergangenen Jahren rasant entwickelt und ist im internationalen Kontext mittlerweile verbreitet, mit Angeboten wie dem *Technischen Design* an der TECHNISCHEN UNIVERSITÄT DRESDEN für Deutschland aber noch immer ungewöhnlich. In Abschnitt 1.1 wurde dargelegt, warum sich diese Art der Designausbildung von der traditionell an Kunst- und Fachhochschulen in reinen Designstudiengängen etablierten Form unterscheiden muss. Als ein bislang nur unzureichend gelöstes Problem wurde die Akquise für den Designentwurf relevanten Wissens aus dem individuell verfügbaren Repertoire (welches die wesentliche Quelle diesen Wissens ist) herausgestellt. Während diese Wissensakquise für Experten und auch Studierende in klassischen (reinen) Designstudiengängen weitgehend intuitiv abläuft ist, stellt sie für ingenieurwissenschaftlich vorgebildete Designnovizen ohne besondere methodische Unterstützung ein Problem dar.

Aus der dieser Problemlage wurde die zentrale Fragestellung der vorliegenden Arbeit abgeleitet:

— **Wie können insbesondere Novizen bei der Akquise individuell verfügbaren Entwurfswissens am Beginn von Designprozessen methodisch unterstützt werden?**

Das methodische Vorgehen zur Bearbeitung und Beantwortung dieser Fragestellung umfasste eine theoretische Charakterisierung von Entwerfen (2.1), Entwurfsaufgaben (2.2) und Entwurfsprozessen (2.3) mit besonderem Fokus auf die frühen Phasen und die Wissensakquise sowie die Eigenschaften des individuell verfügbaren Designwissens (2.4) im Kontext des durch UHLMANN (insb. 2011) vorgegebenen theoretischen Rahmens.

Entwerfen ist das schöpferische Entwickeln von Neuem. Die an der Produktentwicklung beteiligten Entwurfsdisziplinen lassen sich unter anderem anhand ihrer zentralen Zielstellungen unterscheiden. Während die Konstruktion funktionierende Lösungen für technische Probleme zum zentralen Ziel hat, ist für das Design das menschliche Erleben die zentrale Zielstellung. *Erleben* ist dabei entsprechend der Auffassung von UHLMANN (2011) als Einheit der Dispositionen *Konation*, *Kognition* und *Emotion* in Bezogenheit auf ein *Ich* (2.1.2).

Designaufgaben lassen sich als *schwach strukturierte* bzw. *schwach definierte* und *offene Probleme* (2.2.1) sowie *als bösartige Probleme* (2.2.2) beschreiben. Das kognitionswissenschaftliche Konzept der *komplexen Probleme* (2.2.3) widmet den verschiedenen Barrieren besondere Aufmerksamkeit. Anhand dieser lassen sich Entwurfsprobleme beschreiben, differenzieren und einordnen. Barrieren wie *Intransparenz, Umfang, Dynamik, Vernetztheit, Vielfalt der Ziele, Vielfalt der Handlungsmöglichkeiten, Zeitdruck* und *Neuartigkeit* können durch methodische Unterstützung gezielt reduziert werden.

Entwurfsprozesse können auf kognitiver Ebene als Problemlöseprozess (2.3.1), reflexiver und Lernprozess (2.3.2) sowie als psychisch regulierte Tätigkeit (2.3.3) eingeordnet werden. Entsprechend der Theorie zur *psychischen Regulation von Tätigkeiten* (HACKER 2005) handelt es sich beim Entwerfen um ein (erfahrungsgeleitetes) *opportunistisches Vorgehen mit systematischen Episoden,* letztere sind durch Iterationsschleifen unterschiedlichen Umfangs als sequenziell-zyklische Regulation und gleichzeitige Unterteilung der Tätigkeit in Teiltätigkeiten und Handlungen als hierarchisch-heterarchische Regulation gekennzeichnet. Im Modell der psychischen Regulation von Tätigkeiten ist die Antizipation des Ziels (welches im Design das Erleben ist) ein zentrales Element und Voraussetzung für das Handeln. Ein antizipierbares Ziel steht im Designprozess erst mit dem Designkonzept zur Verfügung. Das Klären der Aufgabe muss auch ohne ein ganzheitliches Ziel erfolgen und stellt dadurch insbesondere für Novizen ein Problem dar. Es muss deshalb methodisch unterstützt werden. Das allgemeine Untersetzung dieser Entwurfsphase mit dem *Fragenschema Aufgabe Klären* (UHLMANN 2005) hat sich bislang nur deskriptiv bewährt, als präskriptives Modell stellt es im Kontext der beschriebenen Problemlage keine ausreichende Hilfe dar (SCHULZ 2005).

Um geeignete Methoden für die Unterstützung der Akquise von Designwissen auswählen und entwickeln zu können, wurde im theoretischen Teil dieser Arbeit untersucht, wie dieses spezifische individuell verfügbare und für Novizen schwer zugängliche Wissen charakterisiert wird. Einer Zusammenfassung des wissenschaftlichen Standes zur (vorrangig kognitionswissenschaftlichen) Erklärung von Entwurfsproblemen und -prozessen folgte eine Auseinandersetzung mit der Spezifik von Designwissen als präskriptives Objektwissen (im Sinne von VAN AKEN 2005, → 2.4.1). Es ist ein Beitrag der vorliegenden Arbeit, dieses Wissen zu charakterisieren. Eine zusammenfassende Definition von Designwissen wurde in Abschnitt 2.4.8 kontrastierend zum Entwurfswissen in der Konstruktion abgeleitet. Demnach ist Designwissen zum Teil Nichtwissen. Dieses Nichtwissen ist teilweise bewusst, teilweise gewollt und nimmt im späteren Verlauf des Entwurfsprozesses ab. Designwissen ist sowohl systematisch neu erarbeitetes als auch Vor- und Erfahrungswissen, sowohl Fakten- als auch episodisches Wissen. Es ist zum großen Teil nicht artikulierbar aber vorhanden (implizit). Designwissen umfasst sowohl fachspezifisches Berufswissen als auch Alltagswissen, technisches sowie überwiegend soziokulturelles Wissen. Designwissen ist nicht nur objektiv, sondern auch stark subjektiv geprägt. Darüber hinaus ist es wie alles Wissen und alle kognitiven Prozesse mit Emotionen verbunden. Designwissen betrifft das menschliche Erleben in Nutzungszusammenhängen und umfasst deshalb nicht nur Wissen zu (zu entwickelnden) Produkten sondern gleichermaßen zu Umfeld und potenziellen Nutzern.

Anhand der durch WACKER (2004) formulierten Kriterien an eine Definition wurde überprüft, ob die Charakterisierung der Spezifik von Designwissen als eine solche verwendet werden kann (2.4.8). Es wurde festgestellt, dass die Definition mit möglichst wenigen, einfachen, hergeleiteten und eindeutig definierten Begriffen so knapp wie möglich formuliert wurde. Sie ist konsistent mit der Disziplin, erweitert nicht bestehende Definitionen mit mangelnder Präzision und stellt keine neuen Hypothesen auf. WACKERS Kriterium, nur eindeutige und konkrete Formulierungen zu verwenden indem Verbindungen unterschiedlicher Konzepte vermieden werden, kann die Definition von Designwissen jedoch nur bedingt gerecht werden. Dies ist einerseits durch die Verwendung recht unterschiedlicher Konzepte, andererseits der darin bereits teilweise enthaltenen Ambiguität begründet. Die Überlappungen und Unterschiede der jeweiligen zur Definition von Designwissen herangezogenen Konzepte wurde in den Abschnitten (2.4.2–2.4.7) wenn möglich benannt. Deren Entflechtung war für die Beantwortung der Fragestellung der vorliegenden Arbeit weder notwendig noch möglich gewesen.

Ist eine Definition erarbeitet kann diese für empirische Tests verwendet werden: um die Definition zu beweisen oder zu wiederlegen oder – wie im Fall der vorliegenden Arbeit geschehen – für die Beantwortung anderer wissenschaftlicher Fragestellungen genutzt werden.

Ob die im theoretischen Teil dieser Arbeit entwickelte Charakterisierung von Designwissen korrekt ist, wurde durch die Untersuchungen nicht überprüft – das war auch nicht das Anliegen. Da die Charakterisierung aber Grundlage für die Auswahl und Anpassung der auf ihre Wirkung untersuchten Unterstützungsmethoden war und positive Unterstützungseffekte nachgewiesen wurden, kann davon ausgegangen werden dass die theoretische Basis wie die Charakterisierung von Designwissen im Kontext dieser Arbeit ihre Funktion erfüllt hat. Noch ungeklärt ist die Frage, inwiefern die Überlappung und Verflechtung der unterschiedlichen theoretischen Konzepte, auf die in der Definition von Designwissen Bezug genommen wird, gelöst werden kann. Diese Frage ist für die Wissenstheorien im Allgemeinen relevant und sollte deshalb zunächst dort – wo diese Problematik durchaus bereits diskutiert – und in einem allgemeinen Kontext untersucht werden, bevor die daraus gewonnenen Erkenntnisse auf das Designwissen und die begriffliche Konkretisierung dessen Definition Anwendung finden können.

Einzelne Eigenschaften von Designwissen sind in unterschiedlichen Kontexten bereits separat empirisch belegt worden, was im theoretischen Teil der vorliegenden Arbeit nachzulesen ist. Weitere empirische Untersuchungen die sich speziell der Spezifik von Designwissen widmen erscheinen deshalb insbesondere mit Hinblick auf die Ausbildung und Praxis des Industriedesigns weniger dringend als solche, die konkrete Mechanismen des Umgangs mit Wissen in den frühen Entwurfsphasen erklären, um für die Entwicklung und Verbesserung von Unterstützungsmethoden genutzt werden zu können.

Auf Basis der theoretisch erarbeiteten Charakterisierung von Designwissen wurden bestimmte Methoden ausgewählt, welche potenziell für die Unterstützung der Akquise von Designwissen geeignet sind.

Um die Auswahl der auf ihren Unterstützungseffekt zu untersuchenden Methoden in den Kontext der Berufspraxis einordnen zu können, wurde eine Expertenbefragung durchgeführt (3.1). Mittels Leitfadeninterviews wurden das Vorgehen und die Methodennutzung in den frühen Entwurfsphasen von 35 Konstrukteuren und 15 Industriedesignern ermittelt. Dabei konnte festgestellt werden, dass in beiden Disziplinen explizite Anforderungslisten erarbeitet und verwendet werden. Wie zu erwarten war, wurden beispielsweise Visualisierungen von den Designern häufiger genutzt. Im Gegensatz zu verbreiteten Vorurteilen nutzten die Designer in der Stichprobe durchschnittlich mehr Methoden als die Konstrukteure. Fragenbasierte und narrative Methoden wurden von den Konstrukteuren gar nicht und von Designern nur vereinzelt genannt.

Fragen sind geeignet, Selbstreflexion anzuregen, Wissen aus dem Gedächtnis abzurufen, den Suchraum einzugrenzen und zu erweitern, die Bildung und Anwendung von Analogien zu unterstützen. In verschiedenen Untersuchungen ist die positive Wirkung von durch Fragen angeregter Selbstreflexion auf den Konstruktionsprozess und das Entwurfsergebnis empirisch nachgewiesen worden (Fricke 1996, Wetzstein 2004, Reimann & Dörner 2004, Winkelmann 2005 u. a.), während vergleichbare empirische Untersuchungen für das Industriedesign bislang nicht bekannt sind. Ebenfalls ungeklärt ist der Effekt der Methode beim Einsatz am Beginn des Entwerfens als Unterstützung der Anforderungsermittlung und Akquise individuell verfügbaren Wissens, wenn noch kein bewertbares Zwischenergebnis zur Verfügung steht.

In der in Abschnitt 3.2 dargestellten und aus kognitionswissenschaftlicher Perspektive bereits von Winkelmann & Hacker (2010) publizierten quasi-experimentellen Untersuchung konnte die Eignung von Fragenkatalogen zur Unterstützung der Anforderungsermittlung als eine Form der Akquise individuell verfügbaren Wissens nachgewiesen werden. Die an der Untersuchung teilnehmenden Studierenden wurden einer Interventions- (n = 61) und einer Kontrollgruppe (n = 113) zugeordnet. Alle Teilnehmer erhielten die Aufgabe, eine Anforderungsliste für die konstruktive Entwicklung eines Fallobstsammlers zu erarbeiten. Die Teilnehmer der Interventionsgruppe erhielten eine aufgabenunspezifische Liste generischer Fragen, welche die Anforderungsermittlung unterstützen sollte. Die statistische Auswertung konnte dies bestätigen: die Teilnehmer der Interventionsgruppe erarbeiteten insgesamt signifikant mehr Anforderungen als die der Kontrollgruppe. Die gemessenen relativen Effektgrößen sind allerdings überwiegend *klein*, also praktisch kaum relevant. Mittlere Effektgrößen konnten für die Anzahl der durchschnittlich ermittelten Anforderungen in den Kategorien *Gewicht*, *Transport* und *Kosten* nachgewiesen werden. Große Effektgrößen konnten für die Anzahl der ermittelten Anforderungen in den Kategorien *Stoff*, *Ergonomie* sowie für die Gesamtanzahl ermittelt werden, weshalb hier eine praktische Bedeutung angenommen werden kann. Darüber hinaus ergab eine teilstandardisierte Befragung der Teilnehmer, dass die Interventionsgruppe mit der Anforderungsermittlung besser zurechtkam. Allerdings wurde die Nützlichkeit der Fragenliste nur von 51 % der Interventionsgruppe mit *mittel* oder besser bewertet.

Auf Grundlage der Untersuchung zum Einfluss frageninduzierter Selbstreflexion auf die Anforderungsermittlung kann diese als eine geeignete Methode zur Unterstützung der individuellen Wissensakquise am Beginn von konstruktiven Entwurfsprozessen eingeordnet werden. Der quasi-experimentelle Untersuchungsaufbau sichert die Validität und Reliabilität der Ergebnisse weitgehend ab. Zwar konnten die Teilnehmer den Versuchsgruppen nicht zufällig zugeordnet werden, aber gleiche Bedingungen und Vorkenntnisse sowie Persönlichkeitsmerkmale der jeweiligen Teilnehmer nachgewiesen werden. Inwiefern die Methode auch die Wissensakquise im Design unterstützen kann wurde mit dieser Untersuchung nicht geprüft. Dafür bleibt eine Anpassung der Methode an die Spezifik und Zielstellung im Design notwendig.

Narration als das Erzählen von Geschichten ist eine intuitive Form der Wissensakquise, die unbewusst Bestandteil beruflicher Praxis, in einzelnen Bereichen auch explizit als Methoden eingeführt und auf konkrete Problemstellungen adaptiert ist. Narration ist insbesondere geeignet, implizites, episodisches, soziokulturelles, Erfahrungs- und Alltagswissen verfügbar zu machen. Für die Akquise individuell verfügbaren Designwissens ist die *ad-hoc*-Narration der deutlich aufwändigeren und durch externe Wissensakquise gekennzeichneten datenbasierten Narration vorzuziehen. Im Kontext des erlebenszentrierten Entwerfens sind die narrativen Methoden *Persona* und *narratives normatives Szenario* besonders geeignet, die Wissensakquise zu unterstützen. Sie helfen darüber hinaus, den Fokus auf die Bedürfnisse und Ziele potenzieller Nutzer zu richten (und dadurch weniger selbst-referenziell zu entwerfen) sowie Produktanforderungen zu ermitteln und zu priorisieren. Diese narrativen Methoden haben sich im Bereich des Interaktionsdesigns etabliert und werden vereinzelt im Industriedesign angewendet. Sie sind als datenbasierte Methoden aufgrund des relativ hohen Aufwands jedoch noch wenig verbreitet bzw. kaum genutzt. Bisherige Publikationen zu diesen narrativen Methoden sind weitgehend normativ. Empirische Belege sind beispielsweise für das betriebswirtschaftliche *Storytelling* erbracht worden (Thier 2006). Für *Persona* und *narratives Szenario* wurden bislang lediglich Selbstauskünfte der Anwender erhoben (Nielsen 2004, Miaskiewicz & Kozar 2011), eine Erfassung des Nutzens der Methoden anhand objektiver Variablen ist bislang nicht bekannt.

Es wurde die Annahme abgeleitet, dass Persona und narratives normatives Szenario sehr gut geeignet sind, die Akquise individuell verfügbaren Designwissens wie es in dieser Arbeit definiert wurde *ad hoc* zu unterstützen. Damit entfällt zunächst die aufwändige Datenrecherche, stattdessen wird das individuell verfügbare Designwissen genutzt, um darauf die entsprechenden Geschichten aufzubauen und für den Entwurf relevante Erkenntnisse daraus abzuleiten. Die in Abschnitt 3.3 dargestellte Untersuchung konnte dieses zuvor nur theoretisch bekannte Potenzial – mit den Einschränkungen einer *ex-post-facto*-Untersuchung – im Ausbildungskontext empirisch bestätigen. Dazu wurden die Entwurfsdokumentationen einer Interventions- (n = 10) und einer Kontrollgruppe (n = 13) analysiert sowie die Teilnehmer der Interventionsgruppe standardisiert befragt. Die Teilnehmer hatten die Aufgabe, Produkte zu den Themen Müll (Kontrollgruppe) und Kleben (Interventionsgruppe) im privaten und gewerblichen Bereich zu entwerfen. Die Teilnehmer der Interventionsgruppe entwickelten unter Anleitung in einem zweitägigen Workshop zu Beginn des Entwurfsprojekts *ad-hoc*-Personas und *ad-hoc*-Szenarien in Form von *user stories* als typische Tagesabläufe der Primär-Personas. Die Teilnehmer der Interventionsgruppe haben in der für das erlebenszentrierte Entwerfen relevanten Kategorie *menschbezogen-subjektiv* hoch signifikant mehr und in der Kategorie *technisch-funktional* hoch signifikant weniger Anforderungen dargestellt. Die Effektgrößen sind nur gering bis mittel. Als weitere abhängige Variable wurde die Vollständigkeit der Designkonzepte ermittelt. Anteil vollständiger Designkonzepte in der Interventionsgruppe zwar nur geringfügig höher als in der Kontrollgruppe. Bedeutender ist die deutlich geringere Anzahl von fehlenden Designkonzepten in der Interventionsgruppe. Der Unterschied der Vollständigkeit der Designkonzepte ist entsprechend einer Überprüfung mittels Mann-Whitney-Unterschiedstest *statistisch signifikant*. Die Unterstützungsfunktion der narrativen Methoden wurde von den Teilnehmern der Interventionsgruppe überwiegend positiv eingeschätzt.

Die Untersuchung zum Einfluss narrativer Methoden auf die individuelle Wissensakquise im Design unterlag gewissen Einschränkungen. Die Teilnehmer konnten den beiden Versuchsgruppen nicht zufällig zugeordnet und mögliche Abweichungen der Ausgangsvoraussetzungen nicht ermittelt werden. Beide Gruppen hatten zwar vergleichbare, aber nicht identische Aufgabestellungen. Für überwiegend quantitative Auswertung, hier insbesondere die Ermittlung von Effektgrößen, wäre eine größere Strichprobe von Vorteil gewesen. Die

Reliabilität wurde durch wiederholte Kodierung durch denselben Beurteiler sichergestellt. Eine Kodierung durch mehrere übereinstimmende Beurteiler wäre hier vorzuziehen gewesen. Der Einfluss dieser Einschränkungen könnte durch eine wiederholte Untersuchung mit verbessertem Untersuchungsaufbau als Quasi-Experiment ermittelt werden.

Aufbauend auf den Erkenntnissen der oben beschriebenen Untersuchungen wurde ein Quasi-Experiment (3.4) durchgeführt, in dessen Rahmen die Unterstützungsleistung einer designspezifischen Fragenliste für die Akquise individuell verfügbaren Wissens für Novizen im Design im Vergleich zu einer einfachen designspezifischen Checkliste ermittelt wurde. Die Teilnehmer der Interventions- (n = 39) und der Kontrollgruppe (n = 41) hatten zunächst die Aufgabe, mit Hilfe der konstruktionsmethodischen Hauptmerkmalsleitlinie von Pahl *et al.* (2005) Anforderungen für die konstruktive Entwicklung eines Fallobstsammlers zu ermitteln. Anschließend wurden die Teilnehmer beider Gruppen aufgefordert, nutzerzentrierte (designspezifische) Anforderungen zu ergänzen. Die Teilnehmer der Interventionsgruppe erhielten als Unterstützung eine designspezifische Fragenliste zur Beantwortung. Darüber hinaus erhielten beide Gruppen eine designspezifische Erweiterung der konstruktionsmethodischen Hauptmerkmalsleitlinie. Es konnte festgestellt werden, dass die Teilnehmer der Interventionsgruppe mit der Beantwortung des Fragenkatalogs deutlich mehr erlebensrelevantes Wissen erarbeiten als die Teilnehmer der Kontrollgruppe bei der bloßen Formulierung von designspezifischen Anforderungen mit Hilfe der designspezifischen einfachen Checkliste. Auf Basis der Inhaltsanalyse mit anschließender Quantifizierung der Funde in den Kategorien konnte für alle Unterkategorien von *menschbezogen-subjektiv* (*Persona, Szenario, Produkt, Marke*) gezeigt werden, dass die Interventionsgruppe statistisch hoch signifikant mehr Anforderungen formulieren konnte.

Mehr als ein Drittel (36,6 %) der Teilnehmer der Interventionsgruppe nahm nach Beantworten der Fragenliste keine entsprechenden Ergänzungen in der Anforderungsliste vor. Ob bzw. zu welchem Teil es sich dabei um eine bewusste inhaltlich begründete Entscheidung handelte ließ sich aus den erhobenen Daten nicht sicher entnehmen. Weitere Gründe dafür können unter anderem

Erschöpfung, fehlende Motivation und die Annahme, wenn die Anforderungen in den Antworten formuliert seien, müssten sie nicht in die Liste übertragen werden, sein. Insbesondere letzteres Problem ließe sich durch eine bessere Vorbereitung der Teilnehmer sowie diesbezüglich präzisere Instruktionen reduzieren. Durch die Berücksichtigung der »leeren« Ergänzungen der Anforderungslisten entsteht ein statistisch hoch signifikanter Unterschied der Anzahl der als menschbezogen-subjektiv kategorisierten Anforderungen. Demnach werden in der Interventionsgruppe deutlich weniger designspezifische Aspekte in die Anforderungslisten übernommen als in der Kontrollgruppe. Die Hilfestellung durch den Fragenkatalog wurde neutral, die durch die Ergänzung der Hauptmerkmalsleitlinie hingegen tendenziell positiv empfunden. Der Unterschied ist statistisch hoch signifikant und mit einer großen Effektstärke verbunden. Ein Unterschied der empfundenen Schwierigkeit beim Ermitteln nutzerzentrierter Anforderungen auf der Grundlage individuell verfügbaren Wissens konnte nicht nachgewiesen werden.

Auf Grundlage der Untersuchung zum Einfluss einer designspezifischen Frageliste auf Ermittlung designspezifischer Anforderungen kann dessen prinzipielle Eignung zur Unterstützung der individuellen Akquise von Designwissen am Beginn von Entwurfsprozessen angenommen werden. Dies ist eine hervorzuhebende Erkenntnis, da Fragenkataloge auch in Methodenübersichten zum Industriedesign bislang kaum aufgeführt sind und im Bereich der Designpraxis kaum genutzt werden (→ Bürdek 2005, Krippendorff 2006, Chow & Jonas 2010, Abschnitt 3.1 in dieser Arbeit). In der beschriebenen Untersuchung wurde das so akquirierte Wissen von den Studierenden mit Ingenieurshintergrund aber kaum als für den Entwurfsprozess relevant eingestuft und entsprechend kaum in die Anforderungslisten übernommen. Der quasi-experimentelle Untersuchungsaufbau sichert die Validität und Reliabilität der Ergebnisse weitgehend ab. Zwar konnten die Teilnehmer den Versuchsgruppen nicht zufällig zugeordnet werden, aber weitgehend gleiche Bedingungen und Vorkenntnisse sowie Persönlichkeitsmerkmale der jeweiligen Teilnehmer nachgewiesen werden. Die Kodierung der Daten erfolgte durch mehrere Gutachter, deren ausreichende Übereinstimmung festgestellt werden konnte.

5 AUSBLICK

Die Unterstützung der individuellen Akquise von Designwissen durch reflexive und narrative Methoden konnte empirisch nachgewiesen werden. Die narrativen Methoden Persona und Szenario werden in der Designausbildung eingesetzt und kontinuierlich weiterentwickelt. Darüber hinaus konnten erste positive Erfahrungen mit dem Einsatz dieser Methoden in interdisziplinären Produktentwicklungsprozessen gewonnen werden. Die reflexive Methode der designspezifischen generischen Frageliste kann in der vorliegenden Form nicht als alleinige Unterstützung zur individuellen Akquise von Designwissen eingesetzt werden. Zwar ist das Potenzial der Methode nachgewiesen, jedoch muss die konkrete Implementation in reale Ausbildungs- und Praxisprojekte entwickelt und überprüft werden.

In den Abschnitten der empirischen Untersuchungen wurde der jeweilige Versuchsaufbau diskutiert und sowohl die Einschränkungen der *ex-post-facto*-Untersuchung zum Effekt der narrativen Methoden Persona und Szenario sowie die ungünstige Einbindung und Auswahl von Probanden im Quasi-Experiment zur Ermittlung des Effekts einer designspezifischen Fragenliste auf die individuelle Wissensakquise benannt. In beiden Fällen kann eine Replikation oder Wiederholung der Untersuchung unter verbesserten Bedingungen Klarheit darüber bringen, inwiefern die benannten Mängel die ermittelten Ergebnisse beeinflussten. Es ist zu prüfen, inwieweit weitere qualitative Daten erhoben werden können, um die unterschiedlichen erwünschten und nicht erwünschten Effekte noch besser erklären zu können.

Einer der nicht erwünschten Effekte ist die mangelnde Akzeptanz der fragenbasierten Methode und die mangelnde Nutzung des akquirierten Wissens. Zumindest in der untersuchten Form des designspezifischen Katalogs generischer Fragen (Anhang 20) kann dessen Potenzial nicht sinnvoll genutzt werden, wenn er bei Novizen ohne wesentliche Kenntnis und Sensibilisierung für die Ziele des Industriedesigns eingesetzt wird. Weitere Untersuchungen sollten sich zunächst weniger auf die Anpassung und Weiterentwicklung des Fragenkatalogs an sich sondern vielmehr auf dessen konkrete Einbindung in die

Kontexte von Ausbildung und Praxis konzentrieren. Wie bereits in Abschnitt 1.1 angedeutet wurde, ist das praktische Entwerfen einer rein informativen Ausbildung zum Design auch für Ingenieure vorzuziehen. Unter anderem deshalb wird an der TECHNISCHEN UNIVERSITÄT DRESDEN seit einigen Jahren auch ein mehrtägiger Designentwurfsworkshop für die an der Lehrveranstaltung *Konstruktiver Entwicklungsprozess* teilnehmenden Studierenden der Ingenieurswissenschaften angeboten. Es erscheint sinnvoll, einen designspezifischen Fragenkatalog in diesem Rahmen, beispielsweise als Hilfsmittel beim Erstellen von Personas und narrativen Szenarien einzusetzen. Damit könnte auch der für die narrativen Methoden notwendige Aufwand reduziert und so die Vorteile beider Methoden kombiniert werden. Unter diesen Voraussetzungen wäre eine erneute abgegrenzte Untersuchung der Wirkung generischer Fragelisten am Beginn von Designprozessen möglich, bei der die oben beschriebenen Akzeptanzprobleme den eigentlichen Unterstützungseffekt nicht überschatten.

Darüber hinaus ist noch ungeklärt, inwiefern Studienbeginner klassischer Designstudiengänge, Fortgeschrittene und Experten durch einen solchen Fragenkatalog unterstützt werden könnten. Eine Anpassung der Methode für den Einsatz in der beruflichen Praxis erscheint in Anbetracht der im Rahmen der in Abschnitt 3.1 dargestellten und diskutierten explorativen Studie zur Methodennutzung in frühen Phasen der Design- und Konstruktionspraxis sinnvoll. In beiden Disziplinen ist die Erarbeitung und Verwendung von Anforderungslisten (teilweise als wichtige Grundlage interdisziplinärer Zusammenarbeit) verbreitet und akzeptiert, in diesem Kontext könnte eine angepasste Fragenliste als reflexive Methode eingesetzt werden.

Aus den in Abschnitt 3.4.3.2 dargestellten Einflüssen des designspezifischen Fragenkatalogs auf die ermittelten Anforderungen lässt sich ableiten, dass sich mit Hilfe dieses Fragenkatalogs nicht nur designspezifisches (erlebensrelevantes), sondern auch konstruktionsspezifisches (technisch-funktional usw.) Wissen akquirieren lässt. Der designspezifische Fragebogen wurde inhaltlich wesentlich an den narrativen Methoden Persona und Szenario angelehnt. Aus diesem Zusammenhang lässt sich die Frage ableiten, inwiefern der Einsatz der (relativ aufwandsarmen) *ad-hoc*-Narration auch im konstruktiven Entwicklungsprozess nützlich sein kann. Ein beobachtbares Kriterium dafür könnte die Ermittlung technisch-funktionaler Produktanforderungen sein. Um diese Fragestellung untersuchen zu können, müssten die narrativen Methoden mit den dazugehörigen Instruktionen auf die Zielgruppe der Konstrukteure angepasst werden. Dabei wäre dennoch der Fokus auf Nutzer und Nutzungsszenario beizubehalten – daraus lassen sich möglicherweise andere (oder auch mehr) konstruktionsrelevante Anforderungen ableiten (als Form der Akquise konstruktionsspezifischen Entwurfswissens) als aus dem konstruktionsspezifischen Fragenkatalog, welcher in der in Abschnitt 3.2 dargestellten Untersuchung zum Einsatz kam. Dieser wurde aus kognitionswissenschaftlicher Perspektive entwickelt und fokussiert mehr auf das Produkt und den Entwurfsprozess als das Nutzungsszenario (→ Anhang 9). Im Rahmen einer quasi-experimentellen Untersuchung könnte der vermutete positive Effekt der narrativen Methoden auf die Anzahl *ad hoc* ermittelter technisch-funktionaler Anforderungen gemessen werden. Dabei wäre der Akzeptanz der Methoden sowohl bei der Anpassung als auch bei der Untersuchung besondere Beachtung zu widmen. Dadurch könnten die insbesondere in Abschnitt 3.4.3.3 beschriebenen, möglicherweise durch unterschiedliche Fachkulturen oder nicht ausreichende Sensibilisierung erzeugten Effekte zu vermeiden oder zumindest reduziert werden.

In diesem Zusammenhang muss auch nochmals auf die Interpretation und Diskussion der Ergebnisse der quasi-experimentellen Untersuchung zum Effekt des designspezifischen Fragenkatalogs in Abschnitt 3.4.4 hingewiesen werden. Dort wurde festgestellt, dass der Fragenkatalog zwar die Akquise von Designwissen nachweislich unterstützen konnte, die Probanden als Nicht-Designer und auch offensichtlich kaum für Design Aufgeschlossene insbesondere das erlebensrelevante akquirierte Wissen für unnütz hielten und den – im Vergleich zu den narrativen Methoden – geringen Aufwand immer noch für zu groß hielten. Daraus können zwei Fortführungen abgeleitet werden: zum Einen könnte der designspezifische Fragenkatalog mit Designnovizen oder zumindest nachweislich designinteressierten Entwicklern auf sein Potenzial untersucht werden. So ließe sich der Einfluss der Methode selbst von dem der

Akzeptanz differenzieren. Zum Anderen könnte der Fragenkatalog in einen plausiblen Kontext eingebunden werden, der es auch den Nicht-für-Design-Aufgeschlossenen ermöglicht, die Relevanz der designspezifischen und nutzerbezogenen Aspekte zu erkennen. Die der Untersuchung vorgelagerte Einführungsvorlesung war dafür offensichtlich nicht ausreichend. Weitergehende Konstellationen wie die Einbindung in Workshops würden den Vorteil des geringen Aufwands der Fragenkataloge relativieren – und es stellte sich die Frage, ob dann die narrativen Methoden nicht geeigneter wären oder diese eingesetzt und durch einen angepassten Fragenkatalog weiter unterstützt zu unterstützen wären.

Abschließend soll noch einmal auf die Verflechtung der Konzepte von *Kreativität*, *Entwerfen* und *Innovation* hingewiesen werden, die im theoretischen Teil der Arbeit diskutiert wurde (→ 2.1). Demzufolge ist zu prüfen, inwiefern die Erkenntnisse der vorliegenden Arbeit auch für die Kreativitäts- und Innovationsforschung relevant sein können. Immerhin ist individuell verfügbares Wissen eine der Voraussetzungen für Kreativität im Allgemeinen, die Unterstützung der Akquise von Designwissen kann nicht nur auf Designprozesse, sondern in umfassenderem Kontext auch auf (designgetriebene) Innovationsprozesse positiv wirken. Erste Ansätze zu weiterführender Forschung sind mit dem Einsatz der beschriebenen narrativen Methoden in frühen Phasen kooperativer Innovationsprozesse entwickelt worden, welche gemeinsam mit Wirtschaftswissenschaftlern untersucht werden sollen.

6 VERZEICHNISSE

6.1 LITERATURVERZEICHNIS

Adlin, Tamara & Pruitt, John (2010): *The Essential Persona Lifecycle. Your Guide to Building and Using Personas*. San Diego: Morgan Kaufmann/Elsevier.

Aken, Joan Ernst van (2005): Valid knowledge for the professional design of large and complex design processes. In *Design Studies* 26 (4), S. 379–404.

Alan, Yilmaz (2002): *Methoden zur Akquisition von Wissen über Kompetenzen*. KOWIEN–Projektbericht 2/2002. Essen: Universität Essen, Institut für Produktion und Industrielles Informationsmanagement.

Alani, Luna Ibrahim Alsaid Mahmoud (2007): *Template-basierte Erfassung von Produktanforderungen in einem CAD System*. Dissertation. Berlin: Technische Universität Berlin, Fakultät IV – Elektrotechnik und Informatik.

Alexander, Christopher; Ishikawa, Sara & Silverstein, Murray (1977): *A pattern language. Towns, buildings, construction*. New York: Oxford University Press.

Anderson, John Robert (1996): *The architecture of cognition*: Lawrence Erlbaum.

Anderson, Stephen P. (2006): *Creating Pleasurable Interfaces. Getting from Tasks to Experiences*. Online verfügbar unter http://poetpainter.com/thoughts/file_download/7, abgerufen am 15.09.09.

Archer, L. Bruce (1965): *Systematic Method for Designers*. London: The Design Council.

Archer, L. Bruce; Baynes, K. & Langon, R. (1979): *Design in General Education*. London: Royal College of Art.

Armstrong, Gary; Kotler, Philip; Saunders, John & Wong, Veronica (2008): *Grundlagen des Marketing*. 4. Auflage. München: Pearson Studium.

Audehm, Dieter (1995): *Systematische Ideenfindung. Kreativitäts-Techniken bei der Entwicklung und Verbesserung von Produkten und Dienstleistungen sowie bei der Lösung betrieblicher Probleme.* Renningen-Malmsheim: expert Verl. (experTraining).

Auhagen, Ann Elisabeth (2002): Psycho-soziale Faktoren von Innovation. In *Gruppendynamik* 33 (3), S. 311–337.

Aurum, Aybüke (1999): Validation of Semantic Techniques used in Solo Brainstorming Documents. In Hannu Jaakola, Hannu Kangassalo & Eiji Kawaguchi (Hrsg.): *Information Modelling and Knowledge Bases X.* Amsterdam u. a: IOS Press.

Baćak, Silvior Wilhelm (2007): *Der unbeirrbare Wille zum Erfolg.* Norderstedt: Books on Demand GmbH.

Bader, Jens Jürgen (2007): *Die Hauptstellgrößen des Produktzielmanagements am Beispiel der Automobilentwicklung.* Dissertation Technische Universität Dresden. München: Verlag Dr. Hut.

Badke-Schaub, Petra (2007): *Why designing is best described as complex problem solving – and why designers are best described as human beings.* In : *Design Theory and Methodology.* Technische Universiteit Delft. Delft (Vorlesungs-Skript), S. 3–26.

Badke-Schaub, Petra & Frankenberger, Eckart (2004): *Management kritischer Situationen. Produktentwicklung erfolgreich gestalten.* Berlin: Springer.

Badke-Schaub, Petra; Cardoso, Carlos; Lauche, Kristina & Roozenburg, Norbert (2007): *Design Theory and Methodology* Technische Universiteit Delft. Delft (Vorlesungs-Skript).

Ball, Linden J. & Christensen, Bo T. (2009): Analogical reasoning and mental simulation in design: two strategies linked to uncertainty resolution. In *Design Studies* 30 (2), S. 169–186.

Barlow-Busch, Robert (2006): Marketing versus design personas. In John S. Pruitt & Tamara Adlin (Hrsg.): *The persona lifecycle. Keeping people in mind throughout product design.* Amsterdam: Morgan Kaufmann/Elsevier, S. 602–641.

Bastian, Linda (2009): *Nutzerzentrierte Recherchemethoden im Industriedesign.* Diplomarbeit. Dresden: Technische Universität Dresden, Zentrum für Technisches Design.

Baumgartner, Peter (1993): *Der Hintergrund des Wissens. Vorarbeiten zu einer Kritik der programmierbaren Vernunft.* Klagenfurt: Kärntner Druck- und Verlagsgesellschaft.

Bayazit, Nigan (2004): Investigating Design: A Review of Forty Years of Design Research. In *Design Issues* 20 (1), S. 16–29.

Behezehti, Reza (1993): Design decisions and uncertainty. In *Design Studies* 14 (1), S. 85–95.

Bender, Bernd (2004): *Erfolgreiche individuelle Vorgehensstrategien in frühen Phasen der Produktentwicklung.* Dissertation Technische Universität Berlin. Berlin, Düsseldorf: VDI-Verlag (Fortschrittsberichte, 377).

Bergmann, Bärbel (2001): Innovationsfähigkeit älterer Arbeitnehmer. In : *Kompetenzentwicklung. Tätigsein – Lernen – Innovation.* Münster: Waxmann (Kompetenzentwicklung, 2001), S. 13–52.

Bertholet, Miriam & Spada, Hans (2004): Wissen als Voraussetzung und Hindernis für Denken, Problemlösen und Entscheiden. In Gabi Reinmann & Heinz Mandl (Hrsg.): *Psychologie des Wissensmanagements. Perspektiven, Theorien und Methoden.* Göttingen: Hogrefe, S. 66–78.

Best, Kathryn (2006): *Design management. Managing design strategy, process and implementation.* Lausanne: AVA Academia.

Blessing, Lucienne T. M. & Chakrabarti, Amaresh (2009): *DRM, a Design Research Methodology.* London: Springer.

Bock, Arthur (1955): Die Begriffe Konstruieren, Entwerfen und Gestalten. In *Die Technik* 8, S. 504–505.

Bonsiepe, Gui (2010): Demokratie und Gestaltung. [Gekürzte Fassung eines Vortrags, der im Juni 2005 an der Universidad Tecnológica Metropolitana, Santiago de Chile gehalten wurde.] In Klaus Thomas Edelmann & Gerrit Terstiege (Hrsg.): *Gestaltung denken. Grundlagentexte zu Design und Architektur.* Basel: Birkhäuser, S. 37–45.

Bortz, Jürgen & Döring, Nicola (2006): *Forschungsmethoden und Evaluation. Für Human- und Sozialwissenschaftler.* Berlin: Springer (Springer-Lehrbuch).

Bortz, Jürgen; Lienert, Gustav A. (Hrsg.) (2008): *Kurzgefasste Statistik für die klinische Forschung. Leitfaden für die verteilungsfreie Analyse kleiner Stichproben*. 3., aktualisierte und bearbeitete Auflage. Berlin, Heidelberg: Springer Medizin Verlag.

Brandenburg, Frank (2002): *Methodik zur Planung technologischer Produktinnovationen*. Dissertation. Aachen: Shaker (Berichte aus der Produktionstechnik, 7).

Brezing, Alexander Nikolaus (2006): *Planung innovativer Produkte unter Nutzung von Design- und Ingenieurdienstleistungen*. Aachen: Shaker.

Brezing, Alexander Nikolaus (2009): Innovationsplanung als Design-Dienstleistung mit Projektcharakter. In Norbert Hentsch, Günter Kranke, Christian Wölfel, Jens Krzywinski & Frank Drechsel (Hrsg.): *Innovation durch Design. Technisches Design in Forschung, Lehre und Praxis.* Dresden: TUDpress Verlag der Wissenschaften Dresden, S. 33–46.

Bruner, Jerome (1986): *Actual Minds, Possible Worlds*: Harvard University Press.

Bruner, Jerome (1990): *Acts of Meaning*. London: Harvard University Press.

Brunner, Anne (2009): *Kreativer denken. Konzepte und Methoden von A - Z*. München (Lehr- und Studienbuchreihe Schlüsselkompetenzen).

Budd, Jim; Taylor, Russel; Wakkary, Ron & Everden, Dale (2003): From Industrial Design to Experience Design. Searching for New Common Ground. In iF International Forum Design (Hrsg.): *ICSID 2nd Education Conference. Critical Motivations an New Dimensions*. Unter Mitarbeit von Gabriele Bertemann, Joachim Möllmann, Claudia Neumann, Rainer Schwarz. Hannover: iF International Forum Design, S. 137–141.

Bühner, Thomas (2008): *Tapester. Ein Entwurf für einen multifunktionalen Klebebandroller*. Projektarbeit. Dresden: Technische Universität Dresden, Zentrum für Technisches Design.

Bunge, Mario (1966): Technology as Applied Science. In *Technology and Culture* 7 (3), S. 329–347.

Büning, Herbert & Trenkler, Götz (1994): *Nichtparametrische statistische Methoden*. 2. erweiterte und völlig überarb. Berlin: de Gruyter.

Bürdek, Bernhard E. (2005): *Design Geschichte, Theorie und Praxis der Produktgestaltung*. Dritte, vollständig überarbeitete und erweiterte Auflage. Basel: Birkhäuser.

Bürdek, Bernhard E. (2010): Designtheorie. In Felicidad Romero-Tejedor & Wolfgang Jonas (Hrsg.): *Positionen zur Designwissenschaft*. Kassel: Kassel University Press, S. 26–31.

Büssing, André; Herbig, Britta & Ewert, Thomas (1999): *Implizites Wissen und erfahrungsgeleitetes Arbeitshandeln. Konzeptualisierung und Methodenentwicklung* (Berichte aus dem Lehrstuhl für Psychologie der TU München, Bericht Nr. 48).

Büssing, André & Herbig, Britta (2003): Implizites Wissen und erfahrungsgeleitetes Arbeitshandeln. Chance oder Risiko für das Wissensmanagement? In *Wirtschaftspsychologie* 5 (3), S. 58–65.

Cagan, Jonathan & Vogel, Craig M. (2002): *Creating breakthrough products. Innovation from product planning to program approval*. Upper Saddle River, NJ: Financial Times Prentice Hall.

Carroll, John Millar (2000): *Making use. Scenario-based design of human-computer interactions*. Cambridge, Mass: MIT Press.

Casakin, Hernan P. & Goldschmidt, Gabriela (2000): Reasoning by visual analogy in design problem-solving: the role of guidance. In *Environment and Planning B: Planning and Design* 27 (1), S. 105–119.

Chakrabarti, Amaresh (2006): Defining and Supporting Design Creativity. In D. Marjanović (Hrsg.): *Proceedings of the DESIGN 2006. 9th International Design Conference*. Zagreb: Faculty of Mechanical Engineering and Naval Architecture, University of Zagreb, S. 479–486.

Chalmers, Alan F. (2008): *What is this thing called Science?* 3. Auflage, Nachdruck. Buckingham: Open University Press.

Chesbrough, Henry William (2003): *Open innovation. The new imperative for creating and profiting from technology*. Boston, Mass: Harvard Business School Press.

CHOW, ROSAN & JONAS, WOLFGANG (2008): Beyond Dualism in Methodology. An Integrative Design Research Medium "MAPS" and some Reflections. In DAVID DURLING, CHRIS RUST, LIN-LIN CHEN, PHILIPPA ASHTON & KEN FRIEDMAN (Hrsg.): *Undisciplined! Proceedings of the Design Research Society Conference 2008*. Sheffield: Sheffield Hallam University.

CHOW, ROSAN & JONAS, WOLFGANG (2010): *MAPS 2.0. Theoretical Underpinnings*. Herausgegeben von GESCHE JOOST. Online verfügbar unter http://designprocess.de/pdf/MAPS-theoretical-background.pdf, zuletzt aktualisiert am 28.06.10.

CLAUSEN, HASSE (1993): Narratives as tools for the system designer. In *Design Studies* 14 (3), S. 283–298.

COHEN, JACOB (1988): *Statistical power analysis for the behavioral sciences*. 2. Auflage. Hillsdale, N.J: L. Erlbaum Associates.

COHEN, JACOB (1994): The Earth is Round (p <.05). In *American Psychologist* 49 (12), S. 997–1003.

COOPER, ALAN (1999): *The inmates are running the asylum*. Indianapolis: SAMS.

COOPER, ALAN; REIMANN, ROBERT & CRONIN, DAVE (2007): *About face 3. The essentials of interaction design*. Indianapolis: Wiley.

CRESWELL, JOHN W.; PLANO CLARK, VICKIE L.; GUTMANN, MICHELLE L. & HANSON, WILLIAM E. (2003): Advance Mixed methods Research Designs. In ABBAS TASHAKKORI & CHARLES TEDDLIE (Hrsg.): *Handbook of mixed methods in social & behavioral research*. Thousand Oaks, Calif: Sage Publications, S. 209–240.

CROSS, NIGEL (1982): Designerly ways of knowing. In *Design Studies* 3 (4), S. 221–227.

CROSS, NIGEL (Hrsg.) (1984): *Developments in design methodology*. Chichester: Wiley.

CROSS, NIGEL (1993): Science and design methodology: A review. In *Research in Engineering Design* 5 (2), S. 63–69.

CROSS, NIGEL (2001a): Can a Machine Design? In *Design Issues: history, theory, criticism* 17 (4), S. 44–50.

CROSS, NIGEL (2001b): Designerly Ways of Knowing. design discipline versus design science. In *Design Issues: history, theory, criticism* 17 (3), S. 49–55.

CROSS, NIGEL (2001c): *Engineering design methods. Strategies for product design*. Chichester: Wiley.

CROSS, NIGEL (2001d): Strategic Knowledge Exercised by Outstanding Designers. In JOHN S. GERO & K. HORI (Hrsg.): *Strategic Knowledge and Concept Formation III*. Sydney: Key Centre of Design, University of Sydney, S. 17–30.

CROSS, NIGEL (2004): Expertise in Design: an overview. In *Design Studies* 25 (5), S. 427–441.

CROSS, NIGEL (2006): *Designerly Ways of Knowing*. London: Springer.

CROSS, NIGEL (2008): *Engineering design methods. Strategies for product design*. 4. überarbeitete Auflage. Chichester u. a.: Wiley.

CROSS, NIGEL; EDMONDS, ERNEST (Hrsg.) (2003): *Expertise in Design*. Sydney: Creativity and Cognition Press, University of Technology.

DAMANPOUR, FARIBORZ & SCHNEIDER, MARGUERITE (2006): Phases of the Adoption of Innovation in Organizations. Effects of Environment, Organization and Top Managers. In *British Journal of Management* 17 (3), S. 215–236.

DEBITZ, UWE; HACKER, WINFRIED & WINKELMANN, CONSTANCE (2009): *Innovation of the process of innovation. Human-centered support of Design Problem Solving. Ergebnisse der zweiten Untersuchungsphase.* Projektberichte Heft Nr. 63. Dresden: TECHNISCHE UNIVERSITÄT DRESDEN, FACHRICHTUNG PSYCHOLOGIE.

DEBITZ, UWE; WÖLFEL, CHRISTIAN; STEINBRECHER, MARC & PETERS, OLAF (2011): *Erfassung praxisrelevanter Unterstützungsmöglichkeiten für das Entwurfsproblemlösen in der Produktentwicklung. Abschlussbericht.* Projektberichte Heft Nr. 70. Dresden: TECHNISCHE UNIVERSITÄT DRESDEN, FACHRICHTUNG PSYCHOLOGIE.

DEBONO, EDWARD (1990): *The use of lateral thinking*. Nachdruck. London u. a.: Penguin Books.

DESIGN COUNCIL (2007): *The Value of Design Factfinder report*. Online verfügbar unter http://www.designcouncil.org.uk/Documents/Documents/Publications/Research/TheValueOfDesignFactfinder_Design_Council.pdf, abgerufen am 24.05.11.

DESMET, PIETER M. A. (2008): Product Emotion. In HENDRIK N. J. SCHIFFERSTEIN & PAUL HEKKERT (Hrsg.): *Product experience.* Amsterdam: Elsevier, S. 379–397.

DESMET, PIETER M. A. & HEKKERT, PAUL (2007): Framework of Product Experience. In *International Journal of Design* 1 (1), S. 57–66.

DEWEY, ADRIAN (2009): *How to illustrate and design concept cars.* Dorchester: Veloce.

DICKINSON, JON; KUMANA & DARIUS (2009): *How User-Centered Design Can Put User Stories in Proper Context.* Online verfügbar unter http://www.devx.com/architect/Article/42270/, zuletzt aktualisiert am 30.07.09, abgerufen am 13.12.10.

DINDLER, CHRISTIAN & IVERSEN, OLE SEJER (2007): Fictional Inquiry – design collaboration in a shared narrative space. In *CoDesign* 3 (4), S. 213–234.

DÖRNER, DIETRICH (1976): *Problemlösen als Informationsverarbeitung.* Stuttgart: Kohlhammer.

DÖRNER, DIETRICH (1988): Wissen und Verhaltensregulation. Versuch einer Integration. In HEINZ MANDL & HANS SPADA (Hrsg.): *Wissenspsychologie.* München: Psychologie Verlags Union, S. 264–283.

DÖRNER, DIETRICH (2002): *Die Logik des Mißlingens. Strategisches Denken in komplexen Situationen.* Reinbek bei Hamburg: Rowohlt.

DÖRNER, DIETRICH (2004): Emotion und Wissen. In GABI REINMANN & HEINZ MANDL (Hrsg.): *Psychologie des Wissensmanagements. Perspektiven, Theorien und Methoden.* Göttingen: Hogrefe, S. 117–132.

DÖRNER, DIETRICH; SCHAUB, HARALD; STÄUDEL, THEA & STROHSCHNEIDER, STEFAN (1989): Ein System zur Handlungsregulation oder die Interaktion von Emotion, Kognition und Motivation. In ERWIN ROTH (Hrsg.): *Denken und Fühlen. Aspekte kognitiv-emotionaler Wechselwirkung.* Berlin: Springer-Verlag, S. 113–133.

DORST, KEES (1997): *Describing Design. A comparison of paradigms.* Dissertation. Delft: TECHNISCHE UNIVERSITEIT DELFT.

DORST, KEES & CROSS, NIGEL (2001): Creativity in the design process. co-evolution of problem–solution. In *Design Studies* 22 (5), S. 425–437.

DORST, KEES & DIJKHUIS, JUDITH (1995): Comparing paradigms for describing design activity. In *Design Studies* 16 (2), S. 261–274.

DRECHSEL, FRANK (2008): *Entwurfsmodell grafisch.* TECHNISCHE UNIVERSITÄT DRESDEN (Blog Technisches Design). Online verfügbar unter http://technischesdesign.wcms-file3.tu-dresden.de/blog/?p=266, abgerufen am 15.09.09.

DUARTE, NANCY (2008): *slideology. The art and science of creating great presentations*. Beijing: O'Reilly.

DUBBERLY, HUGH (2008): *How do you design? A Cmpendium of Models*. San Francisco: Dubberly Design Office. Online verfügbar unter http://www.dubberly.com/articles/how-do-you-design.html.

DUBBERLY, HUGH (2009): Models of Models. In *Interactions* 16 (3), S. 54–60.

DYLLA, NORBERT (1991): *Denk- und Handlungsabläufe beim Konstruieren*. München: Hanser.

ECKERT, CLAUDIA & CLARKSON, JOHN (2005): The Reality of Design. In JOHN CLARKSON & CLAUDIA ECKERT (HRSG.): *Design process improvement. A review of current practice*. London: Springer, S. 1–33.

EHRLENSPIEL, KLAUS (2007): *Integrierte Produktentwicklung. Denkabläufe, Methodeneinsatz, Zusammenarbeit*. 3. Auflage. München: Hanser.

EILOUTI, BUTHAYNA HASAN (2009): Design knowledge recycling using precedent-based analysis and synthesis models. In *Design Studies* 30 (4), S. 340–368.

ENGELN, WERNER; GOOS, JÜRGEN; ZANG, RUPERT; GRÖBE, BARBARA & TRAITTEUR, EVA VON & GOOS, JÜRGEN (2008): Integration von Produktdesign in den Produktentwicklungsprozess für die Investitionsgüterbranche. In NORBERT HENTSCH, GÜNTER KRANKE & CHRISTIAN WÖLFEL (Hrsg.): *Industriedesign und Ingenieurwissenschaften. Technisches Design in Forschung, Lehre und Praxis*. Dresden: TUDpress, S. 169–180.

ENGLISCH, ULRIKE; SACHSE, PIERRE & UHLMANN, JOHANNES (2008): Zum Vergleich schöpferischer Entwurfstätigkeiten. Entwicklung eines Kontinuums der Entwurfstätigkeit. In NORBERT HENTSCH, GÜNTER KRANKE & CHRISTIAN WÖLFEL (Hrsg.): *Industriedesign und Ingenieurwissenschaften. Technisches Design in Forschung, Lehre und Praxis*. Dresden: TUDpress, S. 33–46.

ERMI, LAURA & MÄYRÄ, FRANS (2005): Player-Centred Game Design: Experiences in Using Scenario Study to Inform Mobile Game In *The International Journal of Computer Game Design* 5 (1).

Eversheim, Walter; Brandenburg, Frank; Breuer, Thomas; Hilgers, Michael & Rosier, Christian (2003): Die InnovationRoadMap-Methodik. In Walter Eversheim (Hrsg.): *Innovationsmanagement für technische Produkte*. Berlin: Springer (VDI-Buch), S. 27–132.

Eversheim, Walter; Baessler, Elke & Breuer, Thomas (2003): Integriertes Innovationsmanagement. In Walter Eversheim (Hrsg.): *Innovationsmanagement für technische Produkte*. Berlin: Springer (VDI-Buch).

Findeli, Alain (1998): A Quest for Credibility. Doctoral Education and Research in Design at the University of Montreal. In Richard Buchanan, Dennis Doordan, Lorraine Justice & Victor Margolin (Hrsg.): *Doctoral Education in Design. Proceedings of the Ohio Conference, October 8-11, 1998*. Pittsburg: The Scool of Design, Carnegie Mellon University, S. 99–116.

Findeli, Alain (2009): *The structure of research process / The potential subject matter for design research. Workshop am 22.10.2009*. Berlin: Universität der Künste.

Findeli, Alain (2010): Searching for Design Research Questions. Some Conceptual Clarifications. In Rosan Chow, Wolfgang Jonas & Gesche Joost (Hrsg.): *Questions, Hypotheses & Conjectures. Discussions on Projects by Early Stage and Senior Design Researchers*. New York: iUniverse, S. 278–293.

Findeli, Alain; Brouillet, Denis; Martin, Sophie; Moineau, Christophe & Tarrago, Richard (2008): Research through Design and Transdisciplinarity. A Tentative Contribution to the Methodology of Design Research. In Swiss Design Network (Hrsg.): *Focused – Current Design Research Projects and Methods. Swiss Design Network Symposium 2008 Berne*. With assistance of Roman Aebersold, Bettina Minder, Arne Scheuermann. Genève: Swiss Design Network, S. 67–91.

Fleiss, Joseph L. & Cohen, Jacob (1973): The equivalence of weighted kappa and the intraclass correlation coefficient as measures of reliability. In *Educational and Psychological Measurement* 33, S. 613–619.

Frayling, Christopher (1993/ 94): Research into art & design. In *Royal College of Art and Design London Research Paper* 1 (1).

French, Michael J. (1999): *Conceptual design for engineers*. London: Springer.

Frenzl, Markus (2009): *Was heißt hier Designkultur? Essays zum zeitgenössischen Design 2006-2009.* Frankfurt am Main: Trademark Publ.

Fricke, Gerd (1993): *Konstruieren als flexibler Problemlöseprozeß. Empirische Untersuchung über erfolgreiche Strategien und methodische Vorgehensweisen beim Konstruieren.* Düsseldorf: VDI-Verlag.

Fricke, Gerd (1996): Successful individual approaches in engineering design. In *Research in Engineering Design* 8 (3), S. 151–165.

Frost, Jetta (2005): *Märkte in Unternehmen. Organisatorische Steuerung und Theorien der Firma.* Habilitationsschrift Zürich 2003. Wiesbaden: Deutscher Universitäts-Verlag.

Funke, Joachim (2006): Komplexes Problemlösen. In Joachim Funke (Hrsg.): *Denken und Problemlösen.* Göttingen: Hogrefe (Kognition, 8), S. 374–445.

Gabriel, Yiannis (2000): *Storytelling in organizations. Facts, fictions, and fantasies.* Oxford: Oxford Univ. Press.

Gaßner, Robert & Steinmüller, Karlheinz (2006): Narrative normative Szenarien in der Praxis. In Falko E. P. Wilms (Hrsg.): *Szenariotechnik. Vom Umgang mit der Zukunft.* Bern: Haupt.

Gausemeier, Jürgen; Ebbesmeyer, Peter & Kallmeyer, Ferdinand (2001): *Produktinnovation. Strategische Planung und Entwicklung der Produkte von morgen.* München: Hanser.

Gausemeier, Jürgen; Fink, Alexander & Schlake, Oliver (1995): *Szenario-Management. Planen und führen mit Szenarien.* München: Hanser.

Geis, Christian; Bierhals, R.; Schuster, I.; Badke-Schaub, Petra & Birkhofer, Herbert (2008): Methods in Practice. A Study on requirements for Development and Transfer of Design Methods. In D. Marjanović, M. Štorga, N. Pavković & N. Bojčetić (Hrsg.): *Proceedings of the DESIGN 2008. 10th International Design Conference.* University of Zagreb. Dubrovnik: University of Zagreb, S. 369–376.

Godlewsky, Tanja (2008): Mood Board. In Michael Erlhoff & Tim Marshall (Hrsg.): *Wörterbuch Design. Begriffliche Perspektiven des Design.* Basel u. a.: Birkhäuser, S. 281.

Goel, Vinod (1995): *Sketches of thought.* Cambridge, Mass.: MIT Press (A Bradford book).

Göker, Mehmet H (1997): The effects of experience during design problem solving. In *Design Studies* 18 (4), S. 405–426.

Goldschmidt, Gabriela (1997): Capturing indeterminism: representation in the design problem space. In *Design Studies* 18 (4), S. 441–455.

Goldschmidt, Gabriela (2003): The Backtalk of Self-Generated Sketches. In *Design Issues: history, theory, criticism* 19 (1), S. 72–88.

Goldschmidt, Gabriela & Sever, Anat Litan (2011): Inspiring design ideas with texts. In *Design Studies* 32 (2), S. 139–155.

Goldschmidt, Gabriela & Smolkov, Maria (2006): Variances in the impact of visual stimuli on design problem solving performance. In *Design Studies* 27 (5), S. 549–569.

Görner, Rolf (1994): Zur psychologischen Analyse von Konstrukteur- und Entwurfstätigkeiten. In Bärbel Bergmann (Hrsg.): *Die Handlungsregulationstheorie. Von der Praxis einer Theorie*. Winfried Hacker zum 60. Geburtstag. Göttingen: Hogrefe Verl. für Psychologie, S. 233–241.

Görner, Rolf; Höhne Günter & Müller C. (1971): Kriterien der Konstrukteurtätigkeit. Ergebnisse einer psychologischen Untersuchung. In *Wissenschaftliche Zeitschrift der TH Ilmenau* 17 (4), S. 63–71.

Grabowski, Hans & Geiger, K. (1997): *Neue Wege zur Produktentwicklung*. Stuttgart: Raabe (Raabe Innovationen).

Grant, Donald P. & Protzen, Jean-Pierre (1984): Second-generation Design Methods. Interview mit Horst W. J. Rittel. Originale Veröffentlichung in *The DMG 5th Anniversiary Report: DMG Occasional Paper* No. 1 (1972), S. 5–10. In Nigel Cross (Hrsg.): *Developments in design methodology*. Chichester: Wiley, S. 317–325.

Grudin, Jonathan (2006): Why personas work: the psychological evidence. In John S. Pruitt & Tamara Adlin (Hrsg.): *The persona lifecycle. Keeping people in mind throughout product design*. Amsterdam: Morgan Kaufmann/ Elsevier, S. 642–664.

Gruen, Dan (2000): *Storyboarding for Design: An Overview of the Process.* o. O. Online verfügbar unter http://domino.watson.ibm.com/cambridge/research.nsf/0/ebcd159a81a43e36852569200067d59e/$FILE/Techreport%202000.03.PDF. Abgerufen am 12.03.2010.

Gruen, Dan; Rauch, Thyra; Redpath, Sarah & Ruettinger, Stefan (2002): The Use of Stories in User Experience Design. In *International Journal of Human-Computer-Interaction* 14 (3&4), S. 503–534.

Grupp, Hariolf (2003): Was wir über Innovationen wissen. Konturen einer Wissenswirtschaft. In Hans-Jürgen Warnecke & Hans-Jörg Bullinger (Hrsg.): *Kunststück Innovation. Praxisbeispiele aus der Fraunhofer-Gesellschaft*. Berlin: Springer, S. 13–20.

Guilford, J. P. (1950): Creativity Research. Past, Present and Future. In *American Psychologist* 5, S. 444–454.

Haase, Frank & Biller, Rudi (2002): *Designwissen. Entstehung – Umsetzung – Perspektiven*. Sternenfels: Verlag Wissenschaft und Praxis.

Hacker, Winfried (1989): On the utility of procedural rules: conditions of the use of rules in the production of operation sequences. In *Ergonomics* 32 (7), S. 717–732.

Hacker, Winfried (2002): Konstruktives Entwickeln: Psychologische Grundlagen. In Winfried Hacker (Hrsg.): *Denken in der Produktentwicklung. Psychologische Unterstützung der frühen Phasen*. Zürich, Mering: vdf Hochschulverl. an der ETH; Hampp (Mensch, Technik, Organisation, 33), S. 11–26.

Hacker, Winfried (2005): *Allgemeine Arbeitspsychologie. Psychische Regulation von Wissens-, Denk- und körperlicher Arbeit*. Bern: Huber (Schriften zur Arbeitspsychologie, 58).

Hacker, Winfried (Hrsg).; Winkelmann, Constance & Stelzer, Ralph (2009): *Zur Ausbildung von Ingenieuren. Fachunspezifische Unterstützung des konstruktiven Entwerfens*. Düsseldorf: VDI-Verlag (Fortschritt-Berichte VDI, 196).

Hacker, Winfried & Sachse, Pierre (2006): Entwurfstätigkeiten und ihre psychologischen Unterstützungsmöglichkeiten. In Udo Konradt, Bernhard Zimolong & Deutsche Gesellschaft für Psychologie (Hrsg.): *Ingenieurpsychologie, Bd. 2*. Göttingen: Hogrefe

Haesen, Mieke; Meskens, Jan; Luyten, Kris & Coninx, Karin (2010): Draw Me a Storyboard: Incorporating Principles and Techniques of Comics to Ease Communication and Artefact Creation in User-Centred Design. In : *24th BCS Proceedings of the Conference on Human Computer Interaction (HCI 2010)*. Online verfügbar unter http://hdl.handle.net/1942/11617, abgerufen am 11.07.11.

HAHN, VIKTOR (2008): *Woonda. ein flexibler Klebebandroller.* Projektarbeit. Dresden: TECHNISCHE UNIVERSITÄT DRESDEN, Zentrum für Technisches Design.

HATCHUEL, ARMAND & WEIL, BENOÎT (2003): A New Approach of Innovative Design. An Introduction to C-K Theory. In A. FOLKESON, K. GRALEN, M. NORELL & U. SELLGREN (Hrsg.): *Proceedings of the 14th International Conference on Engineering Design ICED03,* Design Society. Stockholm.

HAUSCHILDT, JÜRGEN (1997): *Innovationsmanagement.* 2. Auflage. München: Vahlen.

HEISIG, BETTINA (1996): *Planen und Selbstregulation.* Frankfurt am Main, Dresden: Lang (Reihe 6, Psychologie, 558).

HENTSCH, NORBERT; KRANKE, GÜNTER; WÖLFEL, CHRISTIAN; KRZYWINSKI, JENS; DRECHSEL, FRANK (Hrsg.) (2009): *Innovation durch Design. Technisches Design in Forschung, Lehre und Praxis.* Dresden: TUDpress Verlag der Wissenschaften Dresden.

HERRMANN, CHRISTOPH & MÖLLER, GÜNTER (2009): Innovation durch Design – Design von Innovationen. Ergebnisse einer empirischen Untersuchung. In NORBERT HENTSCH, GÜNTER KRANKE, CHRISTIAN WÖLFEL, JENS KRZYWINSKI & FRANK DRECHSEL (Hrsg.): *Innovation durch Design. Technisches Design in Forschung, Lehre und Praxis.* Dresden: TUDpress Verlag der Wissenschaften Dresden, S. 47–63.

HEUFLER, GERHARD (2004): *Design Basics. Von der Idee zum Produkt.* Zürich: Verlag Niggli.

HIGGINS, JAMES M. & WIESE, GEROLD G. (1996): *Innovationsmanagement. Kreativitätstechniken für den unternehmerischen Erfolg.* Berlin: Springer.

HÖHNE, GÜNTER; SPERLICH, HORST; KRAUSE, WERNER & SOMMERFELD, ERDMUTE (1995): Untersuchung des Modalitätenwechsels zwischen Bild und Begriff an ausgewählten Konstruktionsaufgaben. In WINFRIED HACKER & PIERRE SACHSE (Hrsg.): *Bild und Begriff III. Zur Rolle von Anschauung und Abstraktion im konstruktiven Entwurfsprozess.* Bericht über das Werkstattgespräch in Diesbar-Seußlitz 20.–22.10.1995. Dresden: Technische Universität Dresden, S. 115–130.

HOLM-HADULLA, RAINER M. (2010): *Kreativität. Konzept und Lebensstil.* 3. Auflage. Göttingen: Vandenhoeck & Ruprecht.

HOLUB, ALLEN (2000): *OO design process: Use cases, an introduction. Designing the dynamic (runtime) behavior of a program*. Online verfügbar unter http://www.ibm.com/developerworks/library/co-design5.html, abgerufen am 05.06.10.

HUBKA, VLADIMIR & EDER, W. ERNST (1987): A scientific approach to engineering design. In *Design Studies* 8 (3), S. 123–137.

HUGENTOBLER, HANS KASPAR; JONAS, WOLFGANG & RAHE, DETLEF (2004): Designing a Methods Platform for Design and Design Research. In : *Futureground. Design Research Society International Conference 2004*. Melbourne: Monash University.

HUTTERER, PHILIPP (2005): *Reflexive Dialoge und Denkbausteine für die methodische Produktentwicklung*. München: Dr. Hut (Produktentwicklung).

INSTITUTE FOR MANUFACTURING (Hrsg.): *Tools and techniques. Summary of Tools and Techniques.* UNIVERSITY OF CAMBRIDGE. Online verfügbar unter http://www.ifm.eng.cam.ac.uk/dmg/tools/, abgerufen am 12.12.09.

INSTITUTE OF ELECTRICAL AND ELECTRONICS ENGINEERS (1990): *IEEE 610. IEEE standard glossary of software engineering terminology*.

JÄÄSKÖ, VESA & KEINONEN, TURKKA (2006): User Information in Concepting. In TURKKA KEINONEN & TAKALA ROOPE (Hrsg.): *Product Concept Design. A Review of the Conceptual Design of Products in Industry*. Goldaming: Springer, S. 92–131.

JÄNSCH, JUDITH (2007): *Akzeptanz und Anwendung von Konstruktionsmethoden im industriellen Einsatz*. Düsseldorf, Darmstadt: VDI-Verlag.

JARUSELSKI, BARRY & DEHOFF, KEVIN (2006): Smart Spenders. The Global Innovation 1000. In *strategy + business* 45 (Winter).

JICK, TODD D. (1979): Mixing Qualitative and Quantitative Methods. Triangulation in Action. In *Administrative Science Quarterly* 24, S. 602–611.

JONAS, WOLFGANG (1993): Design as problem-solving? or: here is the solution – what was the problem? In *Design Studies* 14 (2), S. 157–170.

JONAS, WOLFGANG (2004): Forschung durch Design. In SWISS DESIGN NETWORK (Hrsg.): *Erstes Design Forschungssymposium des Swiss Design Network*. Basel.

Jonas, Wolfgang (2006): Mind the gap! – Über Wissen und Nichtwissen im Design. Oder: Es gibt nichts Theoretischeres als eine gute Praxis. In Maximilian Eibl, Harald Reiterer, Peter Friedrich Stephan & Frank Thissen (Hrsg.): *Knowledge Media Design. Theorie, Methodik, Praxis.* 2. korrigierte Auflage, München: Oldenbourg, S. 47–70.

Jonas, Wolfgang (2007): Design Research and its Meaning to the Methodological Development of the Discipline. In Ralf Michel (Hrsg.): *Design research now. Essays and selected projects*. Basel: Birkhäuser, S. 187–206.

Jonas, Wolfgang & Münch, Juliane (2007): Forschung durch Design als integratives Prozessmodell – eine Skizze. In Norbert Hentsch, Günter Kranke & Christian Wölfel (Hrsg.): *Technisches Design in Forschung, Lehre und Praxis*. München: Verlag Dr. Hut, S. 19–34.

Jonas, Wolfgang; Chow, Rosan; Bredies, Katharina & Vent, Kathrin (2010): Far Beyond Dualisms in Methodology. An Integrative Design Research Medium "MAPS". In : *Design & Complexity. DRS International Conference*. Montreal.

Jonassen, David H (2000): Toward a design theory of problem solving. In *Educational Technology Research and Development* 48 (4), S. 63–85.

Jonassen, David H. & Hernandez-Serrano, Julian (2002): Case-based reasoning and instructional design: Using stories to support problem solving. In *Educational Technology Research and Development* 50 (2), S. 65–77.

Jones, John Christopher (1963): A Method of Systematic Design. In John Christopher Jones & D. Thornley (Hrsg.): *Conference on Design Methods*. Oxford: Pergamon.

Jordan, Patrick W. (2000): *Designing pleasurable products. An introduction to the new human factors*. London: Taylor & Francis [u. a.].

Jörg, Matthias A. J. (2005): *Ein Beitrag zur ganzheitlichen Erfassung und Integration von Produktanforderungen mit Hilfe linguistischer Methoden*. Dissertation. Karlsruhe: Universität Karlsruhe, Fakultät für Maschinenbau.

Kläger, R. (1993): *Modellierung von Produktanforderungen als Basis für Problemlösungsprozesse in intelligenten Konstruktionssystemen*. Dissertationsschrift. Aachen: Shaker.

Klix, Friedhart (1984): Über Wissensrepräsentation im menschlichen Gedächtnis. In Friedhart Klix (Hrsg.): *Gedächtnis – Wissen – Wissensnutzung*. Berlin: Deutscher Verlag der Wissenschaften, S. 9–73.

Knopf, Monika; Mack, Wolfgang & Kressley-Mba, Regina (2005): Wissen und Erinnern. In *Psychologische Rundschau* 56 (2), S. 113–122.

Kolb, David A. (1984): *Experiential learning. Experience as the source of learning and development*. Englewood Cliffs New Jersey: Prentice-Hall.

Kranke, Günter (2008): *Integration von Design in die universitäre Ausbildung von Ingenieuren. Modelle und Stand im internationalen Vergleich*. Habilitationsschrift. Dresden: Technische Universität Dresden, Fakultät Maschinenwesen.

Kranke, Günter & Uhlmann, Johannes (2009): Innovation durch Design. Eine universitäre Aufgabe. In Norbert Hentsch, Günter Kranke, Christian Wölfel, Jens Krzywinski & Frank Drechsel (Hrsg.): *Innovation durch Design. Technisches Design in Forschung, Lehre und Praxis.* Dresden: TUDpress Verlag der Wissenschaften Dresden, S. 266–282.

Krippendorff, Klaus (1989): On the Essential Contexts of Artifacts or on the Proposition That "Design Is Making Sense (Of Things)". In *Design Issues* 5 (2), S. 9.

Krippendorff, Klaus (2006): *The semantic turn. A new foundation for design*. Boca Raton: CRC Taylor & Francis.

Kron, Friedrich Wilhelm (1999): *Wissenschaftstheorie für Pädagogen*. Stuttgart: UTB für Wissenschaft.

Krüger, Lorenz (1978): Wissenschaft zwischen Natur und Geschichte. In *Geschichte und Gesellschaft* 4 (4), S. 452–471.

Krzywinski, Jens (2011): *Designkonzept im Transportation Design. Einordnung, Analyse und zukünftige Anwendung*. Dissertation. Dresden: Technische Universität Dresden, Fakultät Maschinenwesen.

Krzywinski, Jens; Wölfel, Christian & Drechsel, Frank (2009): Experience Concept as a Tool for Fuzzy Front-End in Engineering Design. In Margareta Norell Bergendahl, Martin Grimheden & Larry Leifer (Hrsg.): *Design has never been this cool. Proceedings of the 17th International Conference on Engineering Design*. Design Methods and Tools, Part 1. Stanford: Design Society (5).

KUMBRUCK, CHRISTEL (2003): Die Tiefendimension des Wissensmanagements. Implizites Wissen und Intuition. In *Wirtschaftspsychologie* 5 (3), S. 50–57.

LANE, PETER J. & LUBATKIN, MICHAEL (1998): Relative absorptive capacity and interorganizational learning. In *Strategic Management Journal* 19 (5), S. 461–477.

LAWSON, BRYAN (1979): Cognitive Strategies in Architectural Design. In *Ergonomics* 22 (1), S. 59–68.

LAWSON, BRYAN (2004): *What designers know*. Oxford: Elsevier Architectural Press.

LAWSON, BRYAN (2006): *How designers think. The design process demystified*. Oxford: Elsevier Architectural Press.

LAWSON, BRYAN & DORST, KEES (2009): *Design expertise*. Oxford: Elsevier Architectural Press.

LEVIN, PETER H. (1966): *Decision-making in Urban Design*. Building Research Station Note EN 51/66.

LEWIN, TONY & BORROFF, RYAN (2010): *How to design cars like a pro*. Minneapolis: MBI Pub.

LIND, GEORG (2010): *Statistische, praktische und theoretische Bedeutsamkeit*. Konstanz: UNIVERSITÄT KONSTANZ. Online verfügbar unter http://www.uni-konstanz.de/ag-moral/pdf/Lind-2010_Effektstaerke-Vortrag.pdf. Abgerufen am 12.11.2010

LINDEMANN, UDO (2007): *Methodische Entwicklung technischer Produkte. Methoden flexibel und situationsgerecht anwenden*. 2. Auflage. Berlin: Springer.

LINDEMANN, UDO & LORENZ, MARKUS (2008): Uncertainty Handling in Integrated Product Development. In D. MARJANOVIĆ, M. ŠTORGA, N. PAVKOVIĆ & N. BOJČETIĆ (HRSG.): *Proceedings of the DESIGN 2008. 10th International Design Conference*. University of Zagreb. Dubrovnik: University of Zagreb, S. 175–282.

LOOKS, PEGGY; MELZER, MARLEN & HACKER, WINFRIED (2006): *Innovation und Unternehmenskultur. ein internationaler Literaturüberblick* TECHNISCHE UNIVERSITÄT DRESDEN. Dresden (Projektberichte, 37).

LYOTARD, JEAN-FRANÇOIS (1986): *Das postmoderne Wissen. Ein Bericht*. Graz: Böhlau (Edition Passagen, 7).

Mareis, Claudia (2010): *Design als Wissenskultur. Interferenzen zwischen Design- und Wissensdiskursen seit 1960*. Dissertation. Universität für künstlerische und industrielle Gestaltung Linz, Institut für Bildende Kunst und Kulturwissenschaften.

Maslow, Abraham H. (1943): A Theory of Human Motivation. In *Psychological Review* 40 (4), S. 370–396.

Matthews, Ben (2009): Intersections of brainstorming rules and social order. In *CoDesign* 5 (1), S. 65–76.

Mayring, Philipp (2007): *Qualitative Inhaltsanalyse. Grundlagen und Techniken*. 9. Auflage. Weinheim: Beltz.

Mayring, Philipp; Huber, Günter L.; Gürtler, Leo; Kiegelmann Mechthild (Hrsg.) (2007): *Mixed methodology in Psychological Research*. Rotterdam, Taipeh: Sense Publishers.

Meinsen, Stefan (2003): *Konstruktivistisches Wissensmanagement. Wie Wissensarbeiter ihre Arbeit organisieren*. Weinheim u. a.: Beltz.

Melles, Gavin (2008): An enlarged pragmatist inquiry paradigm for methodological pluralism in academic design research. In *Artifact* 2 (1), S. 3–11.

Mertens, Donna M. (2005): *Research and evaluation in education and psychology. Integrating diversity with quantitative, qualitative, and mixed methods*. Thousand Oaks, Calif.: Sage Publications.

Miaskiewicz, Tomasz & Kozar, Kenneth A. (2011): Personas and user-centered design: How can personas benefit product design processes? In *Design Studies* 32 (5), S. 417–430.

Mikkelson, N. & Lee, W. O. (2000): Incorporating user archetypes into scenario-based design. In : *Designing the New Millenium Today. Proceedings of the 9th Annual Usability Professionals' Association (UPA) Conference*.

Miller, Tilly (2000): Kompetenzen – Fähigkeiten – Ressourcen: Eine Begriffsbestimmung. In Tilly Miller & Sabine Pankofer (Hrsg.): *Empowerment konkret. Handlungsentwürfe und Reflexionen aus der psychosozialen Praxis*. Stuttgart: Lucius und Lucius, S. 23–32.

Mühlbauer, Frank (2007): *Tjub! ... ein Mülleimerentwurf*. Projektarbeit. Dresden: Technische Universität Dresden, Zentrum für Technisches Design.

NEWELL, ALLEN & SIMON, HERBERT ALEXANDER (1972): *Human problem solving.* Englewood Cliffs, N.J.: Prentice-Hall.

NIELSEN, LENE (2004): *Engaging Personas and Narrative Scenarios. a study on how a user-centered approach influenced the perception of the design process in the e-business group at AstraZeneca.* Dissertation. Kopenhagen: COPENHAGEN BUSINESS SCHOOL, Department of Informatics.

NIKULA, UOLEVI; SAJANIEMI, JORMA & KÄLVIÄINEN, HEIKKI (2000): *A State-of-the-Practice Survey on Requirements Engineering in Small- and Medium-Sized Enterprises.* Telecom Business Research Center Lappeenranta Research Report 1. Lappeenranta: LAPPEENRANTA UNIVERSITY OF TECHNOLOGY.

NONAKA, IKUJIRO; TOYAMA, RYOKO & KONNO, NOBORU (2001): SECI, Ba and Leadership. A Unified Model of Dynamic Knowledge Creation. In IKUJIRO NONAKA & DAVID J. TEECE (HRSG.): *Managing industrial knowledge. Creation, transfer and utilization.* London: SAGE, S. 13–43.

NONAKA, IKUJIRO; KONNO, NOBORU & TOYAMA, RYOKO (2001): Emergence of "Ba". A Conceptual Framework for the Continuous and Self-transcending Process of Knowledge Creation. In IKUJIRO NONAKA & TOSHIHIRO NISHIGUCHI (HRSG.): *Knowledge emergence. Social, technical, and evolutionary dimensions of knowledge creation.* Oxford: Oxford Univ. Press, S. 13–29.

NONAKA, IKUJIRO & TAKEUCHI, HIRO (1995): *The knowledge-creating company. How Japanese companies create the dynamics of innovation.* New York: Oxford Univ. Press.

NONAKA, IKUJIRO; TAKEUCHI, HIROTAKA & MADER, FRIEDRICH (1997): *Die Organisation des Wissens. Wie japanische Unternehmen eine brachliegende Ressource nutzbar machen.* Frankfurt/Main: Campus-Verl.

NORMAN, DONALD A. (2011): Wir brauchen neue Designer! Why Design Education Must Change. In *form: The Making of Design* (238), S. 92–95.

NORTH, KLAUS; FRIEDRICH, PETER & BRAHTZ, MATTHIAS (2005): Innovationskompetenz. Bestandsaufnahme, Modell, Ebenen. In : *Kompetenzentwicklung 2005. Kompetente Menschen – Voraussetzung für Innnovationen.* Münster: Waxmann.

OERDING, JOCHEN (2009): *Ein Beitrag zum Modellverständnis der Produktentstehung. Strukturierung von Zielsystemen mittels C&CM.* Dissertation. Universität Karlsruhe: KARLSRUHE, Fakultät für Maschinenbau.

OLSEN, GEORGE (2004): *Persona Creation and Usage Toolkit*. Online verfügbar unter http://www.interactionbydesign.com/presentations/olsen_persona_toolkit.pdf, abgerufen am 15.09.10.

PAHL, GERHARD & FRICKE, GERD (1993): Vorgehenspläne beim methodischen Konstruieren und die Vermeidung von Anwendungsfehlern. In STEFAN STROHSCHNEIDER & RÜDIGER VON DER WETH (Hrsg.): *Ja, mach nur einen Plan. Pannen und Fehlschläge – Ursachen, Beispiele, Lösungen*. Bern: Huber, S. 178–195.

PAHL, GERHARD; BEITZ, WOLFGANG; FELDHUSEN, JÖRG & GROTE, KARL-HEINZ (2005): *Pahl/Beitz Konstruktionslehre. Grundlagen erfolgreicher Produktentwicklung, Methoden und Anwendung*. Berlin: Springer.

PAHL, GERHARD; BEITZ, WOLFGANG; BLESSING, LUCIIENNE; FELDHUSEN, JÖRG; GROTE, KARL-HEINRICH; WALLACE, KEN (Hrsg.) (2007): *Engineering Design. A Systematic Approach*. 3. Auflage. London: Springer-Verlag London Limited.

PIETZCKER, FRANK (2004): *Konstruktion lehren – Wirkung einer konstruktionsmethodischen Ausbildung auf das Konstruieren bei Studenten und Konstrukteuren*. München: Verl. Dr. Hut (Produktentwicklung).

POLANYI, MICHAEL (1967): *The tacit dimension*. New York: Anchor Books.

POLANYI, MICHAEL (1985): *Implizites Wissen*. Frankfurt am Main: Suhrkamp.

PONN, JOSEPH & LINDEMANN, UDO (2006): CiDaD – a Method Portal for Product Development. In D. MARJANOVIĆ (HRSG.): *Proceedings of the DESIGN 2006. 9th International Design Conference*. Zagreb: Faculty of Mechanical Engineering and Naval Architecture, University of Zagreb, S. 1221–1228.

PRESCHER, CLAUDIA (2008): Training von Umgang mit Wissen im Designprozess. Zur Beurteilung von Entwurfsergebnissen. In NORBERT HENTSCH, GÜNTER KRANKE & CHRISTIAN WÖLFEL (HRSG.): *Industriedesign und Ingenieurwissenschaften. Technisches Design in Forschung, Lehre und Praxis*. Dresden: TUDpress.

PRESS, MIKE & COOPER, RACHEL (2003): *The design experience. The role of design and designers in the twenty-first century*. Aldershot: Ashgate.

PRUITT, JOHN S.; ADLIN, TAMARA (Hrsg.) (2006): *The persona lifecycle. Keeping people in mind throughout product design*. Amsterdam: Morgan Kaufmann/Elsevier.

RAFF, JAN-HENNING & WÖLFEL, CHRISTIAN (2010): How useful is User Experience as a concept for design practice? In : *Aesthetics + Design. 21st Biennal Congress of International Association of Empirical Aesthetics IAEA*. Dresden.

RAITHEL, JÜRGEN (2008): *Quantitative Forschung. Ein Praxiskurs*. 2., durchgesehene Auflage. Wiesbaden: Verlag für Sozialwissenschaften/GWV.

REESE, JENS (Hrsg.) (2005): *Der Ingenieur und seine Designer. Entwurf technischer Produkte im Spannungsfeld zwischen Konstruktion und Design*. Berlin: Springer.

REIBNITZ, UTE VON (1991): *Szenario-Technik. Instrumente für die unternehmerische und persönliche Erfolgsplanung*. Wiesbaden: Gabler.

REICHWALD, RALF & PILLER, FRANK (2006): *Interaktive Wertschöpfung. Open Innovation, Individualisierung und neue Formen der Arbeitsteilung*. Unter Mitarbeit von CHRISTOPH IHL & SASCHA SEIFERT. Wiesbaden: Betriebswirtschaftlicher Verlag Dr. Th. Gabler.

REICHWALD, RALF & PILLER, FRANK (2005): Open Innovation. Kunden als Partner im Innovationsprozess. In STEFAN FOSCHIANI, WALTER HABENICHT & GERHARD WÄSCHER (HRSG.): *Strategisches Wertschöpfungsmanagement in dynamischer Umwelt. Festschrift für Erich Zahn*. Frankfurt am Main u. a.: Lang.

REIMANN, RALPH & DÖRNER, DIETRICH (2004): Die Auswirkung von selbstadressierten Fragen auf die Entwurfsqualität beim Konstruieren. Eine explorative Studie. In *Zeitschrift für Psychologie* 212 (1), S. 1–9.

REINMÖLLER, PATRICK (1998): Wissensschaffung und Produktplanung. In *form diskurs* 4 (1), S. 50–71.

REITMANN, WALTER R. (1964): Heuristic decision procedures, open constraints, and the structure of ill-defined problems. In MAYNARD WOLFE SHELLEY, II & GLENN L. BRYAN (Hrsg.): *Human judgments and optimality*. New York: Wiley, S. 282–315.

RENZL, BIRGIT (2004): Zentrale Aspekte des Wissensbegriffs. Kernelemente der Organisation von Wissen. In BORIS WYSSUSEK, MARTIN SCHWARTZ & DANIELA AHRENS (Hrsg.): *Wissensmanagement komplex. Perspektiven und soziale Praxis*. Berlin: Schmidt, S. 27–42.

RESTREPO, JOHN (2004): *Information processing in design*. Dissertation TU Delft. Delft: Delft University Press.

RHODES, MEL (1961): An Analysis of Creativity. In *The Phi Delta Kappan* 42 (7), S. 305–310.

RICH, ELAINE (1983): Users are individuals: individualizing user models. In *International Journal of Man-Machine Studies* 18 (3), S. 199–214.

RICKARDS, TUDOR (1999): *Creativity and the management of change*. Oxford, UK; Malden, Mass: Blackwell Business.

RIDDER, HANS-GERD; BRUNS, HANS-JÜRGEN; HOON, CHRISTINA & PIENING, ERK P. (2007): Individuelles Wissen, organisationale Wissensbasen und Innovation. In ERICH BARTHEL, JOHN ERPENBECK, JOACHIM HASEBROOK & OLAF ZAWACKI-RICHTER (Hrsg.): *Kompetenzkapital heute. Wege zum Integrierten Kompetenzmanagement*. Frankfurt am Main: Frankfurt School Verlag, S. 163–192.

RITH, CHANPORY & DUBBERLY, HUGH (2007): Why Horst W. J. Rittel Matters. In *Design Issues: history, theory, criticism* 23 (1), S. 72–74.

RITTEL, HORST W. J. (1972): On the Planning Crisis. Systems Analysis of the ›First and Second Generations‹. In *Bedriftsøkonomen* (8), S. 390–396.

RITTEL, HORST W. J. & WEBBER, MELVIN M. (1973): Dilemmas in a General Theory of Planning. In *Policy Sciences* 4, S. 155–169.

RITTEL, HORST W. J. & WEBBER, MELVIN M. (1992): *Dilemmas einer allgemeinen Theorie der Planung*. In Horst W. J. Rittel: *Planen, Entwerfen, Design. Ausgewählte Schriften zu Theorie und Methodik*. Herausgegeben von WOLF D. REUTER. Stuttgart: Kohlhammer, S. 13–35.

ROBERTS, NANCY (2001): Wicked Problems and Network Approaches to Resolution. In *International Public Management Review* 1 (1). Online verfügbar unter http://www.ipmr.net, abgerufen am 02.12.10.

Römer, Anne (2002): *Unterstützung des Design Problem Solving. Einsatz und Nutzen einfacher externer Hilfsmittel in den frühen Phasen des konstruktiven Entwurfsprozesses*. Dissertation. Dresden: Technische Universität Dresden, Fakultät Mathematik und Naturwissenschaften.

Roozenburg, Norbert F. M. & Eekels, Johannes (1995): *Product design fundamentals and methods*. Chichester: Wiley.

Roozenburg, Norbert F. M. & Cross, Nigel (1991): Models of the design process: integrating across the disciplines. In *Design Studies* 12 (4), S. 215–220.

Rosenstein, Kai (2010): Event. Design. Trash. Der Beitrag des Designs zur Erlebnisgesellschaft. In Claudia Mareis, Gesche Joost & Kora Kimpel (Hrsg.): *entwerfen wissen produzieren. Designforschung im Anwendungskontext*. Bielefeld: transcript Verlag, S. 207–231.

Rosson, Mary Beth & Carroll, John Millar (2002): *Usability engineering. Scenario-based development of human-computer interaction*. San Francisco, Calif.: Kaufmann.

Rückert, Carsten (1997): *Untersuchungen zur Konstruktionsmethodik. Ausbildung und Anwendung*. Düsseldorf, Berlin: VDI-Verlag.

Rückert, Carsten; Gaedeke, Oliver & Schroda Frauke (1997): Wirksamkeit und Erlernbarkeit der Konstruktionsmethodik. In *Konstruktion* 49, S. 26–31.

Ryle, Gilbert (1949, 2002): *The concept of mind*. Neuauflage. Chicago: University of Chicago Press.

Sääskilahti, Mikko & Takala, Roope (2006): Vision Concepts. In Turkka Keinonen & Takala Roope (Hrsg.): *Product Concept Design. A Review of the Conceptual Design of Products in Industry*. Goldaming: Springer, S. 177–195.

Sabisch, Helmut & Zanger, Cornelia (1991): *Produktinnovationen*. Stuttgart: Poeschel.

Sachse, Pierre (2002): *Idea materialis Entwurfsdenken und Darstellungshandeln. Über die allmähliche Verfertigung der Gedanken beim Skizzieren und Modellieren*. Berlin: Logos-Verlag.

Sachse, Pierre; Hacker, Winfried & Leinert, Sven (2004): External thought—does sketching assist problem analysis? In *Appl. Cognit. Psychol* 18 (4), S. 415–425.

Sadraei, Emila; Aurum, Aybüke; Beydoun, Ghassan & Paech, Barbara (2007): A field study of the requirements engineering practice in Australian software industry. In *Requirements Engineering* 12 (3), S. 145–162.

Saifoulline, Rinat; von der Weth, Rüdiger; Schönwandt, Walter; Grunau, Jens & Hemberger, Christoph (2006): Lösen komplexer Planungsprobleme. In *Hochschule für Technik und Wirtschaft (FH), Berichte und Informationen* 14 (1), S. 48–55.

Scheitlin, Victor (1993): *Kreativität. Das Handbuch für die Praxis*. Zürich: Orell Füssli.

Scheuch, E. K. (1973): Das Interview in der Sozialforschung. In Rene König (Hrsg.): *Grundlegende Methoden und Techniken der empirischen Sozialforschung.* Stuttgart: Enke (Handbuch der empirischen Sozialforschung, 2), S. 66–190.

Schifferstein, Hendrik N. J.; Hekkert, Paul (Hrsg.) (2008): *Product experience*. Amsterdam: Elsevier.

Schlick, Gerhard H. (1995): *Innovationen von A–Z. Begriffe, Definitionen, Erläuterungen und Beispiele*. Renningen-Malmsheim: Expert-Verlag.

Schlicksupp, Helmut (1993): *Kreativ-Workshop. Ideenfindungs-, Problemlösungs- und Innovationskonferenzen planen und veranstalten*. Würzburg: Vogel (Reihe Management).

Schlicksupp, Helmut (1998): *Ideenfindung*. Würzburg: Vogel.

Schnell, Rainer; Hill, Paul B. & Esser, Elke (1999): *Methoden der empirischen Sozialforschung*. München: Oldenbourg.

Schön, Donald A. (1983): *The reflective practitioner. How professionals think in action*. New York: Basic Books.

Schön, Donald A. (1992): Designing as Reflective Conversation with the Materials of a Design Situation. In *Research in Engineering Design* 3 (3), S. 131–147.

Schreyögg, Georg & Geiger, Daniel (2004): Kann implizites Wissen Wissen sein? Vorschläge zur Neuorientierung im Wissensmanagement. In Boris Wyssusek, Martin Schwartz & Daniela Ahrens (Hrsg.): *Wissensmanagement komplex. Perspektiven und soziale Praxis*. Berlin: Schmidt, S. 43–54.

SCHRIDDE, HENNING (2005): Systemdenken und kollektive Wissensgenerierung. Die "Soziale Stadt" als Testfall modernen staatlichen Regierens. In SYLVIA GREIFFENHAGEN & KATJA NELLER (Hrsg.): *Praxis ohne Theorie? Wissenschaftliche Diskurse zum Bund-Länder-Programm »Stadtteile mit besonderem Entwicklungsbedarf – die Soziale Stadt«.* Wiesbaden: VS Verlag für Sozialwissenschaften, S. 141–160.

SCHRODA, FRAUKE (2000): *„Über das Ende wird am Anfang entschieden". Zur Analyse der Anforderungen von Konstruktionsaufträgen.* Dissertation. Berlin: TECHNISCHE UNIVERSITÄT BERLIN, Fachbereich 11 – Maschinenbau und Produktionstechnik.

SCHRÖDER, MARION (2005): *Heureka, ich hab's gefunden! Kreativitätstechniken, Problemlösung & Ideenfindung.* Herdecke, Bochum: W3L.

SCHULZ, CHRISTIAN (2005): *Studie einer Fertigungsanlage für Textilen PKW-Transportschutz. Untersuchung zur designspezifischen Vorgehensplanung.* Diplomarbeit. Dresden: Technische Universität Dresden.

SCHULZE, GERHARD (2005): *Die Erlebnisgesellschaft. Kultursoziologie der Gegenwart.* Frankfurt am Main: Campus.

SCHUMPETER, JOSEPH A. (1939): *Business Cycles. A theoretical, historical, and statistical analysis of the capitalist process.* New York: McGraw-Hill Book Company.

SCHÜTZE, MARTINA (2003): *Die frühen Phasen des konstruktiven Entwerfens. Unterstützungspotential verschiedenartiger Arbeitsmittel.* Dissertation. Dresden: TECHNISCHE UNIVERSITÄT DRESDEN.

SEEGER, HARTMUT (2005): Aus- und Weiterbildung von Ingenieuren im Design. In JENS REESE (Hrsg.): *Der Ingenieur und seine Designer. Entwurf technischer Produkte im Spannungsfeld zwischen Konstruktion und Design.* Berlin: Springer, S. 277–288.

SEILER, THOMAS BERNHARD & REINMANN, GABI (2004): Der Wissensbegriff im Wissensmanagement: Eine strukturgenetische Sicht. In GABI REINMANN & HEINZ MANDL (Hrsg.): *Psychologie des Wissensmanagements. Perspektiven, Theorien und Methoden.* Göttingen: Hogrefe, S. 11–23.

SELLE, GERT (1997): *Geschichte des Design in Deutschland.* Frankfurt am Main: Campus Verlag

Simon, Herbert A. (1981): *The sciences of the artificial.* Cambridge, Mass: MIT Press.

Simon, Herbert Alexander & Newell, Allen (1958): Heuristic Problem Solving. The Next Advance in Operations Research. In *Operations Research* 6 (1), S. 1–10.

Sinus-Institut Heidelberg (2011): *Die Sinus-Milieus. Infobereich für Studierende*. Heidelberg. Online verfügbar unter http://www.sinus-institut.de/de/infobereich-fuer-studierende.html, zuletzt aktualisiert am 15.04.11.

Smith, Douglas G & Rhodes, Robert G (1992): Specification Formulation – an Approach that Works. In *Journal of Engineering Design* 3 (4), S. 275–289.

Söndermann, Michael; Backes, Christoph & Arndt, Olaf (2009): Gesamtwirtschaftliche Perspektiven der Kultur-und Kreativwirtschaft in Deutschland. Kurzfassung eines Forschungsgutachtens im Auftrag des Bundesministeriums für Wirtschaft und Technologie. In *BMWi Forschungsberichte* (577).

Sonnentag, Sabine (1996): *Experten in der Software-Entwicklung. Untersuchung hervorragender Leistungen im Kontext intellektueller Teamarbeit.* Habilitationsschrift. Gießen: Justus-Liebig-Universität.

Souitaris, Vangelis (2002): Firm-specific competencies determining technological innovation: A survey in Greece. In *R&D Management* 32 (1), S. 61–77.

Spender, John-Christopher (1996): Making Knowledge the Basis of a Dynamic Theory of the Firm. In *Strategic Management Journal* 17 (Winter Special Issue), S. 45–62.

Spering, Miriam; Wagener, Dietrich & Funke, Joachim (2005): The role of emotions in complex problem-solving. Brief report. In *Cognition & Emotion* 19 (8), S. 1252–1261.

Steffen, Dagmar; Bürdek, Bernhard E.; Fischer, Volker & Gros, Jochen (2000): *Design als Produktsprache. Der »Offenbacher Ansatz« in Theorie und Praxis*. Frankfurt am Main: Verl. Form (Formtheorie).

Steinhoff, Fee (2006): *Kundenorientierung bei hochgradigen Innovationen. Konzeptualisierung, empirische Bestandsaufnahme und Erfolgsbetrachtung*. Wiesbaden: Deutscher Universitäts-Verlag

STEINMEIER, INA (1998): *Industriedesign als Innovationsfaktor für Investitionsgüter. Ein Beitrag zum designorientierten Innovationsmanagement.* Frankfurt am Main: Verlag Form (Form-Theorie).

STEVENSON, ROSEMARY J. (1993): *Language, thought, and representation.* Chichester, New York: J. Wiley & Sons.

STÖCKERT, HENRYK; DEBITZ, UWE; KIND, CHRISTIAN & HACKER, WINFRIED (2008): Kompetenzentwicklung in der Produktentwicklung. Mitarbeiterqualifikation in der Produktentwicklung auf Basis eines Kompetenzmanagement-Systems. In *Zeitschrift für Wirtschaftlichen Fabrikbetrieb* 103 (11).

STRAUSS, ANSELM L. & CORBIN, JULIET M. (2003): *Basics of qualitative research. Techniques and procedures for developing grounded theory.* 2. Auflage, Nachdruck. Thousand Oaks: Sage Publishers

STRICKFADEN, MEGAN (2006): *(In)tangibles. Sociocultural references in the design process milieu.* Dissertation. Edinburgh: NAPIER UNIVERSITY.

STRICKFADEN, MEGAN & RODGERS, PAUL A. (2007): References in the design process milieu. In J.-C BOCQUET (Hrsg.): *ICED'07 16th International Conference of Engineering Design.* Paris.

SÜß, HEINZ-MARTIN (1996): *Intelligenz, Wissen und Problemlösen. Kognitive Voraussetzungen für erfolgreiches Handeln bei computersimulierten Problemen.* Göttingen: Hogrefe.

SUTCLIFFE, ALISTAIR (2002): *User-centred requirements engineering.* London: Springer.

TASHAKKORI, ABBAS; TEDDLIE, CHARLES (Hrsg.) (2003): *Handbook of mixed methods in social & behavioral research.* Thousand Oaks: Sage Publications.

THIER, KARIN (2006): *Storytelling. Eine narrative Managementmethode.* Heidelberg: Springer Medizin (Arbeits- und organisationspsychologische Techniken).

THOMAS, R. MURRAY (2003): *Blending qualitative & quantitative research methods in theses and dissertations.* Thousand Oaks, Calif: Corwin Press.

TORRANCE, E. P. & GOFF, K. (1989): A Quiet Revolution. In *Journal of Creative Behaviour* 23 (2), S. 136–145.

TULVING, ENDEL (1972): Episodic and semantic memory. In ENDEL TULVING & WAYNE DONALDSON (Hrsg.): *Organization of Memory*. New York: Acad. Press, S. 381–403.

TULVING, ENDEL (1983): *Elements of episodic memory*. Oxford: Clarendon Press (Oxford psychology series).

TULVING, ENDEL (2002): Episodic Memory. From Mind to Brain. In *Annual Review of Psychology* 53, S. 1–25.

UHLMANN, JOHANNES (1986): *Industrielle Formgestaltung für Studenten technischer Grundstudienrichtungen*. Dissertation B. Dresden: TECHNISCHE UNIVERSITÄT DRESDEN, Fakultät Gesellschaftswissenschaften.

UHLMANN, JOHANNES (1995): *Design für Ingenieure*. Vorabdruck Band I, 2. erweiterte und überarbeitete Auflage. Dresden: Technische Universität Dresden.

UHLMANN, JOHANNES (2005): *Die Vorgehensplanung Designprozess für Objekte der Technik. Mit Erläuterungen am Entwurf eines Ultraleichtflugzeuges*. Dresden: TUDpress.

UHLMANN, JOHANNES (2006a): Die Vorgehensplanung Designprozess – Ansatz einer integrierten Produktentwicklung. In *Zeitschrift für Arbeitswissenschaft* (4), S. 285–288.

UHLMANN, JOHANNES (2006b): *Technisches Design. Kunst in der Technik*. Grundlagen Teil 1. Dresden: Technische Universität Dresden.

UHLMANN, JOHANNES (2007): Technisches Design als Bestandteil der Konstruktionsmethodik. Vorgehensplanung Designprozess. In *Konstruktion* 59 (6), S. 83–89.

UHLMANN, JOHANNES (2008): *Technisches Design II*. Vorlesungsskript. Dresden: TECHNISCHE UNIVERSITÄT DRESDEN, Zentrum für Technisches Design.

UHLMANN, JOHANNES (2011): *Theoriekonzept Technisches Design*. Unveröffentlichtes Manuskript, Stand Januar 2011. Dresden.

UHLMANN, JOHANNES & SCHULZE, ERNST-ECKART (2007): Evaluation of design knowledge. empirical studies and application of the results in product design education. In : *ConnectED International Conference on Design Education 2007*. Sydney.

Uhlmann, Johannes & Schulze, Ernst-Eckart (2008): Investigations into the Data Basis of Design Knowledge in Industrial Design Engineering. In D. Marjanović, M. Štorga, N. Pavković & N. Bojčetić (Hrsg.): *Proceedings of the DESIGN 2008. 10th International Design Conference.* University of Zagreb. Dubrovnik: University of Zagreb, S. 865–876.

Ullman, David G. (2003): *The mechanical design process.* Boston: McGraw-Hill

Ullman, David G.; Dittrich, Thomas G. & Stauffer, Larry A. (1988): A Model of the Mechanical Design Process Based on Empirical Data. In *AI EDAM* 2 (1), S. 33–52.

Ulrich, Karl T. & Eppinger, Steven D. (2003): *Product design and development.* Boston: McGraw-Hill.

Urban, Klaus K. (2004): *Kreativität. Herausforderung für Schule, Wissenschaft und Gesellschaft.* Münster: Lit.

Utterback, J. (1975): A dynamic model of process and product innovation. In *Omega* 3 (6), S. 639–656.

Utterback, James; Vedin, Bengt-Arne; Alvarez, Eduardo; Ekman, Sten; Walsh Sanderson, Susan; Tether, Bruce & Verganti, Roberto (2007): *Design-inspired innovation.* New Jersey: World Scientific Publishing.

van Boeijen, Annemiek; Daalhuizen, Jaap (Hrsg.) (2010): *Delft Design Guide.* Technische Universiteit Delft. Online verfügbar unter http://ocw.tudelft.nl/courses/product-design/delft-design-guide/course-home/, abgerufen am 12.07.11.

Vere, Ian de; Melles, Gavin & Kapoor, Ajay (2010): Product design engineering. a global education trend in multidisciplinary training for creative product design. In *European Journal of Engineering Education* 35 (1), S. 33–43.

Verein Deutscher Ingenieure (1993): *VDI-Richtlinie 2221. Methodik zum Entwickeln und Konstruieren technischer Systeme und Produkte.*

Verein Deutscher Ingenieure (1997) *VDI-Richtlinie 2222. Konstruktionsmethodik – Methodisches Entwickeln von Lösungsprinzipien.*

Verein Deutscher Ingenieure (2001) *VDI-Richtlinie 2519. Lasten-/Pflichtenheft für den Einsatz von Förder- und Lagersystemen.*

Verein Deutscher Ingenieure (2008) *VDI-Richtlinie 3694. Lastenheft/Pflichtenheft für den Einsatz von Automatisierungssystemen*

Verganti, Roberto (2009): *Design-driven innovation. Changing the rules of competition by radically innovating what things mean.* Boston, Mass.: Harvard Business Press.

Verstijnen, Ilse M.; Hennessey, Jim; van Leeuven, Cees; Hamel, Ronald & Goldschmidt, Gabriela (1998): Sketching and creative discovery. In *Design Studies* 19 (4), S. 519–546.

Visser, Willemien (1994): Organisation of Design Activities: Opportunistic, with Hierarchical Episodes. In *Interacting with Computers* 6 (3), S. 239–274.

Visser, Willemien (1996): Two functions of analogical reasoning in design: a cognitive-psychology approach. In *Design Studies* 17 (4), S. 417–434.

Visser, Willemien (2004): *Dynamic Aspects of Design Cognition. Elements for a Cognitive Model of Design.* Institut National de Recherche en Informatique et en automatique. Le Chesnay Cedex (Rapport de recherche, 5144).

Visser, Willemien (2006): *The Cognitive Artifacts of Designing.* Mahwah, New Jersey: Lawrence Erlbaum Associates.

Volpert, Walter & Moldaschl, Manfred (1999): *Wie wir handeln - was wir können. Ein Disput als Einführung in die Handlungspsychologie.* Sottrum: Artefact-Verlag Weber.

von der Weth, Rüdiger (1994): Konstruieren. Heuristische Kompetenz, Erfahrung und individuelles Vorgehen. In *Zeitschrift für Arbeits- und Organisationspsychologie* 38 (12), S. 102–111.

von der Weth, Rüdiger (1995): Sprachlich und bildlich gesteuerte Lösungssuche oder: Warum Methodik manchmal keinen Spaß macht. In Winfried Hacker & Pierre Sachse (Hrsg.): *Bild und Begriff III. Zur Rolle von Anschauung und Abstraktion im konstruktiven Entwurfsprozess.* Bericht über das Werkstattgespräch in Diesbar-Seußlitz 20.–22.10.1995. Dresden: Technische Universität Dresden, S. 67–76.

von der Weth, Rüdiger (2001): *Management der Komplexität. Ressourcenorientiertes Handeln in der Praxis.* Bern: Huber (Psychologie-Forschung).

von der Weth, Rüdiger & Weinert, Sabine (2002): Richtige Fragen sind die halbe Antwort auch beim Konstruieren – Fragensysteme als Hilfsmittel beim Konstruieren. In Winfried Hacker (Hrsg.): *Denken in der Produktentwicklung. Psychologische Unterstützung der frühen Phasen*. Zürich, Mering: vdf Hochschulverl. an der ETH; Hampp (Mensch, Technik, Organisation, 33), S. 129–141.

Wacker, John G. (2004): A theory of formal conceptual definitions: developing theory-building measurement instruments. In *Journal of Operations Management* 22 (6), S. 629–650.

Wakefield, John F. (1992): *Creative thinking. Problem solving skills and the arts orientation*. Norwood: Ablex Publishers

Warnecke, Hans-Jürgen (2003): Innovation in Technik und Gesellschaft. Notwendigkeiten und Hemmnisse. In Hans-Jürgen Warnecke & Hans-Jörg Bullinger (Hrsg.): *Kunststück Innovation. Praxisbeispiele aus der Fraunhofer-Gesellschaft*. Berlin: Springer, S. 1–10.

Warnecke, Hans-Jürgen; Bullinger, Hans-Jörg (Hrsg.) (2003): *Kunststück Innovation. Praxisbeispiele aus der Fraunhofer-Gesellschaft*. Berlin: Springer.

Wehling, Peter (2003): Die Schattenseite der Verwissenschaftlichung. Wissenschaftliches Nichtwissen in der Wissensgesellschaft. In Stefan Böschen (Hrsg.): *Wissenschaft in der Wissensgesellschaft*. Wiesbaden: Westdeutscher Verlag, S. 119–142.

Wengenroth, Ulrich (2001): Vom Innovationssystem zur Innovationskultur. Perspektivwechsel in der Innovationsforschung. In Johannes Abele, Gerhard Barkleit & Thomas Hänseroth (Hrsg.): *Innovationskulturen und Fortschrittserwartungen im geteilten Deutschland*. Köln: Böhlau, S. 23–32.

West, Michael A. & Farr, James L. (1990): *Innovation and creativity at work. Psychological and organizational strategies*. Chichester: Wiley.

West, Michael A. & Farr, James L. (1996): *Innovation and creativity at work. Psychological and organizational strategies*. Chichester: Wiley.

Wetzstein, Annekatrin (2004): *Unterstützung der Innovationsentwicklung. Einfluss von wissensbezogenen Interaktionen insbesondere im kooperativen Problemlösen und fragenbasierter Reflexion*. Dissertationsschrift. Dresden: Technische Universität Dresden.

Wetzstein, Annekatrin & Hacker, Winfried (2002): Sprachgestützte Reflexion verbessert die Entwurfsergebnisse unabhängig von ihrer Entstehungsstrategie. In Winfried Hacker (Hrsg.): *Denken in der Produktentwicklung. Psychologische Unterstützung der frühen Phasen*. Zürich, Mering: vdf Hochschulverl. an der ETH; Hampp (Mensch, Technik, Organisation, 33), S. 143–154.

Wickenheiser, Othmar (2005): *Audi-Design. Automobildesign von 1965 bis zur Gegenwart*. Berlin: Nicolai (Edition Audi-Tradition).

Wieking, Klaus (2006): Wenn Innovationen zum Milliarden-Flop werden. In *Werben & Verkaufen* (16).

Willke, Helmut (2001a): Die Krisis des Wissens. In *Österreichische Zeitschrift für Soziologie* 26 (1), S. 3–26.

Willke, Helmut (2001b): *Systemisches Wissensmanagement*. Unter Mitarbeit von Carsten Krück & Susanne Mingers. 2., neubearb. Auflage. Stuttgart: Lucius & Lucius.

Wilms, Falko E. P. (Hrsg.) (2006): *Szenariotechnik. Vom Umgang mit der Zukunft*. Bern: Haupt.

Winkelmann, Constance (2005): *Die Frage-Antwort-Technik für den Konstrukteur. Fragenbasierte Unterstützung der frühen Phasen des konstruktiven Entwurfsprozesses*. Dissertationsschrift. Dresden: Technische Universität Dresden.

Winkelmann, Constance & Hacker, Winfried (2010): Generic non-technical procedures in design problem solving: Is there any benefit to the clarification of task requirements? In *International Journal of Technology and Design Education*.

Winkelmann, Constance & Hacker, Winfried (2009): Question-answering-technique to support freshman and senior engineers in processes of engineering design. In *International Journal of Technology and Design Education* 20 (3), S. 305–315.

Wirtz, Markus A. & Caspar, Franz (2007): *Beurteilerübereinstimmung und Beurteilerreliabilität. Methoden zur Bestimmung und Verbesserung der Zuverlässigkeit von Einschätzungen mittels Kategoriensystemen und Ratingskalen*. Göttingen u. a.: Hogrefe.

Wittmann, Werner W.; Süß, Heinz-Martin & Oberauer, Klaus (1996): *Determinanten komplexen Problemlösens*. Projektbericht Universität Mannheim.

Wolf, Enno; Zerres, Christopher & Zerres, Michael (o. J.): *Szenario-Technik.* o. O. Online verfügbar unter http://bookboon.com/de/studium/management/szenario-technik, abgerufen am 05.06.10.

Wolf, Jan (2008): *Gestaltungsbericht Entwurfs- und Gestaltungslehre: Kleben.* Projektarbeit. Dresden: Technische Universität Dresden, Zentrum für Technisches Design.

Wölfel, Christian (2007): Wissen in den frühen Phasen des Entwurfsprozesses. In Norbert Hentsch, Günter Kranke & Christian Wölfel (Hrsg.): *Technisches Design in Forschung, Lehre und Praxis.* München: Verlag Dr. Hut, S. 35–48.

Wölfel, Christian (2008): How Industrial Design Knowledge Differs from Engineering Design Knowledge. In Anna Clarke, Mike Evatt, Peter Hoghart, Joaquim Lloveras & Luis Pons (Hrsg.): *New Perspectives in Design Education, vol.* 1. Barcelona: Institution of Engineering Designers; The Design Society, S. 222–227.

Wölfel, Christian (2010): Narrative Scenarios in Industrial Design Processes. Selecting Opportunities for the Investigation of Design Methods. In Rosan Chow, Wolfgang Jonas & Gesche Joost (Hrsg.): *Questions, Hypotheses & Conjectures. Discussions on Projects by Early Stage and Senior Design Researchers.* New York: iUniverse, S. 262–280.

Wölfel, Christian (2011): *Designer und Ingenieure treffen sich an der TU München.* Technische Universität Dresden (Blog Technisches Design). Online verfügbar unter http://technischesdesign.wcms-file3.tu-dresden.de/blog/?p=2789, zuletzt aktualisiert am 22.03.11, abgerufen am 15.04.11.

Wölfel, Christian & Bastian, Linda (2010): Persona und Szenario. Aufwand und Effekt narrativer techniken im Designprozess. In Mario Linke, Günter Kranke, Christian Wölfel, Jens Krzywinski & Frank Drechsel (Hrsg.): *Design – Kosten und Nutzen. Technisches Design in Forschung, Lehre und Praxis.* Dresden: TUDpress Verl. der Wissenschaften, S. 203–218.

Wölfel, Christian & Krzywinski, Jens (2010a): Designwissenschaften als akademische Disziplin. In Felicidad Romero-Tejedor & Wolfgang Jonas (Hrsg.): *Positionen zur Designwissenschaft.* Kassel: Kassel University Press, S. 130–134.

Wölfel, Christian & Krzywinski, Jens (2010b): Geschwister: Design- und Ingenieurwissenschaften. In Felicidad Romero-Tejedor & Wolfgang Jonas (Hrsg.): *Positionen zur Designwissenschaft*. Kassel: Kassel University Press, S. 202–206.

Wölfel, Christian; Krzywinski, Jens & Drechsel, Frank (*in Druck*): Knowing, Reasoning and Visualizing in Industrial Design. In *Knowledge Engineering Review. Special Issue on Visualization.*

Wölfel, Christian & Prescher, Claudia (2008): A Definition of Design Knowledge and its Application to two Empirical Studies. In Swiss Design Network (Hrsg.): *Focused – Current Design Research Projects and Methods. Swiss Design Network Symposium 2008 Berne*. Unter Mitarbeit von Roman Aebersold, Bettina Minder, Arne Scheuermann. Genève: Swiss Design Network, S. 285–300.

Wölfel, Christian & Uhlmann, Johannes (2008): Designing Aesthetic Freeform Objects. A Course for Industrial Design Engineering Students. In Anna Clarke, Mike Evatt, Peter Hoghart, Joaquim Lloveras & Luis Pons (Hrsg.): *New Perspectives in Design Education*. Barcelona: Institution of Engineering Designers; The Design Society.

Ziegner, Andreas (2010): *Entwurf eines Medizinproduktes zur kombinierten Wärme- und Elektrotherapie*. Diplomarbeit. Dresden: Technische Universität Dresden, Fakultät Maschinenwesen.

6.2 ABBILDUNGSVERZEICHNIS

6.3 TABELLENVERZEICHNIS

6.4 ABKÜRZUNGS- UND SYMBOLVERZEICHNIS

α	[alpha] Signifikanzniveau
d	Effektstärke (COHENS d)
F	statistische Testgröße (F-Test)
IEEE	INSTITUTE OF ELECTRICAL AND ELECTRONICS ENGINEERS
ibd.	ebenda (*ibidem*)
κ	[kappa] Maß der Beurteilerübereinstimmung (COHENS κ)
M	Arithmetischer Mittelwert (*mean*)
Md	Median
n	Anzahl
o. J.	ohne Jahr
o. O.	ohne Ort
p	statistische Wahrscheinlichkeit
SD	Standardabweichung (*standard deviation*)
SEM	Standardfehler des Mittelwertes (*standard error of the mean*)
sic	wirklich so (*sīc*)
t	statistische Testgröße (t-Test)
VDI	VEREIN DEUTSCHER INGENIEURE
Z	statistische Testgröße des MANN-WHITNEY-Unterschiedstests
χ^2	[chi]^2 statistisches Verteilungsmaß

7 ANHANG

Anhang 1: Beispiel zur Erstellung von Persona und Szenarien

Theresa Hartmann, 67

—Rentnerin seit 5 Jahren
—selbstständig im Einzelhandel
—verheiratet seit 42 Jahren
—Zweipersonenhaushalt
—Doppelhaushälfte mit Garten
—Kinder und Enkelkinder der anderen Haushälfte

Hobbies
—Handarbeit
—Blumen züchten
—um die Enkel kümmern

Einstellung
—ist gewillt die Essgewohnheiten zu ändern
—weiß nicht was sie kochen soll
—will sich mehr bewegen
—muss nur motiviert werden
—hat den ernst der Lage erkannt
—braucht Unterstützung

Ziele
—will ihr Gewicht reduzieren
—braucht Motiviation
—will Erfolgserlebnisse sehen
—braucht Anleitung und Unterstützung für gesunde Ernährung
—Familie gut versorgen

bisherige Essgewohnheiten
—kocht gern und gut
—Mittags wird warm gekocht (auch für die Enkel)
—sie und Mann sind leicht übergewichtig
—nascht gern Schokolade
—isst gern auch mal vegetarisch
—Mann aber nicht
—kaufen selbst ein

Gesundheit
—Diagnose vor kurzem
—muss strenge Diät einhalten und Tabletten einnehmen
—mit mehr Bewegung und Gewichtsabnahme um 12 kg

Abbildung 70: Persona Theresa Hartmann (Bastian 2009: 95)

Zum besseren Verständnis wird die Erstellung von Persona und Szenario am Beispiel eines Entwurfsprojekts dargestellt. Dafür wird die Entwicklung eines Ernährungsassistenten für ältere Menschen herangezogen, in deren Rahmen das Ermitteln individueller Nutzerbedürfnisse mit Hilfe narrativer Methoden erfolgte. Das Beispiel ist der hervorragend dokumentierten Diplomarbeit von Linda Bastian (Bastian 2009) entnommen worden. Es wird hier stark gekürzt wiedergegeben.

Auf der Basis intensiver Internet- und Literaturrecherchen, demographischer Daten und Prognosen, Brainwritings, Mindmaps, Zielgruppengespräch, Experteninterview und gestalterischer Marktanalyse wurde zunächst eine konkretisierte Aufgabenstellung formuliert, der zufolge ein Ernährungsassistent entworfen werden sollte, der »den Bedürfnissen älterer Menschen mit der Diagnose Typ-2-Diabetes entspricht, sie bei der gesunden und auf die Diabetes angepassten

Ernährung unterstützt und darüber hinaus die Abstimmung der Medikamenteneinnahme organisiert« (Bastian 2009: 88). Darauf aufbauen konnten primäre und sekundäre Personas erarbeitet werden, deren Interaktionen mit dem zu entwerfenden Produkt in narrativen Szenarien im Kontext typischer Tagesabläufe entwickelt und analysiert wurden. Die Darstellung der Persona (Abbildung 70) kann auch durch ein *image board* ergänzt werden, welches beispielsweise bestimmte Eigenschaften oder Facetten visualisiert (→ 2.5.4).

Im Folgenden wird ein narratives Szenario aus der Arbeit von Bastian (2009) vollständig wiedergegeben. Dies geschieht mit der Absicht, den Umfang der in diesem Fall pragmatisch und in relativ kurzer Zeit erstellten Szenarien nachvollziehbar darzustellen. Dabei ist es wichtig anzumerken, dass das dargestellte nur eines (nämlich das priorisierte) von insgesamt vier narrativen Szenarien ist, welche in der genannten Arbeit erstellt und ausgewertet wurden.

»Die richtige Motivation

Theresa Hartmann ist 67 Jahre alt und lebt mit ihrem Mann [in] einer Doppelhaushälfte mit angrenzendem Garten. Ihre Enkelkinder wohnen nebenan und sie kümmert sich nach der Schule um sie. Zum Mittag kocht sie für ihren Mann und die Enkel warm. Da sie gern deftig kocht, sind sie und ihr Mann leicht übergewichtig. Zudem liebt sie Süßes und kann Schokolade schwer widerstehen. Vor einiger Zeit wurde bei ihr eine Frühdiabetes festgestellt die mit einer Gewichtsreduzierung um 12 kg und mehr Bewegung behandelt werden könnte. Da sie das bisher nicht geschafft hat, muss sie inzwischen Tabletten einnehmen. Sie ist nun gewillt ihre Essgewohnheiten zu ändern, nur weiß sie nicht, was sie kochen kann und welche Lebensmittel wirklich gut für sie sind. Ihr fehlt bisher das Wissen zur gesunden Ernährung und die Motivation das Problem anzugehen.

Seit sie den Ernährungsassistenten nutzt, kann sie ihre Fortschritte sehen und das motiviert sie zum Weitermachen. Die Blutzuckerwerte und ihr Gewicht misst sie regelmäßig, wobei das Blutzuckermessgerät in den EA integriert ist und die Personenwage die Daten drahtlos übermittelt. Damit sie die Messungen nicht vergisst, erinnert der EA regelmäßig daran. Morgens isst sie Müsli mit Milch, Trockenfrüchten und frischem Obst, dazu trinkt sie Kaffee mit Milch und Zucker. Diese Lebensmittel und die Menge gibt sie in den EA ein. Dieser ermittelt und speichert die verzehrten Kalorien und gibt die noch offenen Kalorien für den Tag an. Mittags kocht sie auch für ihre Enkel, dazu gibt sie im EA ein, wieviele Personen mitessen. Die Auswahl von Rezepten erfolgt nach Zutaten, welche nacheinander aus der Liste der ›im Haushalt vorhandenen‹ Lebensmittel ausgewählt werden. Die entsprechenden Rezepte werden mit Angaben zu den Kalorien vorgeschlagen. Nach der Eingabe der Personenanzahl wird die Zubereitungsanleitung auf dem Display und per Sprache ausgegeben.

Zum Abendessen gibt es meist Misch- oder Vollkornbrot mit Wurst und Käse, aber auch mal eine Suppe und dazu einen Salat aus dem eigenen Garten. Wie bereits zum Frühstück gibt sie die verzehrten Lebensmittelmengen in den EA ein. Beim Mittagessen hingegen muss sie nur die verzehrten Mengen eingeben und aus dem Rezept sind die Zutaten bekannt. Nach dem Abendessen sieht sie, ob sie den Grundumsatz ihres Körpers an Kalorien unter- oder bereits überschritten hat. Ist er unterschritten, dann darf sie sich als Belohnung mal eine Süßigkeit gönnen. Um den Kalorienbilanz positiv zu beeinflussen, kann sie körperliche Aktivitäten, wie Gartenarbeit, Spaziergang, Hausarbeit und Sport mit der entsprechenden Betätigungsdauer in den EA eingeben. Die verbrauchten Kalorien werden ermittelt und positiv zur Kalorienbilanz gezählt.

Trotz der Ernährungsumstellung und ersten Erfolgen bei der Gewichtsabnahme muss sie weiterhin zu bestimmten Zeiten Tabletten einnehmen. Der EA erinnert sie über eine Anzeige und ein Tonsignal daran. Aus den verzehrten Lebensmitteln, dem Zeitpunkt der Tabletteneinnahme und den letzten Blutzuckerwerten, kann das Gerät bei Gefahr von Über- oder Unterzuckerung warnen und Maßnahmen vorschlagen.

Zu ihren regelmäßigen Besuchen bei ihrem Hausarzt nimmt sie nicht den gesamten EA mit, sondern entnimmt daraus einen Speicherstick, welcher die relevanten Daten gespeichert hat. Der Arzt kann diesen per USB an seinen PC anschließen, die Daten anhand von Grafiken auswerten und weiter Maßnahmen mit ihr beraten. Er kann über seinen PC die Daten wie Einnahmemenge und Zeitpunkt der Medikamente und den Gesamtkalorienbedarf einstellen.

Da sie sich bisher nicht mit ihrer Ernährungsweise und gesunden Lebensmitteln beschäftigt hat, ist sie sehr froh über den EA, welcher ihr bei der Auswahl der richtigen Lebensmittel während des Einkaufs behilflich ist. Dazu wird der EA mit einem Handgriff an den Griff des Einkaufswagens befestigt. Die Lebensmittel werden per Barcode vom EA erkannt und dieser gibt wichtige Nährstoffinformationen aus. Danach kann entschieden werden, ob das Produkt in den Einkaufswagen gelegt wird. Mit Bestätigen des Produktes über die Taste wird es vom EA als ›im Haushalt vorhanden‹ registriert. Frische Lebensmittel müssen per Hand über das Display eingetragen werden, welche durch eine Auswahl nach Kategorien vereinfacht wird.«

—Bastian 2009: 104f

Die Auswertung der Szenarien im Beispielprojekt erfolgte qualitativ-argumentativ. Dies ist insbesondere für *Ad-hoc*-Szenarien sinnvoll. Daneben sind andere Auswertungsmöglichkeiten denkbar, beispielsweise eine Inhaltsanalyse der entwickelten Szenarien mit deduktiver Kategorienbildung (→ z. B. MAYRING 2007), die sich insbesondere bei der Verwendung einer weitgehend abgesicherten Datengrundlage für die Szenarioerstellung anbietet eine entsprechend systematische und belastbare Ableitung von Produktanforderungen zu ermöglichen, andererseits aber nicht nur deutlich aufwändiger ist, sondern unter Umständen die Breite der abgeleiteten Abforderungen einschränkt.

Da mehrere Szenarien erstellt wurden, konnten im Beispiel Unterschiede, Widersprüche und auffällige Übereinstimmungen herausgefiltert werden, die bei der Formulierung von Anforderungen dienlich waren. Aus der Analyse der Szenarios konnten Anforderungen an das Produkt und an die graphische Benutzeroberfläche abgeleitet werden. Diese Anforderungen betrafen neben zahlreichen (technischen) Funktionalitäten (qualitativ und quantitativ) auch ergonomische erlebensrelevante. In Abbildung 71 ist das Entwurfsergebnis im Anwendungskontext dargestellt – die Darstellungen nehmen direkten Bezug auf Elemente der narrativen Szenarien und illustrieren das Überprüfen des Entwurfes anhand der Szenarien über den gesamten Entwurfsprozess hinweg.

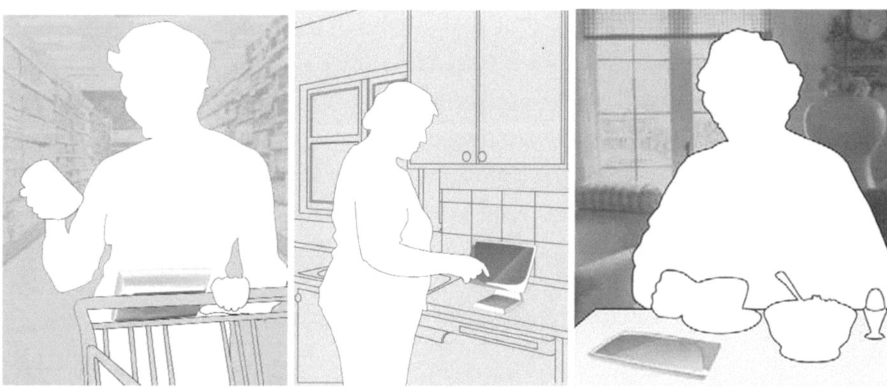

Abbildung 71: Entwurfsergebnis im Anwendungskontext (links: am Einkaufswagen, Mitte in der Küche, rechts nach dem Essen. BASTIAN 2009: 121f)

Anhang 2: Beispiel *ad hoc* erstellter Szenarien

Ein Beispiel für den Einsatz sehr kompakter, pragmatisch erstellter *Ad-hoc*- Szenarien im Industriedesignprozess ist der Arbeit von ZIEGNER (2010) entnommen. Er hatte die Aufgabe, ein Gerät mit therapeutischer Wirkung sowohl als Medizin- als auch als Wellness-Produkt zu entwerfen. Das Projekt wurde in interdisziplinärer Zusammenarbeit mit zwei Unternehmen und einem weiteren Forschungsinstitut am ZENTRUM FÜR TECHNISCHES DESIGN an der TECHNISCHEN UNIVERSITÄT DRESDEN bearbeitet. Die von ihm erarbeiteten Szenarien basierten auf zuvor erarbeiteten vorwiegend qualitativen Daten und dienten vorrangig dazu, diese Daten zu konsistenten Anwendungsfällen zu verdichten und daraus Anforderungen abzuleiten, wurden aber auch genutzt, um die Kommunikation und Zielvereinbarungen im interdisziplinären Team zu unterstützen. Dafür war es weder nötig, die einzelnen Zwischenschritte zur Erstellung der Szenarien zu dokumentieren, noch war es nötig, die Szenarien auszuschmücken. Die vier unterschiedlichen Szenarien wurden lediglich mittels Stichpunkten und weniger Abbildungen kompakt dargestellt. In Projekttreffen wurden diese Darstellungen dann durch den Designer vorgestellt, erläutert und im Team diskutiert. Die beschriebenen Darstellungen sind in Abbildung 72 einzusehen. Im Gegensatz zur Anwendung von Szenarien in der strategischen Unternehmensführung werden hier nicht unterschiedliche Möglichkeiten der Zukunft, sondern mehrere, im Idealfall durch das Produkt gleichermaßen auszufüllende Anwendungsfälle beschrieben. Wahrscheinlichkeiten von Entwicklungslinien, Störereignisse und Ähnliches spielten bei der Erstellung und Auswertung dieser Szenarien keine bedeutende Rolle.

unterwegs

- öffentlicher Raum (Sichtbarkeit)
- ÖPNV (Platzangebot, Gepäck)
- Zwangspause am Tag (ÖPNV)
- alle Witterungen
- sitzen, stehen, gehen
- Kleidung über das Produkt

Arbeit (Pause)

- Mitarbeiter-, Kundenkontakt
- professionelles Ambiente
- Gesundheitsvorsorge
- bei Telefonaten, Meetings

zu Hause

- entspannen, Musik hören
- lesen, fernsehen, etc.
- kochen nebenbei, o.Ä.
- freie Kleidungswahl
- Rückzugsorte
- selbstständiges anlegen
- im Haus oder Garten

postoperativ

- eingeschränkte Beweglichkeit
- evtl. weitere Verletzungen
- liegen, sitzen
- Unterstützung der Genesung
- Anlegen durch den Patienten
- Anlegen durch andere Person
- im Krankenhaus

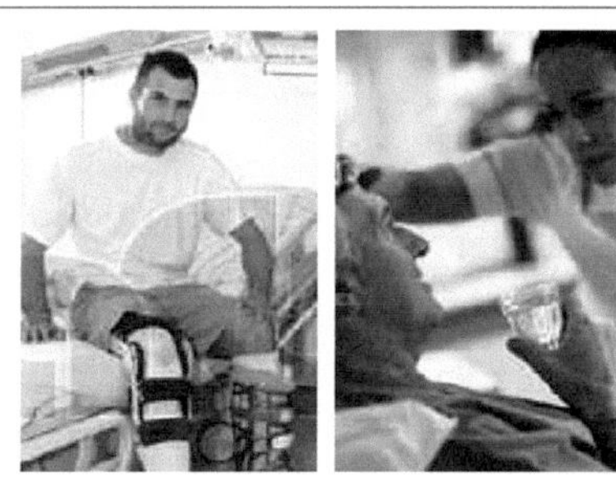

Abbildung 72: Szenarien von Anwendungsfällen für den Entwurf eines Medizinprodukts (Ziegner 2010: 27 ff)

Anhang 3: Interviewleitfaden explorative Feldstudie (umformatiert)

Die VW-Stiftung hat den Lehrstuhl für Konstruktionstechnik/CAD (Prof. Stelzer) und der Psychologie einen Forschungsauftrag übergeben: Es geht darum, ob es in frühen, schöpferischen Abschnitten der Projektbearbeitung **Arbeitsweisen gibt, die sich besonders gut** bewähren, also bei

— der Anforderungsermittlung
— dem Konzipieren von Varianten/Alternativen
— der Auswahl einer dieser Varianten, die auszuarbeiten ist.

Wozu brauchen wir **Ihre** Hilfe?

Praktiker entwickeln im Verlaufe der Berufsarbeit **hilfreiche** Arbeitsweisen und sammeln auch Erfahrung was sich **weniger** bewährt. Diese Expertenerfahrung könnte auch in der Ausbildung bzw. in der Weiterbildung helfen.

— Wie lange sind Sie im Beruf?
— Welches Aufgabengebiet bearbeiten Sie? [Neu-, Anpassungs-, Variantenkonstruktion erst bei der Auswertung der Fragen ableiten]

I.1 Wenn Sie ein neues Projekt/einen neuen Auftrag anfangen,

— wie gehen Sie bei der Anforderungsanalyse vor, was bewährt sich?
— verwenden Sie bestimmte Vorgehensweisen/Hilfsmittel (z. B. Checklisten, Mind maps)?
— wie wichtig ist es Ihrer Meinung nach, dass man ... einsetzt? [Jetzt Skala auf den Tisch legen!]

I.2 Wenn Sie ein neues Projekt/einen neuen Auftrag anfangen,

— wie **kommen** Sie zu **mehreren** Varianten/Alternativen? — Wie **halten Sie** diese fest/schreiben diese auf? — Wie ist der **Zugriff auf frühere Lösungen** bei Ihnen/in Ihrem Unternehmen organisiert?
— Verwenden Sie bestimmte Vorgehensweisen/Hilfsmittel (z. B. Brainstorming)?
— wie wichtig ist, dass man ... einsetzt? [Wieder Skala auf den Tisch legen!]

I.3.

— Wie wählen Sie eine Variante aus?
— Nutzen Sie bestimmte Vorgehensweisen/Hilfsmittel zur Variantenauswahl?
— Wie wichtig ist, dass man ... einsetzt? [Wieder Skala auf den Tisch legen!]

I.4. Wie ist die Anforderungsermittlung, Variantenentwicklung und Variantenauswahl bei Ihnen organisiert (Gibt es z. B. Besprechungen, Diskussionen mit Kollegen, wird gemeinsam »gebrainstormt« oder entschieden)?

I.5. Würden Sie sich in Ihrem Unternehmen ein bestimmtes Vorgehen wünschen (z. B. um die Nachvollziehbarkeit, Transparenz der Arbeit in diesen »frühen Phasen« zu verbessern)?

II.1. Wenn Sie an Ihr Studium zurückdenken,

— fallen Ihnen Inhalte ein, die für die schöpferischen frühen Abschnitte Ihnen später viel geholfen haben?
— ist etwas in der Ausbildung zu kurz gekommen/hat gefehlt, was Sie für die schöpferischen Abschnitte später gebraucht hätten?
— Was würden Sie nach Ihrer Erfahrung den Studenten für die Ausbildung in den schöpferischen Abschnitten wünschen?

II.2. Sollten bestimmte Arbeitsweisen/Hilfsmittel, die man in frühen schöpferischen Abschnitten braucht, im Studium gelehrt/geübt werden?

II.3 Sollten bestimmte Arbeitsweisen/Hilfsmittel, die man in frühen schöpferischen Abschnitten braucht, in der Weiterbildung gelehrt/geübt werden?

Anhang 4: Kategoriensystem zur Einordnung der Methoden

1 ANALYSEPHASE

1.1 Recherche

Hierzu zählen alle Strategien, die sich auf Recherchen zur Ermittlung relevanter Informationen beziehen.

1.1.1 Analysen

Systematisches Beschaffen von Informationen und Auswertung hinsichtlich eigener Kriterien

— Marktanalyse
— Konkurrenzanalyse
— Zielgruppenanalyse
— Kosten-Nutzen-Analyse
— Patentrecherche

1.1.2 Fachdialog

Wissensaustausch im persönlichen Dialog mit Externen

— Messebesuche
— Kundengespräch
— Counterbriefing mit Firmenzentrale

1.1.3 Informationszugriff

Direkter Zugriff auf bereits aufbereitete Informationen

— frühere Projekte
— Wissen anderer nutzen (Kollegen, Externe, Unterlagen, ...)
— Fachliteratur
  - o Lehrbuch Pahl/Beitz
  - o VDI 2221
  - o ISO-Norm

1.1.4 Sonstige

— Recherche

1.2 Konkretisierungen

Hierzu zählen alle Strategien, die sich auf das Konkretisieren von eher unspezifischen Vorgaben beziehen.

1.2.1 Strukturierungen

- Pflichtenheft
- Lastenheft
- Anforderungsliste
- Randbedingungen
- Mind-Map

1.2.2 Narrative Techniken

- Szenarien
- Story-Telling
- Film

1.2.3 Individuelle sprachliche Techniken

- Verbalisieren
- Hinterfragen
- Aufgabendefinition

1.2.4 Visualisieren

- Visualisierung
- Mood-Board

1.2.5 Prüfmethoden

Hierzu zählen alle Strategien, die eine systematische und begründete Vorgehensweise bei der Anforderungsklärung ermöglichen.

- Checklisten
- Qualitätsmatrix
- Verantwortungsmatrix
- Bewertungsmatrix
- Nutzung spezieller Software
- Realisierbarkeit prüfen

1.2.6 Sonstiges

- Anschlussplan
- wirtschaftliche Parameter

1.3 Erfahrung & Intuition

Hierzu zählen alle Strategien, die sich auf Berufserfahrungen bzw. intuitives Vorgehen bei der Anforderungsklärung beziehen.

- Erfahrung
- Einarbeitung
- Intuition
- 1.4 Teamarbeit
- Vorgaben durch Kollegen
- MA-Diskussion
- Buschfunk
- Anforderungsliste im Team erstellen
- Workshop
- Brainwriting
- Brainstorming

2 ENTWURFSPHASE

2.1 Recherche und Datenmanagement

Hierzu zählen alle Strategien, die sich auf den Zugriff existierender Lösungen sowie auf Recherchen zur Ermittlung relevanter Informationen beziehen.

2.1.1 Analysen

- Marktrecherche
- Patentrecherche
- Internetrecherche
- Bildersuche
- Reverse Engineering/ eigene Lösung aus Bauteilen von Fremdfirmen
- Produktbotschaft (Designkonzept)
- adaptierbare Lösungen

2.1.2 Fachdialog

- Messebesuche
- Ladenbesuche
- Zuliefererbesuche

2.1.3 Informationszugriff

- Kataloge
- Literatur
- Zeichnungsarchiv
- Vorgaben

2.1.4 Datenmanagement

- komplette Dokumentation
- Wissensmanagement-System
- Datenbank
- frühere Lösungen
- Ordnerstruktur
- 2.2 Rationale Methoden

Hierzu zählen alle bewusst eingesetzten und planvoll umgesetzten Strategien zur Ideengenerierung und Konkretisierung.

2.2.1 Systematisierung

- Morphologische Kasten
- Mind-Map
- Zielpräferenzmatrix

2.2.2 Visualisierung

- Visualisierung
- Handskizzen zusammenfassen mit 2D-Skizzen
- Handrendering
- Bildbearbeitungssoftware

2.2.3 Modellierung und Simulation

- Physische Modelle
    - Pappmodell
    - Ergonomie-Modell
    - reale Modelle
- CAD-Modellierung zusammenfassen mit 3D-Modelle
- Simulationen und Berechnungen
    - FEM
    - Simulationen
    - Mehrkörpersimulationen
    - Excel

2.2.4 Prüfmethoden

- Kostenkalkulation
- Variantenvergleich
- Gewichtungsmatrix
- Realisierbarkeit prüfen
- Nutzwertanalyse

2.2.5 Sonstiges

- Analogien
- Variantendenken

2.3 Erfahrung & Intuition

Hierzu zählen alle Strategien, die sich auf eher unbewusst ablaufende Prozesse bei der Ideenfindung beziehen.

- Bauchgefühl zusammenfassen mit unbewusste Anregungen
- Beiläufige Ideen
- Erfahrung

2.4 Teamarbeit

Hierzu zählen alle Strategien, die sich auf Gespräche und gemeinsame Arbeit bei der Ideenfindung beziehen.

- Präsentation
- Teambesprechung zusammenfassen mit Austausch zwischen Kollegen
- Gremium
- Austausch mit Externen (ausführende Firma, Diplomanden, ...)
- Zusammensetzung des Teams
- Brainwriting
- Brainstorming zusammenfassen mit Kreativsitzungen

3 EVALUATIONSPHASE

3.1 Rationale Verfahren

Hierzu zählen alle Strategien, die eine systematische und begründete Bewertung und Auswahl einer Lösungsvariante ermöglichen.

3.1.1 Strukturierung

- Abgleich mit Anforderungsliste
    - Vergleich mit Anforderungsliste
    - Lastenheft
    - Pflichtenheft
- Fragebogenliste
- Strichlisten
- Pro-/Contra-Listen
- Variantenvergleich
- Bewertungsmatrix
- Bewertungssystem

3.1.2 Bewertungsgrundlagen

- Machbarkeitsanalyse
- Kosten-Nutzen-Aspekte
- Vorgaben der Firmenzentrale
- schrittweise Reduktion der Varianten

3.2 Erfahrung & Intuition

Hierzu zählen alle Strategien, die sich auf Berufserfahrungen bzw. intuitives Vorgehen bei der Bewertung und Auswahl einer Lösungsvariante beziehen.

- Erfahrungswissen zusammenfassen mit persönliche Erfahrung
- Intuition
- abgeschlossene Projekte

3.3 Teamarbeit

Hierzu zählen alle Strategien, die sich auf Gespräche und gemeinsame Arbeit bei der Bewertung und Auswahl einer Lösungsvariante beziehen.

- Teamdiskussion zusammenfassen/Gespräch mit anderen Mitarbeitern/Ausdiskutieren
- Ergebnispräsentation
- Auswahl Kunde
- stille Wahl
- laute Wahl
- Entscheidung durch den Chef

Anhang 5: Statistische Auswertung aller Einzelmethoden in der Analysephase

Methode	Designer (n=15)	Konstrukteure (n=35)	Z	*p*
Marktanalyse	6 (40 %)	5 (14 %)	-1,991	,046·
Konkurrenzanalyse	2 (13 %)	2 (6 %)	-,901	,368
Zielgruppenanalyse	3 (20 %)	0 (0 %)	-2,701	,007·
Patentrecherche	1 (7 %)	3 (9 %)	-,225	,822
Messebesuche	1 (7 %)	1 (2 %)	-,624	,533
Kundengespräch	11 (73 %)	14 (40 %)	-2,139	,032·
Counterbriefing mit Zentrale	1 (7 %)	0 (0 %)	-1,528	,127
Rückgriff frühere Projekte	5 (33 %)	11 (31 %)	-,131	,896
Wissen anderer nutzen	0 (0 %)	1 (1 %)	-,655	,513
Literatur	0 (0 %)	3 (9 %)	-1,158	,247
— Lehrbuch Pahl/Beitz	0 (0 %)	1 (3 %)	-,655	,513
— ISO-Norm	0 (0 %)	1 (3 %)	-,655	,513
— VDI 2221	0 (0 %)	1 (1 %)	-,655	,513
Recherche	1 (7 %)	3 (2 %)	-,225	,822
Pflichtenheft	7 (47 %)	20 (57 %)	-,674	,500
Lastenheft	10 (67 %)	11 (31 %)	-2,290	,022·
Anforderungsliste	1 (7 %)	3 (9 %)	-,225	,822
Randbedingungen	0 (0 %)	1 (3 %)	-,655	,513
Mindmap	3 (20 %)	1 (3 %)	-2,027	,043·
Szenarien	1 (7 %)	0 (0 %)	-1,528	,127
Storytelling	1 (7 %)	0 (0 %)	-1,528	,127
Film	2 (13 %)	0 (0 %)	-2,183	,029·

Methode (Fortsetzung)	Designer (n=15)	Konstrukteure (n=35)	Z	*p*
Verbalisieren	1 (7%)	1 (3%)	-,624	,533
Hinterfragen	1 (7%)	1 (3%)	-,624	,533
Aufgabendefinition	1 (7%)	4 (11%)	-,509	,611
Visualisieren	0 (0%)	6 (17%)	-1,692	,091
Moodboard	5 (33%)	0 (0%)	-3,564	,000·
Checkliste	4 (27%)	9 (26%)	-,070	,944
Qualitätsmatrix	0 (0%)	2 (6%)	-,935	,350
Verantwortungsmatrix	0 (0%)	3 (9%)	-1,158	,247
Bewertungsmatrix	1 (7%)	1 (3%)	-,624	,533
spezielle Software	1 (7%)	4 (2%)	-,509	,611
Realisierbarkeit prüfen	0 (0%)	3 (9%)	-1,158	,247
Anschlussplan	0 (0%)	2 (6%)	-,935	,350
wirtschaftliche Parameter	0 (0%)	6 (17%)	-1,692	,091
Erfahrung	10 (67%)	7 (20%)	-3,160	,002·
Einarbeitung	1 (7%)	0 (0%)	-1,528	,127
Intuition	1 (7%)	1 (3%)	-,624	,533
Mitarbeiterdiskussion	8 (53%)	10 (29%)	-1,655	,098
Anforderung von Kollege	0 (0%)	3 (1%)	-1,158	,247
Vorgaben	5 (33%)	12 (34%)	-,064	,949
Buschfunk	1 (7%)	0 (0%)	-1,528	,127
Anforderungsliste im Team erstellen	0 (0%)	1 (3%)	-,655	,513
Workshop	6 (40%)	0 (0%)	-3,949	,000·
Brainstorming	5 (33%)	4 (11%)	-1,829	,067
Brainwriting	1 (7%)	2 (6%)	-,129	,898
Gesamt	109 M=7,3	161 M=4,6	-3,106	,002·

Anhang 6: Statistische Auswertung aller Einzelmethoden in der Entwurfsphase

Methode	Designer (n=15)	Konstrukteure (n=35)	Z	*p*
keine Varianten	0 (0%)	9 (26%)	-2,147	,032·
Marktrecherche	2 (13%)	8 (23%)	-,764	,445
Patentrecherche	1 (7%)	3 (9%)	-,225	,822
Internetrecherche	1 (7%)	3 (9%)	-,225	,822
Produktbotschaft	1 (7%)	0 (0%)	-1,528	,127
Bildersuche	2 (13%)	0 (0%)	-2,183	,029·
eigene Lösung aus Bau- -teilen von Fremdfirmen	0 (0%)	1 (3%)	-,655	,513
adaptierbare Lösungen	0 (0%)	4 (11%)	-1,351	,177
Messebesuche	1 (7%)	0 (0%)	-1,528	,127
Ladenbesuche	1 (7%)	0 (0%)	-1,528	,127
Zuliefererbesuche	1 (7%)	1 (3%)	-,624	,533
Kataloge	1 (7%)	1 (3%)	-,624	,533
Literatur	0 (0%)	3 (9%)	-1,158	,247
Vorgabe	1 (7%)	3 (9%)	-,225	,822
Zeichnungsarchiv	0 (0%)	4 (11%)	-1,351	,177
komplette Dokumentation	0 (0%)	7 (20%)	-1,849	,064
Wissensmanagement-System	0 (0%)	1 (3%)	-,655	,513
frühere Lösungen	9 (60%)	21 (60%)	,000	1,000
Ordnerstruktur	0 (0%)	2 (6%)	-,935	,350
Datenbank	0 (0%)	4 (11%)	-1,351	,177

Methode (Fortsetzung)	Designer (n=15)	Konstrukteure (n=35)	Z	*p*
Morphologischer Kasten	1 (7%)	3 (9%)	-,225	,822
Mind-Map	1 (7%)	0 (0%)	-1,528	,127
Zielpräferenzmatrix	0 (0%)	1 (3%)	-,655	,513
Visualisierung	4 (27%)	11 (31%)	-,333	,739
Handskizzen	12 (80%)	17 (49%)	-2,043	,041·
Handrendering	1 (7%)	0 (0%)	-1,528	,127
Bildbearbeitungssoftware	2 (13%)	0 (0%)	-2,183	,029·
Physische Modelle	4 (27%)	2 (6%)	-2,068	,039·
— Ergonomie-Modell	4 (27%)	0 (0%)	-3,153	,002·
— Reale Modelle	1 (7%)	1 (3%)	-,624	,533
— Pappmodelle	1 (7%)	1 (3%)	-,624	,533
CAD-Modelle	6 (40%)	21 (60%)	-1,287	,198
Simulation u. Berechnung	0 (0%)	6 (17%)	-1,692	,091
— FEM	0 (0%)	2 (6%)	-,935	,350
— Simulationen	0 (0%)	3 (9%)	-1,158	,247
— Mehrkörpersimulationen	0 (0%)	1 (3%)	-,655	,513
— Excel	0 (0%)	2 (6%)	-,935	,350
Kostenkalkulation	1 (7%)	4 (11%)	-,509	,611
Variantenvergleiche	2 (13%)	4 (11%)	-,188	,851
Gewichtungsmatrix	2 (13%)	1 (3%)	-1,415	,157
Realisierbarkeit prüfen	0 (0%)	2 (6%)	-,935	,350
Nutzwertanalyse	0 (0%)	1 (3%)	-,655	,513
Analogien	3 (20%)	1 (3%)	-2,027	,043·
Variantendenken	5 (33%)	4 (11%)	-1,829	,067

Methode (Fortsetzung)	Designer (n=15)	Konstrukteure (n=35)	Z	*p*
Bauchgefühl	4 (27%)	4 (11%)	-1,333	,182
beiläufige Ideen	1 (7%)	0 (0%)	-1,528	,127
Erfahrungswissen	5 (33%)	8 (23%)	-,766	,444
Teambesprechung	8 (53%)	16 (46%)	-,489	,625
Teamzusammensetzung	1 (7%)	2 (6%)	-,129	,898
Gremium	0 (0%)	1 (3%)	-,655	,513
Austausch mit Externen	2 (13%)	2 (6%)	-,901	,368
Präsentation	3 (20%)	2 (6%)	-1,528	,127
Brainstorming	7 (47%)	8 (23%)	-1,667	,096
Brainwriting	1 (7%)	2 (6%)	-,129	,898
Gesamt	101 M=6,7	193 M=5,5	-1,535	,125

Anhang 7: Statistische Auswertung aller Einzelmethoden in der Auswahlphase

Methode	Designer (n=15)	Konstrukteure (n=35)	Z	*p*
Abgleich Anforderungen	4 (27%)	4 (11%)	-1,333	,182
— Anforderungsliste	0 (0%)	1 (3%)	-,655	,513
— Pflichtenheft	2 (13%)	2 (6%)	-,901	,368
— Lastenheft	3 (20%)	1 (3%)	-2,027	,043·
Pro-Contra-Liste	0 (0%)	2 (6%)	-,935	,350
Fragebogen-Liste	1 (7%)	1 (3%)	-,624	,533
Strichlisten	3 (20%)	0 (0%)	-2,701	,007·
Variantenvergleich	1 (7%)	2 (6%)	-,129	,898
Bewertungsmatrix	2 (13%)	6 (17%)	-,333	,739
Bewertungssystem	1 (7%)	10 (29%)	-1,696	,090
Machbarkeitsanalyse	0 (0%)	3 (9%)	-1,158	,247
Kosten-Nutzen-Aspekte	0 (0%)	7 (20%)	-1,849	,064
Vorgaben durch Zentrale	1 (7%)	0 (0%)	-1,528	,127
schrittweise Variantenreduktion	4 (27%)	5 (14%)	-1,034	,301
Erfahrungswissen	4 (27%)	8 (23%)	-,286	,775
Intuition	3 (20%)	6 (17%)	-,239	,811
Zugriff auf frühere Projekte	1 (7%)	0 (0%)	-1,528	,127
Teamdiskussion	7 (47%)	22 (63%)	-1,052	,293
Kundengespräch	7 (47%)	5 (14%)	-2,432	,015·
Präsentation	10 (67%)	4 (11%)	-3,946	,000·
Stille Wahl	1 (7%)	0 (0%)	-1,528	,127
Laute Wahl	1 (7%)	0 (0%)	-1,528	,127
Entscheidung durch Chef	6 (40%)	3 (9%)	-2,624	,009·
Gesamt	58 M=3,9	79 M=2,3	-2,653	,008•

Anhang 8: Aufgabenstellung Fallobstsammler

Das Aufsammeln von abgefallenen Früchten von Obstbäumen ist eine mühsame und zeitaufwendige Arbeit. Bleiben die Früchte länger liegen, können zudem Belästigungen und Gefährdungen entstehen.

Entwerfen Sie eine Maschine, mit der die Sammlung von Fallobst leicht und schnell möglich ist. Das Obst soll soweit möglich verwertbar bleiben. Die Maschine ist für den Einsatz in Kleinstbetrieben, z. B. auf Streuobstwiesen vorgesehen.

Erarbeiten Sie eine Anforderungsliste!

Anhang 9: Checkliste zur Kontrolle der Vollständigkeit der Anforderungsklärung (umformatiert)

Checklisten sollen helfen zu kontrollieren und zu korrigieren, bevor ein Arbeitsschritt, hier die Anforderungs- bzw. Zielklärung, abgeschlossen wird.

Der Grund ist: Eine unvollständige Anforderungsklärung führt zu unvollständigen Lösungen.

Dokumentieren Sie begleitend, also fortlaufend das Ableiten der Anforderungsliste und die Begründungen für die dabei getroffenen Entscheidungen sowie die abschließend entstandene Anorderungsliste (= Pflichtenheft, vgl. auch Anforderungsliste in Pahl & Beitz, 1997).

Diese Liste wird benötigt für

- *wiederholte Rückgriffe mit erforderlichenfalls Modifikationen.*
- *das abschließende Bewerten der verschiedenen Lösungsalternativen und die Auswahl der besten.*

A. Prüfen Sie die Vollständigkeit der Anforderungserfassung

1. Welche Forderungen an das Produkt und seine Teilfunktionen stellt der Auftrag (Lastenheft)?

2. Welche stillschweigend vorausgesetzten Forderungen sind im Auftrag enthalten, insbes.
   - bei Bezug auf Markttrends?
   - bezüglich des Produkts und der Zukaufteile (Benchmarking?)
   - bei Bezug auf (zu ermittelnde) Nutzerinteressen?
   - bei Bezug auf Standardlösungen für Module oder Bauteile?
   - bei Bezug auf den Produktlebenszyklus (also fertigen, montieren, transportieren, warten/instand halten, demontieren/wiederverwerten?
   - bei Bezug auf Arbeits- und Gesundheitsschutz sowie andere rechtliche Forderungen und internationale bzw. nationale Standards/Normen?

3. Welche Beziehungen (Abhängigkeiten, Verknüpfungen, Widersprüche) bestehen zwischen welchen Forderungen?

4. Ergeben sich aus diesen Beziehungen Veränderungen oder sogar neue Forderungen?

5. Wie sind die Forderungen (bspw. »billiger als Konkurrenzprodukt, lärmgedämpft etc.«) durch technische Anforderungen (Zielmerkmale) an das Produkt zu erfüllen?

Erstellen Sie erforderlichenfalls eine Zuordnungsliste der allgemein formulierten Forderungen in technische Forderungen an das Produkt!

6. Welche Zielmerkmale (technische Forderungen) beeinflussen andere Zielmerkmale und welche werden von anderen beeinflusst?

7. Welche technischen Anforderungen/Zielmerkmale
   — unterstützen einander (Komplementarität),
   — widersprechen einander (Konkurrenz),
   — schließen sich völlig aus (Antinomie)?

8. Welche Mehrfachnennungen, Überschneidungen von Forderungen gibt es?
Bereinigen Sie diese!

9. Wie können die technischen Anforderungen (Zielmerkmale) nach Funktionsbereichen (bspw. stofflich-räumlich, energetisch, informationell) gruppiert werden?

B. Klären Sie die Wichtigkeit der Anforderungen, ermitteln Sie Anforderungsschwerpunkte

10. Welche Forderungen sind Forderungen (Fest-, Richtungsforderungen) und welche sind Wünsche?

11. Wie wichtig sind verschiedene Richtungsforderungen und Wünsche?

Gewichten Sie diese (z. B. groß, weil leistungsbestimmend in der Mehrzahl der Produktlebensphasen; gering, weil zusätzlichen Komfort betreffend; nur in einer oder wenigen Lebensphasen wirksam etc.)!

Erstellen Sie eine abschließende Liste der gruppierten und gewichteten technischen Einzelforderungen!

Ermitteln Sie bei Abstraktion von den Einzelheiten Anforderungsschwerpunkte!

12. Welche Gesamtfunktion ist zu erfüllen?
Veranschaulichen Sie das als black-box-Darstellung!

Anhang 10: Musterlösung Anforderungsliste

Anforderung	F/W
Geometrie:	
Höhe max. 0,60m, Breite max. 1,5m, Länge max. 1,5m,	F
1,5m nur in einer Richtung ausnutzen	F
Kinematik:	
nur Vorwärtsbetrieb,	F
lenkbar,	F
möglichst am Ort wenden	F
Rückwärtsfahrt möglich	W
maximal Schrittgeschwindigkeit, stufenlos oder mehrere Geschwindigkeitsstufen	F
Gewicht leer max. 45 kg,	F
mit Obst max. 90 kg	F
niedriger Schwerpunkt	W
Energie:	
falls Antrieb, dann Verbrennungsmotor+Tank o. E.-Motor+Akku,	F
8h oder 2x4h Einsatzdauer je Tag,	F
Umgebungstemperatur im Betrieb 0°…50°C	F
Stoff: Fallobst, etwa kugel-, birnen-, eiförmig, größte Abmessung 5…12 cm, Äpfel oder Birnen (Quitten, Pfirsiche, Kirschen, Pflaumen nicht), Festigkeit unterschiedlich (grün/unreif/hart…reif/faulig/weich),	
max. 25 Früchte/m^2, entsprich notwendige Leistung der Maschine	F
Werkstoffe gegen aggressive Fruchtsäuren, Feuchtigkeit/Saft resistent	F
Sammelbehälter leicht wechselbar/entleerbar, evtl. Standardkiste	W
Früchte wenig/nicht beschädigen	W
Sicherheit:	
Antrieb kapseln, bewegte Teile abdecken	F
falls Abgasführung: ohne Belästigung für Bediener	F
Ergonomie: große Räder, verstellbare Griffe/Lenkung	W
Max. 80 dBA Geräuschentwicklung	W
Einfache Bedienungs- und Kontrollelemente	W
Kontrolle: Motor TÜV/GS geprüft	F
eigene CE Erklärung	F
Montage:	
Lieferung komplett, evtl. nur vormontiert, ohne Betriebsstoffe, Griffe/Lenkung/Räder evt. vom Kunden montierbar, Versand im Großpaket	F
Transport:	F
zusammengebaut in großem Kombi/Kleintransporter,	
eine Person für Transport ausreichend	
Gebrauch:	
Streuobstwiesen: Bäume rel. groß, unregelmäßig gepflanzt, ausladende Kronen,	F
Durchgangshöhe ca. 1,5m, Baumabstand > 3m	
kleine Obstplantagen: kleine Bäume in Reihen, wenig ausladende Kronen,	
Reihenabstand 2…6m, zwischen Bäumen 1…4m, Äste fast bis zum Boden	
Einsatz auf Wiesen, Gartenland in gemäßigter Klimazone,	
Steigung max. 10%, wendig, geländetauglich (Gras, Maulwurfshügel, Löcher,…)	W
witterungsbeständig, geeignet für Außeneinsatz	F
Werkstoffe UV-stabil und lebensmittelecht (abhängig von Verbauort in Maschine)	F
Instandhaltung:	
Säuberung mit Wasser/Schlauch und Straßenbesen,	F
keine Verschleißteile, wenn doch: leicht wechselbar	W
Schmiermittel vermeiden	W
Betriebsstoffe/Schmiermittel dürfen Obst nicht kontaktieren	F
Kosten:	
Endpreis 1 000 €	F
Recycling:	
keine/wenig Verbundstoffe	W
Stofftrennung bei Entsorgung ermöglichen	W

Anhang 11: Fragebogen zur erlebten Unterstützungsleistung der Frage-Antwort-Technik

Kontrollgruppe

1. Wie gut sind Sie mit der Ermittlung der Anforderungen zurechtgekommen? (sehr gut—gut—weder gut noch schlecht—schlecht—sehr schlecht)

2. Hatten Sie Schwierigkeiten beim Erstellen der Anforderungsliste? Warum?

3. Was hätte die Identifizierung von Anforderungen unterstützen können?

Interventionsgruppe

1. Wie gut sind Sie mit der Ermittlung der Anforderungen zurechtgekommen?

(sehr gut—gut—weder gut noch schlecht—schlecht—sehr schlecht)

2. Hatten Sie Schwierigkeiten beim Erstellen der Anforderungsliste? Warum?

3. Wie nützlich fanden Sie die Frageliste beim Generieren der Anforderungsliste und warum?

(sehr nützlich—nützlich—weder nützlich noch hinderlich—nicht nützlich—hinderlich)

4. Wie gut sind Sie mit der Beantwortung der Fragenliste zurechtgekommen (Verständlichkeit der Fragen, Länge der Liste usw.)

5. Welche Fragen waren Ihrer Meinung nach besonders hilfreich? Warum?

6. Welche Fragen waren Ihrer Meinung nach weniger hilfreich? Warum?

7. Was hat gefehlt?

Anhang 12: Kategoriensystem für die Einordnung der Anforderungen

- *technisch-funktional*:
  konkret auf technische Funktion bezogene Anforderungen (Geometrie, Leistungsdaten u. a. Kennwerte, Funktionsprinzipien, … aber auch objektive Anforderungen beispielsweise aus dem Nutzungsszenario [Geländebeschaffenheit, Witterung etc.] usw.)
- *wirtschaftlich*:
  wirtschaftliche Anforderungen hinsichtlich Entwicklung und Herstellung, Vertrieb und Gebrauch (insb. Verkaufspreise, Herstellungskosten usw.)
- *organisatorisch*:
  zeitliche u. a. organisatorische Anforderungen zum Entwurfsprozess, nicht direkt technisch-funktionale Aspekte
  der Herstellung, Einhaltung von Normen und Zertifizierungen
- *menschbezogen-objektiv*:
  allgemeine und quantitative bzw. quantifizierbare auf potenzielle Nutzer bezogene Anforderungen (insb. Ergonomie, Arbeitsschutz, aber auch allg. persönliche Voraussetzungen wie Führerschein etc.)
- *menschbezogen-subjektiv*:
    - *Nutzer (Persona):*
      subjektive Eigenschaften und Bedürfnisse potenzieller Nutzer und daraus abgeleitete Anforderungen (Einstellungen, Werte, Erwartungen und Bedürfnisse, Fähigkeiten und Fertigkeiten,)
    - *Nutzungsumfeld (Szenario):*
      subjektive Charakteristika des Nutzungsumfeldes und daraus abgeleitete Anforderungen
    - *Produktcharakter (Wesen):*
      Beschreibung des und Anforderungen an das zu entwerfende Produkt auf Erlebensebene (Herauszustellende wahrnehmbare Eigenschaften usw.)
    - *Unternehmensbild (und Marke)*
      Beschreibung von Marke und Unternehmensbild sowie daraus abgeleiteter Produktanforderungen
      auf Erlebensebene
- *ohne Zuordnung*

Anhang 13: Ablaufplan Workshop Personas und narrative Szenarien

Tag 1

2. DS *Einführung in Lehrfach Entwurfs- und Gestaltungslehre (I)*

— Allgemeines zum Fach, Referenz zu Vorgehensplanung

— Zeitplan, Zwischentermine, Betreuungsform, Abgabeform

— Werkzeuge (Zeichnen, Modellbau, CAD)

»Handgeführter Klebstoffauftrag«

— Aufgabe vorstellen, (fiktive) Randbedingungen definieren, Rückfragen

3. DS Brainwriting & Brainstorming jeweils zu Nutzer und Objekt

Brainwriting & Brainstorming zu Zielgruppen

[Messung A]

Nutzerbeschreibung (Persona)

— (Prototypische) Vertreter der Zielgruppen beschreiben

. individuell schriftlich

. mehrere je Student/in

. inkl. Familienstand, Beruf, Biographie etc.

— verbale »Offenlegung« ein Vertreter je Student/in

[Messung B]

4. DS *Nutzungsbeschreibung* (Szenario-Bildung)

— prototypischen Tagesablauf eines Nutzers (s. o.) beschreiben

. individuell schriftlich

. einer je Student/in

. vom Aufstehen bis zum Bettgehen einschließlich Kleben

— verbale »Offenlegung« → aus Stichpunkten eine Geschichte machen

[Messung C]

Geschichte schreiben (Szenario-Writing)

5. DS. *Szenario-Analyse*

- Basis für Designkonzept
- schriftlich und verbal Eigenschaften beschreiben (5)
- Stimmungsbilder auswählen

[Messung D]

Zusammenfassung & Klarstellung

Hausaufgabe: wiederholen/ausarbeiten und dabei festlegen

Tag 2

- ausführliche Offenlegung,
- Diskussion: Was ist weiterhin zu klären/wie geht es weiter?

[Messung E]

- Zielvorstellung/Vision ableiten, Anforderungen an das Objekt ableiten
- ((Vor-) Designkonzept)
- Entwerfen!

Anhang 14: Begriffe in den Konzepten der Interventionsgruppe

Begriff und Anzahl der Nennungen:

— präzise	5
— elegant	4
— Vertrauen	4
— einfach	3
— schnell	3
— exakt	2
— freundlich	2
— intuitiv	2
— klassisch	2
— Qualität	2
— robust	2
— sauber	2
— Sicherheit	2
— vielseitig	2
— weiblich	2
— zurückhaltend	2

einmalige Nennung:

— aufgeräumt, ausgeglichen, beruhigend, beschützend, clever, Dauerhaftigkeit, eigen, fachmännisch, Faszination, frech, fröhlich, funktional, Geborgenheit, gefällig, hochwertig, innovativ, kinderfreundlich, klar, kraftvoll, kultiviert, mädchenhaft, modern, perfektionistisch, Professionalität, ruhig, Sanftheit, Schaffenslust, selbstverständlich, sparsam, Spaß, Struktur, technikbegeistert, zeitlos

Anhang 15: Begriffe in den Konzepten der Kontrollgruppe

Begriff und Anzahl der Nennungen:

— klein	5
— funktional	4
— leicht	3
— preiswert	3
— einfach	2
— Outdoor	2
— praktisch	2
— robust	2
— schön	2

einmalige Nennung:

— ansehnlich, attraktiv, bunt, dekorativ, dynamisch, effektiv, farbenfroh, flexibel, groß, günstig, hochwertig, komfortabel, kraftvoll, langlebig, niedlich, Osterei, platzsparend, praktisch,
rund, simpel, Spiel, still, tiersicher, übersichtlich, unauffällig, vertraut, zurückhaltend, zuverlässig

Anhang 16: Fragebogen Designkonzept

Fragebogen zum Designkonzept

Datum: 22.04.2008, Uhrzeit: ___:___ Uhr Messung Nr. ___ Matrikel-Nr.:______________

Dieser Fragebogen dient ausschließlich der Verbesserung der Methoden im Designprozess und wird nicht für die Bewertung der Leistung in EG1 herangezogen. Bitte in den Kreisen ankreuzen. Vielen Dank!

Ich fühle mich …
entspannt — nervös
O——O——O——O——O——O

Ich bin …
konzentriert — unkonzentriert
O——O——O——O——O——O

Mit meinem erreichten Arbeitsstand bin ich …
total unzufrieden — sehr zufrieden
O——O——O——O——O——O

Meine Vorstellung vom Entwurfsziel ist …
konkret — nicht existent
O——O——O——O——O——O

Das Entwickeln eines Nutzerszenarios hat mir …
gar nicht geholfen — sehr geholfen
O——O——O——O——O——O

Für neue Aspekte zum Entwurf wurde ich durch das Nutzerszenario …
gar nicht sensibilisiert — sehr sensibilisiert
O——O——O——O——O——O

Für meinen Entwurf konnte ich aus dem Nutzerszenario …
sehr viel entnehmen — nichts entnehmen
O——O——O——O——O——O

Im weiteren Entwurfsprozess werde ich das Nutzerszenario voraussichtlich
völlig zu Seite legen — gezielt verfolgen
O——O——O——O——O——O

Was ein Designkonzept und dessen Inhalt ist, weiß ich …
überhaupt nicht — ganz genau
O——O——O——O——O——O

Was ich jetzt zu tun habe weiß ich …
ganz konkret — überhaupt nicht
O——O——O——O——O——O

Der Zweck eines Designkonzepts ist mir …
völlig unklar — vollständig bekannt
O——O——O——O——O——O

Ich möchte …
Bester werden — alles hinwerfen
O——O——O——O——O——O

Bitte auf der Rückseite Anmerkungen/Vorschläge/Fragen vermerken!

Anhang 17: Fragebogen zum Gesamtentwurf

Fragebogen zum Gesamtentwurf

Datum: 06.05.2008, Uhrzeit: ___:___ Uhr Messung Nr. ___ Matrikel-Nr.:______________

Dieser Fragebogen dient ausschließlich der Verbesserung der Methoden im Designprozess und wird nicht für die Bewertung der Leistung in EG1 herangezogen. Bitte in den Kreisen ankreuzen. Vielen Dank!

Ich fühle mich ...
entspannt — nervös
O——O——O——O——O——O

Ich bin ...
konzentriert — unkonzentriert
O——O——O——O——O——O

Mit meinem erreichten Arbeitsstand bin ich ...
total unzufrieden — sehr zufrieden
O——O——O——O——O——O

Meine Vorstellung von dem, was mein Ergebnis sein könnte, ist ...
konkret — nicht existent
O——O——O——O——O——O

Rückblickend hat mir das Entwickeln eines Nutzerszenarios am Anfang des Designprozesses ...
gar nicht geholfen — sehr geholfen
O——O——O——O——O——O

Bei der Erstellung von Gesamtentwürfen hat mir das Nutzerszenario ...
sehr geholfen — nichts gebracht
O——O——O——O——O——O

Im bisherigen Designprozess habe ich mein Nutzerszenario ...
stark überarbeitet — genau so gelassen wie es war
O——O——O——O——O——O

Im weiteren Entwurfsprozess werde ich das Nutzerszenario voraussichtlich
nicht weiter beachten — gezielt verfolgen
O——O——O——O——O——O

Was ein Gesamtentwurf und dessen Inhalt ist, weiß ich ...
überhaupt nicht — ganz genau
O——O——O——O——O——O

Was ich jetzt zu tun habe weiß ich ...
ganz konkret — überhaupt nicht
O——O——O——O——O——O

Die Bedeutung eines Gesamtentwurfs ist im Designprozess mir ...
völlig unklar — vollständig bekannt
O——O——O——O——O——O

Ich möchte ...
Bester werden — alles hinwerfen
O——O——O——O——O——O

Bitte auf der Rückseite Anmerkungen/Vorschläge/Fragen vermerken!

Anhang 18: Fragebogen zum Semesterende

Fragebogen zum Semesterende

Datum: 15.07.2008, Uhrzeit: ___:___ Uhr　　　　Matrikel-Nr.:_______________

Dieser Fragebogen dient ausschließlich der Verbesserung der Methoden im Designprozess und wird nicht für die Bewertung der Leistung in EG1 herangezogen. Bitte in den Kreisen ankreuzen. Vielen Dank!

Ich fühle mich ...
entspannt　　　　nervös
O——O——O——O——O——O

Mit meinem erreichten Arbeitsstand bin ich ...
total unzufrieden　　　　sehr zufrieden
O——O——O——O——O——O

Meine Vorstellung darüber, wie mein Ergebnis sein wird, ist ...
konkret　　　　nicht existent
O——O——O——O——O——O

An das Entwickeln des Nutzerszenarios am Anfang des Semesters erinnere ich mich ...
gar nicht　　　　ganz genau
O——O——O——O——O——O

Im weiteren Entwurfsverlauf habe ich das Nutzerszenario ...
konkret weiter verfolgt　　　　völlig beiseite gelegt
O——O——O——O——O——O

Im Verlauf des Designprozesses habe ich mein Nutzerszenario ...
oft oder stark überarbeitet　　　　genau so gelassen wie es war
O——O——O——O——O——O

Rückblickend hat mir das Nutzerszenario ...
gar nicht geholfen　　　　sehr geholfen
O——O——O——O——O——O

Mein Entwurfsergebnis, soweit es entwickelt ist, und das Nutzerszenario ...
haben nichts miteinander zu tun　　　　stimmen genau überein
O——O——O——O——O——O

Im nächsten Designprojekt werde ich solch ein Nutzerszenario voraussichtlich ...
nicht beachten　　　　gezielt erarbeiten und verwenden
O——O——O——O——O——O

Für den Einstieg in das erste Designprojekt des nächsten Jahrgangs empfehle ich das Nutzerszenario
unbedingt　　　　keinesfalls
O——O——O——O——O——O

In der verbleibenden Zeit möchte ich meinen Entwurf...
Noch stark weiterentwickeln　　　　zügig abschließen
O——O——O——O——O——O

Bitte auf der Rückseite Anmerkungen/Vorschläge/Fragen vermerken!

Anhang 19: Instruktionen zum Erarbeiten nutzerzentrierter Anforderungen (Interventions- und Kontrollgruppe)

Beachten von Nutzer (Eigenschaften, Bedürfnisse, Erleben, ...)

Bearbeiten nutzerzentrierter Aspekte schwerpunktmäßig
Aufgabe von Designern

Aber auch für Ingenieure relevant, um durch stärkere Kundenorientierung
bessere Produkte entwickeln zu können
(→ Markterfolg)

Oft keine Designer im Team → Ingenieure übernehmen deren Aufgaben

Wenn Designer im Team gemeinsame Zieldefinitionen sinnvoll
(=Anforderungsliste technisch, organisatorisch, wirtschaftlich *und nutzerzentriert*)

→ Deshalb diese Übung

Dafür Verwendung der Leitlinie zur Ermittlung nutzerzentrierter Anforderungen
in Anlehnung an Pahl/ Beitz-Leitlinie

Im Gegensatz zu den anderen Anforderungen (nach Pahl/ Beitz) werden die nicht-technischen nutzerzentrierten Anforderungen in der Regel *qualitativ formuliert*, da sie selten konkret quantifizierbar oder mit einfachen objektiven Messmethoden nachprüfbar sind.

Anhang 20: Fragenliste nutzerzentrierte Anforderungen

Frageliste zur Erweiterung der Anforderungsliste um nutzer-zentrierte Anforderungen	**1**
Bitte beantworten Sie die Fragen in der aufgeführten Reihenfolge. *Antworten Sie kurz und knapp in Stichpunkten und gegebenenfalls einfachen Skizzen.* *Überspringen Sie Fragen, die Sie nicht beantworten können.* *Gehen Sie anschließend nochmals alle Fragen kurz durch und ergänzen die Antworten.*	**erster Buchstabe Vorname der Mutter:** **Erster Buchstabe Vorname des Vaters:** **Geburtstag der Mutter** (zweistellig, z. B. 03.10.1955 → 0 3):
Name, Vorname: (Angabe freiwillig, notwendig für Rückgabe)	**Beleggruppe:**
Welche nicht-technischen, nutzerbezogenen Anforderungen an das Produkt sind bereits im Auftrag enthalten oder können direkt abgeleitet werden?	
Wessen individuelle Interessen müssen bei der Produktentwicklung berücksichtigt werden? (Endnutzer, Betreiber, Verkäufer, ...)	
Wer wird Endnutzer des Produkts sein?	
Wie stellen Sie sich den typischen Endnutzer vor? *Alter, Geschlecht:* *Einkommen, Bildung & Beruf:* *Wohnungsart, Wohnort (Größe), Region oder Land:* *Familiengröße, ethnische Zugehörigkeit, Nationalität, Religion:* *Sozialer Status und soziale Kontakte:* *Persönliche Charaktereigenschaften und Interessen:* *Lebensweise, Freizeitgestaltung und Hobbies:* *Motivationen, Ziele und Bedürfnisse:*	

Frageliste zur Erweiterung der Anforderungsliste um nutzer-zentrierte Anforderungen **2**

Wie stellen Sie sich einen typischen Tag des Nutzers mit Benutzung des zu entwickelnden Produkts vor?
Über welches Wissen, welche Kompetenzen, welche Fähigkeiten und Fertigkeiten verfügt der Nutzer?
Warum will er das Produkt nutzen?
Welche Ziele will er damit (außerdem) erreichen?
Worüber ist/wäre der Nutzer beim Umgang mit dem Produkt frustriert? Welche persönlichen Erinnerungen können Sie damit verbinden?
Wie geht er mit dem Produkt um?
Wie denkt er über das Produkt?

Frageliste zur Erweiterung der Anforderungsliste um nutzer-zentrierte Anforderungen 3

Warum würde er genau dieses Produkt kaufen?
Warum könnte er ein anderes Produkt kaufen?
Welche persönlichen Erinnerungen verbinden Sie mit dem zu bearbeitenden Problem und dem zu entwerfenden Produkt?
Stellen Sie sich vor, das Produkt wäre eine Person. Welche Charaktereigenschaften soll es haben?
Welche Charaktereigenschaften sollen vermieden werden?
Was soll das Produkt über den Nutzer aussagen?
Welche Stärken soll das Produkt nach außen zeigen?
Was soll das Produkt sein? Was ist der Kern, das Wesen des Produkts?
Wie soll das Produkt in seinem Benutzungsumfeld wirken?

Frageliste zur Erweiterung der Anforderungsliste um nutzer-zentrierte Anforderungen 4

Wie soll das Produkt den Nutzer beeinflussen?
Wie soll sich das Produkt anfühlen?
Für welche Werte und Eigenschaften stehen Hersteller und Marke?
Welche Charaktereigenschaften würden nicht zu Hersteller und Marke passen?
Für welche Werte stehen Wettbewerber?
Welche Charaktereigenschaften haben Wettbewerbsprodukte?
Was soll das Produkt für Hersteller und Marke bewirken?
Welche Produkte können (aus anderen Bereichen) als Vorbild herangezogen werden? Welche Charaktereigenschaften haben diese?

Anhang 21: Erweiterung Anforderungsliste nutzerzentrierte Anforderungen Musterlösung

Endnutzer
Typ. Endnutzer: Selbstständiger, ca. 40 J., m, Familienvater, Naturverbunden (fast „Öko"), abgebrochenes Biologiestudium, technisch versiert und interessiert, Arbeitet gern im Freien, Lebt und arbeitet sehr selbstbestimmt, Herbst ist ihm draußen manchmal zu ungemütlich

Vernachlässigt gern Säubern und Pflegen der Technik
→ Produkt muss tolerant sein (F)

Liest keine Bedienungsanleitungen
→ Produkt muss intuitiv sicher bedienbar sein (F)

Arbeitet spät, also auch im Dunkeln → optionale Beleuchtung o. ä. (W)

Einsatzszenario
Kleine Streuobstwiesen in Gemeinden mit Publikumsverkehr und auf Privatgrundstücken
→ Produkt darf nicht verschrecken (F)

„alte Kulturlandschaft" aus einer vor-industriellen Zeit
→ Produkt muss zurückhalten sein und agieren (F)

„schützenswerte" Umgebung
(die nicht „angegriffen" werden darf)

Produktcharakter

friedfertig, behutsam, zurückhaltend (F)

fleißig, schnell, beweglich (W)

anpassungsfähig (F)

intelligent und hilfsbereit, „denkt mit" (F)

klare und natürliche Formsprache (W)

leicht und nicht kantig (F)

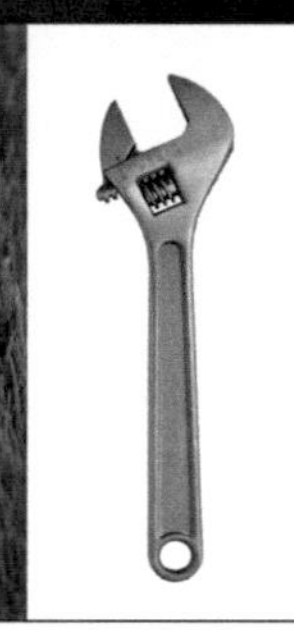

Unternehmensbild

Hersteller offensichtlich von innovativen Nischenprodukten Produkten,
Herstellerimage noch unklar,
Modern aber wahrnehmbare hohe Qualität
(richtet sich an Profis)
Wettbewerb noch unklar,
klare Abgrenzung von technoiden und roboterähnlichen Maschinen

Anhang 22: Wortmarken zum Produktcharakter und Anzahl der Nennungen im Fragebogen in der Interventionsgruppe (n=41)

Wortmarken und Anzahl der Nennungen:

— zuverlässig	17
— robust	10
— fleißig	6
— kraftvoll	6
— leistungsfähig	6
— schnell	6
— stark	6
— freundlich	5
— ruhig	5
— ausdauernd	4
— benutzerfreundlich	4
— ehrlich	4
— funktional	4
— gutmütig	4
— hilfsbereit	4
— hochwertig	4
— treu	4
— umweltfreundlich	4
— bequem	3
— effektiv	3
— genügsam	3
— leise	3
— pflegeleicht	3
— sauber	3
— schön	3
— stabil	3
— vorsichtig	3

zweimalige Nennung:

— genehm, arbeitsam, belastbar, effizient, einfach, geduldig, hart, kontaktfreudig, lieb, loyal, sanft, sorgfältig, sorgsam, sparsam, standhaft, unproblematisch, unzerstörbar, vertraut, zielstrebig, einmalige Nennung

— anpassungsfähig, arbeitswillig, attraktiv, aufregend, ausgereift, bescheidenen, charismatisch, cool, durchdacht, durchsichtig, dynamisch, ehrgeizig, eifrig, einsatzbereit, elegant, extrovertiert, fehlerfrei, fest, flauschig, flexibel, fortschrittlich, fügsam, genau, geschmeidig, gesund, glänzend, glatt, gutaussehend, handlich, höflich, individuell, intelligent, kerngesund, komfortabel, kontrollierbar, kritikfähig, langlebig, luxuriös, mehr, modern, nett, offen, präzise, selbstbewusst, Selbstdisziplin, selbstlos, sensibel, sicher, *straight*, unempfindlich, ungestüm, unterordnend, unumgänglich, verbrauchsarm, verschlossen, wach, warm, zickig, zierlich, zufrieden, zuversichtlich

Anhang 23: Wortmarken zum Produktcharakter und Anzahl der Nennungen in der erweiterten Anforderungsliste in der Interventionsgruppe (n=41)

Wortmarken und Anzahl der Nennungen:

- zuverlässig 12
- benutzerfreundlich 8
- robust 8
- hochwertig 7
- funktional 4
- langlebig 4
- sicher 4
- preiswert 3
- umweltfreundlich 3

zweimalige Nennung:

- einfach, einsatzbereit, leise, leistungsfähig, solide, stabil, stark

einmalige Nennung:

arbeitswillig, ausdauernd, Design, effizient, ehrlich, hilfreich, innovativ, intelligent, klar, kompakt, offen, praktisch, präzise, produktiv, rund, sauber, schlicht, schnell, standhaft, unterstützend, wartungsarm, wendig, zielstrebig

Anhang 24: Wortmarken zum Produktcharakter und Anzahl der Nennungen in der Kontrollgruppe (n=39)

Wortmarken und Anzahl der Nennungen:

— zuverlässig	10
— robust	9
— einfach	7
— leise	7
— umweltfreundlich	6
— benutzerfreundlich	5
— funktional	5
— praktisch	5
— effizient	4
— hochwertig 4	
— modern	4
— kraftvoll	3
— schlicht	3
— stabil	3
— Werkzeug	3

zweimalige Nennung:

— gründlich, leicht, männlich, natürlich, organisch, rund, sauber, wendig

einmalige Nennung:

— Arbeitsmaschine, Bio, braun, edel, elegant, energiegeladen, ergonomisch, ernst, Familie, flexibel, frauentauglich, Frische, fröhlich, futuristisch, gesund, handlich, Haptik, intelligent, klein, klein und gefährlich, komfortabel, kompakt, langlebig, leistungsstark, Mercedes, Natur, nüchtern, positiv, rückenschonend, sachlich, schwer, selbstständig, sicher, solide, Spaß, stimmig, toll, unauffällig, unsportlich, untechnisch, verständlich, wartungsarm, wiedererkennbar, zurückhaltend, zweckmäßig

Anhang 25: Wortmarken zum Produktcharakter und Anzahl der Nennungen in der Voruntersuchung (Studierende Technisches Design, n=10)

Wortmarken und Anzahl der Nennungen:

- freundlich 4
- hochwertig 4
- sicher 3
- zurückhaltend 3
- zuverlässig 3
- ehrlich 2
- funktional 2
- robust 2
- seriös 2
- sympathisch 2
- unkompliziert 2
- verlässlich 2

einmalige Nennung:

- angenehm, aufgeschlossenen, außergewöhnlich, benutzerfreundlich, besonders, cool, einzigartig,
  fleißig, friedlich, fröhlich, gefahrlos, höflich, individuell,
  intuitiv, kinderlieb, klein, leistungsbereit, liebenswert,
  markant, modern, nett, neu, offenen, pflegeleicht,
  potent, sauber, schnell, schön, selbstständig, sozial,
  stabil, stark, unaufdringlich, unauffällig, unverwechselbar, Vertrauen, vielseitig,
  vornehm, wertig, zugänglich

Anhang 26: Bewertung der Fragenliste

Bewertung der Frageliste zur Ermittlung von nutzerzentrierten Anforderungen

CODE: _ _ _ _ BELEGGRUPPE: _ _ _

*Dieser Fragebogen dient ausschließlich der Verbesserung der Methoden in der Ausbildung und wird **nicht** für die Bewertung der Leistung in KEP herangezogen. Bitte **in den Kreisen** ankreuzen. Vielen Dank! (Zeit: 5 min.)*

Das Ermitteln nutzerzentrierter Anforderungen war für mich ...
völlig einfach — unmöglich
O-------------------O-------------------O-------------------O-------------------O-------------------O

Die Frageliste zur Ermittlung der nutzerzentrierten Anforderungen war für mich ...
sehr hilfreich — völlig sinnlos
O-------------------O-------------------O-------------------O-------------------O-------------------O

Das Beantworten der Fragen war für mich ...
sehr einfach — unmöglich
O-------------------O-------------------O-------------------O-------------------O-------------------O

Ich finde den Umfang der Frageliste ...
viel zu groß — zu knapp
O-------------------O-------------------O-------------------O-------------------O-------------------O

Meine Vorstellung vom potenziellen Nutzer ist durch die Frageliste ...
konkreter — schlechter
O-------------------O-------------------O-------------------O-------------------O-------------------O

Die Formulierung der Fragen ist für mich ...
sehr gut verständlich — völlig unverständlich
O-------------------O-------------------O-------------------O-------------------O-------------------O

Für neue Aspekte zur Entwurfsaufgabe wurde ich durch die Checkliste ...
sehr stark sensibilisiert — gar nicht sensibilisiert
O-------------------O-------------------O-------------------O-------------------O-------------------O

Für die Lösung der Entwicklungsaufgabe könnte ich aus der Beantwortung der Fragen ...
sehr viel entnehmen — nichts entnehmen
O-------------------O-------------------O-------------------O-------------------O-------------------O

Ich halte den Einsatz einer solchen Checkliste im konstruktiven Entwicklungsprozess generell für ...
sehr hilfreich — sehr störend
O-------------------O-------------------O-------------------O-------------------O-------------------O

*Bitte **auf der Rückseite** Anmerkungen/Vorschläge/Fragen vermerken!*

Anhang 27: Bewertung der Erweiterung der Leitlinie

Bewertung der Leitlinie zur Ermittlung von nutzerzentrierten Anforderungen

CODE: __ __ __ __ BELEGGRUPPE: __ __ __

Dieser Fragebogen dient ausschließlich der Verbesserung der Methoden in der Ausbildung und wird ***nicht*** *für die Bewertung der Leistung in KEP herangezogen. Bitte* ***in den Kreisen*** *ankreuzen. Vielen Dank! (Zeit: 5 min.)*

Das Ermitteln nutzerzentrierter Anforderungen war für mich ...
völlig einfach — unmöglich
O------------------O------------------O------------------O------------------O------------------O

Die Leitlinie zur Ergänzung der nutzerzentrierten Anforderungen war für mich ...
sehr hilfreich — völlig sinnlos
O------------------O------------------O------------------O------------------O------------------O

Das Berücksichtigen der einzelnen Punkte der Leitlinie war für mich ...
sehr einfach — unmöglich
O------------------O------------------O------------------O------------------O------------------O

Ich finde den Umfang der Leitlinie ...
viel zu groß — zu knapp
O------------------O------------------O------------------O------------------O------------------O

Meine Vorstellung vom potenziellen Nutzer ist nach der Ermittlung nutzerzentrierter Anforderungen ...
konkreter — schlechter
O------------------O------------------O------------------O------------------O------------------O

Die Formulierung der Leitlinie ist für mich ...
sehr gut verständlich — völlig unverständlich
O------------------O------------------O------------------O------------------O------------------O

Für neue Aspekte zur Entwicklungssaufgabe wurde ich durch die Leitlinie ...
sehr stark sensibilisiert — gar nicht sensibilisiert
O------------------O------------------O------------------O------------------O------------------O

Für die Lösung der Entwicklungsaufgabe könnte ich aus den nutzerzentrierten Anforderungen ...
sehr viel entnehmen — nichts entnehmen
O------------------O------------------O------------------O------------------O------------------O

Ich halte den Einsatz der Leitlinie im konstruktiven Entwicklungsprozess generell für ...
sehr hilfreich — sehr störend
O------------------O------------------O------------------O------------------O------------------O

Bitte ***auf der Rückseite*** *Anmerkungen/Vorschläge/Fragen vermerken!*